U0158635

王小波　主编

中国海域海岛地名志

广东卷第一册

海洋出版社

2020年·北京

图书在版编目（CIP）数据

中国海域海岛地名志．广东卷．第一册／王小波主编．—北京：海洋出版社，2020.1
ISBN 978-7-5210-0564-6

Ⅰ．①中…Ⅱ．①王…Ⅲ．①海域—地名—广东②岛—地名—广东
Ⅳ．①P717.2

中国版本图书馆CIP数据核字（2020）第008926号

主　　编：王小波（自然资源部第二海洋研究所）
责任编辑：常青青
责任印制：赵麟苏
海洋出版社 出版发行
http：//www.oceanpress.com
北京市海淀区大慧寺8号　邮编：100081
廊坊一二〇六印刷厂印刷
2020年1月第1版　2020年11月河北第1次印刷
开本：889mm×1194mm　1/16　印张：22.75
字数：338千字　定价：300.00元
发行部：010-62100090　邮购部：010-62100072
总编室：010-62100034
海洋版图书印、装错误可随时退换

《中国海域海岛地名志》

总编纂委员会

总 主 编：王小波

副总主编：孙　丽　王德刚　田梓文

专 家 组（按姓氏笔画顺序）：

丰爱平　王其茂　王建富　朱运超　刘连安

齐连明　许　江　孙志林　吴桑云　佟再学

陈庆辉　林　宁　庞森权　曹　东　董　珂

编纂委员会成员（按姓氏笔画顺序）：

王　隽　厉冬玲　史爱琴　刘春秋　杜　军

杨义菊　吴　頔　谷东起　张华国　赵晓龙

赵锦霞　莫　微　谭勇华

《中国海域海岛地名志·广东卷》

编纂委员会

主　编： 周巨锁

副主编： 邓　松　杨　琴　闫文文

编写组：

自然资源部第一海洋研究所：朱正涛　田梓文

国家海洋局南海调查技术中心：陆　茸　朱鹏利　黄巧珍　梁　秋　邢玉清　刘　激　谢敬谦　张　平　江　林

前 言

我国海域辽阔，海域海岛地理实体众多，在历史的长河中产生了丰富多彩、类型各异的地名，是重要的基础地理信息。开展全国海域海岛地名普查工作，对于维护国家主权和领土完整，巩固国防建设，促进经济社会协调发展，方便社会交流交往、人民群众生产生活，提高政府管理水平和公共服务能力，都具有十分重要的意义。

20 世纪 80 年代，中国地名委员会组织开展了我国第一次地名普查，对海域地名也进行了普查（台湾省及香港、澳门地区的地名除外），并进行了地名标准化处理。经过近 30 年的发展，在海域海岛地理实体中，有实体无名、一实体多名、多实体重名的现象仍然不同程度存在；有些地理实体因人为开发、自然侵蚀等原因已经消失，但其名称依然存在。在海洋经济已经成为拉动我国国民经济发展有力引擎的新形势下，特别是党的十九大报告提出“坚持陆海统筹，加快建设海洋强国”，开展海域海岛地名普查及标准化工作刻不容缓。

根据《国务院办公厅关于开展第二次全国地名普查试点的通知》（国办发〔2009〕58 号）精神和《第二次全国地名普查试点实施方案》的要求，原国家海洋局于 2009 年组织开展了全国海域海岛地名普查工作，对海域、海岛及其他地理实体展开了全面的调查，空间上涵盖了中国所有海岛，获取了我国海域海岛地名的基本情况。全国海域海岛地名普查工作得到了沿海省、直辖市、自治区各级政府的大力支持，11 个沿海省（市、区）的各级海洋主管部门、37 家海洋技术单位、数百名调查人员投入了这项工作，至 2012 年基本完成。对大陆沿海数以万计的海岛进行了现场调查，并辅以遥感影像对比；对港澳台地区的海岛地理实体进行了遥感调查，并现场调查了西沙、南沙的部分岛礁，获取了大量实地调查资料和数据。这次普查基本摸清了全国海域、海岛和其他地理实体的数量与分布，了解了地理实体名称含义及历史沿革，掌握了地理实体的开发利用情况，并对地理实体名称进行了标准化处理。《中国海域海岛地名志》即是全国海域海岛地名普查工作成果之一。

地名志是综合反映地名的专著，也是标准化地名的工具书。1989 年，中国地名委员会以第一次海域地名普查成果为基础，编纂完成《中国海域地名志》，收录中国海域和海岛等地名 7 600 多条。根据第二次全国海域海岛地名普查工作总体要求，为了详细记录全国海域海岛地名普查成果，进一步加强海域海岛名称管理，传承海域海岛地名历史文化，维护国家海洋权益，原国家海洋局组织成立了《中国海域海岛地名志》总编纂委员会，经过沿海省（市、区）地名普查和编纂人员三年的共同努力，于 2014 年编纂完成了《中国海域海岛地名志》初稿。2018 年 6 月 8 日，国家海洋局、民政部公布了《我国部分海域海岛标准名称》。编委会依据公布的海域海岛标准名称，对初稿进行了认真的调整、核实、修改和完善，最终编纂完成了卷帙浩繁的《中国海域海岛地名志》。

《中国海域海岛地名志》由辽宁卷，山东卷，浙江卷，福建卷，广东卷，广西卷，海南卷和河北、天津、江苏、上海卷共 8 卷组成。其中河北、天津、江苏、上海合为一卷，浙江卷分为 3 册，福建卷分为 2 册，广东卷分为 2 册，全国共 12 册。共收录海域地理实体地名 1 194 条、海岛地理实体地名 8 923 条，内容涵盖了地名含义及沿革、位置面积资源等自然属性、开发利用现状等社会经济属性以及其他概况。所引用的数据主要为现场调查所得。

《中国海域海岛地名志》是全面系统记载我国海域海岛地名的大型基础工具书，是我国海洋地名工作一项有意义的文化工程。本书的出版，将为沿海城乡建设、行政管理、经济活动、文化教育、外事旅游、交通运输、邮电、公安户籍、地图测绘等事业，提供历史和现实的地名资料；同时为各企事业单位和广大读者提供地名查询服务，并为海洋科技工作者开展海洋调查提供基础支撑。

本书是《中国海域海岛地名志·广东卷》，共收录海域地理实体地名 294 条，海岛地理实体地名 1 805 条。本卷在搜集材料和编纂过程中，得到了原广东省海洋与海洋局、广东省各级海洋和地名有关部门以及国家海洋局南海工程勘查中心、自然资源部第一海洋研究所、自然资源部第二海洋研究所、自然资源部第三海洋研究所、国家卫星海洋应用中心、国家海洋信息中心、国家海洋技术中心等海洋技术单位的大力支持。在此我们谨向为编纂本书提供帮助和支持的所有领导、专家和技术人员致以最深切的谢意！

鉴于编者知识和水平所限，书中错漏和不足之处在所难免，尚祈读者不吝指正。

《中国海域海岛地名志》总编纂委员会

2019年12月

凡　例

1. 本志主要依据国家海洋局《关于印发〈全国海域海岛地名普查实施方案〉的通知》（国海管字〔2010〕267 号）、《国家海洋局海岛管理司关于做好中国海域海岛地名志编纂工作的通知》（海岛字〔2013〕3 号）、《国家海洋局民政部关于公布我国部分海域海岛标准名称的公告》(2018 年第 1 号)进行编纂。

2. 本志分前言、凡例、目录、地名分述和附录。

3. 地名分述分海域地理实体、海岛地理实体两部分。海域地理实体包括海、海湾、海峡、水道、滩、半岛、岬角、河口；海岛地理实体包括群岛列岛、海岛。

4. 按条目式编纂。

（1）海域地理实体的条目编排顺序，在同一省份内，按市级行政区划代码由小到大排列，在县级行政区域内按地理位置自北向南、自西向东排列。

（2）群岛列岛的条目编排顺序，原则上在省级行政区域内按地理位置自北向南、自西向东排列；有包含关系的群岛列岛，范围大的排前。

（3）海岛的条目编排顺序，在同一省份内，按市级行政区划代码由小到大排列，在县级行政区域内原则上按地理位置自北向南、自西向东排列。有主岛和附属岛的，主岛排前。

5. 入志范围。

（1）海域地理实体部分。

海：2018 年国家海洋局、民政部公布的《我国部分海域海岛标准名称》（以下简称《标准名称》）中收录的海。

海湾：《标准名称》中面积大于 5 平方千米的海湾和小于 5 平方千米的典型海湾。

海峡：《标准名称》中收录的海峡。

水道：《标准名称》中最窄宽度大于 1 千米且最大水深大于 5 米的水道和已开发为航道的其他水道。

滩：《标准名称》中直接与陆地相连，且长度大于 1 千米的滩。

半岛：《标准名称》中面积大于 5 平方千米的半岛。

岬角：《标准名称》中已开发利用的岬角。

河口：《标准名称》中河口对应河流的流域面积大于 1 000 平方千米的河口和省级界河口。

（2）海岛地理实体部分。

群岛、列岛：《标准名称》中大陆沿海的所有群岛、列岛。

海岛：《标准名称》中收录的海岛。

6. 实事求是地记述我国海域地理实体、海岛地理实体的地名含义及历史沿革；全面真实地反映地理实体的自然属性和社会经济属性。对相关属性的描述侧重当前状态。上限力求追溯事物发端，下限至 2011 年年底，个别特殊事物和事件适当下延。

7. 录用的资料和数据来源。

地名的含义和历史沿革，取自正史、旧志、地名词典、档案、文件、实地调访以及其他地名资料。

群岛列岛地理位置为遥感调查。海岛地理位置为现场实测，并与遥感调查比对。

岸线长度、近岸距离、面积，为本次普查遥感测量数据。

最高点高程，取自正史、旧志、调查报告、现场实测等。

人口，取自现场调查、民政部门登记资料以及官方网站公布数据。

统计数据，取自统计公报、年鉴、期刊等公开资料。

8. 数据精确度按以下位数要求。如引用的数据精确度不足以下要求位数的，保留引用位数；如引用的数据精确度超过要求位数的，按四舍五入原则留舍。

地理位置经纬度精确到分位小数点后一位数。

湾口宽度、海峡和水道的最窄宽度、河口宽度，小于 1 千米的，单位用“米”，精确到整数位；大于或等于 1 千米的，单位用“千米”，精确到小数点后两位。

岸线长度、近陆距离大于 1 千米的，单位用“千米”，保留两位小数；小于1千米的，单位用“米”，保留整数。

面积大于0.01平方千米的，单位用“平方千米”，保留四位小数；小于0.01平方千米的，单位用“平方米”，保留整数。

高程和水深的单位用“米”，精确到小数点后一位数。

9. 地名的汉语拼音，按1984年12月25日中国地名委员会、中国文字改革委员会、国家测绘局颁布的《中国地名汉语拼音字母拼写规则（汉语地名部分）》拼写。

10. 采用规范的语体文、记述体。行文用字采用国家语言文字工作委员会最新公布的简化汉字。个别地名，如“碜”“砗”“沥”等方言字、土字因通行于一定区域，予以保留。

11. 标点符号按中华人民共和国国家标准《标点符号用法》（GB/T 15834－1995）执行。

12. 度量衡单位名称、符号使用，采用国务院1984年3月4日颁布的《中华人民共和国法定计量单位的有关规定》。

13. 地名索引以汉语拼音首字母排列。

14. 本志中各分卷收录的地理实体条目和各地理实体相对位置的表述，不作为确定行政归属的依据。

15. 本志中下列用语的含义：

海，是指海洋的边缘部分，是大洋的附属部分。

海湾，是指海或洋深入陆地形成的明显水曲，且水曲面积不小于以口门宽度为直径的半圆面积的海域。

海峡，是指陆地之间连接两个海或洋的狭窄水道或狭窄水面。

水道，是指陆地边缘、陆地与海岛、海岛与海岛之间的具有一定深度、可通航的狭窄水面。一般比海峡小或是海峡的次一级名称。

滩，是指高潮时被海水淹没、低潮时露出，并与陆地相连的滩地。根据物质组成和成因，可分为海滩、潮滩（粉砂淤泥质）和岩滩。

半岛，是指伸入海洋，一面同大陆相连，其余三面被水包围的陆地。

岬角，是指突入海中、具有较大高度和陡崖的尖形陆地。

河口，是指河流终端与海洋水体相结合的地段。

海岛，是指四面环海水并在高潮时高于水面的自然形成的陆地区域。

有居民海岛，是指属于居民户籍管理的住址登记地的海岛。

常住人口，是指户口在本地但外出不满半年或在境外工作学习的人口与户口不在本地但在本地居住半年以上的人口之和。

群岛，是指彼此相距较近的成群分布的岛群。

列岛，一般指线形或弧形排列分布的岛链。

目录

上篇　海域地理实体

第一章　海

第二章　海　湾

第三章　海　峡

第四章　水　道

第五章　滩

第六章　半　岛

第七章　岬　角

第八章 河 口

下篇　海岛地理实体

第一章　群岛列岛

第二章　海　岛

上篇

海域地理实体

HAIYU DILI SHITI

第一章　海

东海（Dōng Hǎi）

北纬 21°54.0′—33°11.1′，东经 117°08.9′—131°00.0′。位于我国大陆、台湾岛、琉球群岛和九州岛之间。西北部以长江口北岸的长江口北角到韩国济州岛连线为界，与黄海相邻；东北以济州岛经五岛列岛到长崎半岛南端一线为界，并经对马海峡与日本海相通；东隔九州岛、琉球群岛和台湾岛，与太平洋相接；南以广东省南澳岛与台湾省南端鹅銮鼻一线为界，与南海相接。

在我国古代文献中，早已有东海之名的记载，如《山海经·海内经》中有“东海之内，北海之隅，有国名曰朝鲜”；《左传·襄公二十九年》中有“吴公子札来聘……曰：‘美哉！泱泱乎，大风也哉！表东海者，其大公乎’”；战国时成书、西汉时辑录的《礼记·王制》中有“自东河至于东海，千里而遥”；《战国策·卷十四·楚策一》中楚王说“楚国僻陋，托东海之上”；《越绝书·越绝外传·记地传第十》有“勾践徙治北山，引属东海，内、外越别封削焉。勾践伐吴，霸关东，徙琅琊，起观台，台周七里，以望东海”；《史记·秦始皇本纪》中有“六合之内，皇帝之土。西涉流沙，南尽北户。东有东海，北过大夏”；唐人徐坚等著的《初学记》中有“东海之别有渤澥”等。上述诸多记载均是将现今的黄海称为东海。

有关现今东海的记载，在我国古籍中也屡有所见。《山海经·大荒东经》中有关于东海的记载，如“东海中有流波山，入海七千里”，“东海之外大壑，少昊之国”，“东海之渚中，有神”等。庄子在《外物》中说“任公子为大钩巨缁，五十犗以为耳，蹲于会稽，投竿东海”。《国语·卷二十一·越语》中的越自建国即“滨于东海之陂”。晋张华在《博物志·卷一·山》中说“按北太行山而北去，不知山所限极处。亦如东海不知所穷尽也”。《博物志·卷一·水》又说：“东海广漫，未闻有渡者。”

东海和黄海的明确划界是清代晚期之事，即英国人金约翰所辑《海道图说》给出的“自扬子江口至朝鲜南角成直线为黄海与东海之界”。

在某些古籍中又将东海简称为海，或称南海。如《山海经·海内南经》说“瓯在海中。闽在海中，其西北有山。一曰闽中山在海中”；晋代张华在《博物志·卷一·地理略》中说“东越通海，地处南北尾闾之间”。这里所说的海即今日的东海。

将东海称为南海的，最早见于《诗经·大雅·江汉》一诗中：“于疆于理，至于南海。”其后的《左传·僖公四年》中有“四年春，齐侯……伐楚，楚子使与师言曰：‘君处北海，寡人处南海，唯是风马牛不相及也’”。这里的南海即指现今的部分黄海和部分东海。《史记·秦始皇本纪》中有“三十七年十月葵丑，始皇出游……上会稽，祭大禹，望于南海，而立石刻颂秦德”。晋张华在《博物志·卷一·地理略》中有“东越通海，地处南北尾闾之间。三江流入南海，通东冶（今福州），山高水深，险绝之国也”。《博物志·卷二·外国》又说“夏德盛，二龙降庭。禹使范成光御之，行域外。既周而还至南海”。张华在这里所说的南海，即为今之东海。

东海总体呈东北—西南向展布，北宽南窄，东北—西南向长约1 300千米，东西向宽约740千米，总面积约79.48万平方千米，平均水深370米，最大水深2 719米。注入东海的主要河流有长江、钱塘江、瓯江、闽江和九龙江等。沿岸大的海湾有杭州湾、象山港、三门湾、温州湾、兴化湾、泉州湾和厦门港等。东海是我国分布海岛最多的海区，分布有马鞍列岛、崎岖列岛、嵊泗列岛、中街山列岛、韭山列岛、渔山列岛、台州列岛、东矶列岛、北麂列岛、南麂列岛、台州列岛、福瑶列岛、四礵列岛、马祖列岛、菜屿列岛、澎湖列岛等列岛。

东海发现鱼类700多种，加上虾蟹和头足类，渔业资源可达800多种，其中经济价值较大、具有捕捞价值的鱼类有40～50种。舟山渔场是我国最大的近海渔场之一。东海陆架坳陷带内成油地层发育，至2008年我国在东海已经探明石油天然气储量7 500万桶油当量。石油与天然气在陆架南部的台湾海峡已开采多年，春晓油气田和平湖油气田也已投产。东海海底其他矿产资源也十分丰富，近年在冲绳海槽的轴部发现有海底热液矿藏。海滨砂矿主要有磁铁矿、钛铁矿、锆石、独居石，金红石、磷钇矿、砂金和石英砂，有大型矿床 9 处、中型矿 16 处、小型矿 41 处、矿点 5 个。煤碳资源分布在陆架的南部，在台湾已有大规模开采。东海沿岸有优良港址资源，主要港口包括上海港、宁波舟山港、温州港、福州港、厦门港等，其中，宁波舟山港、上海港 2012 年货物吞吐量分别位居世界第一、第二位。东海旅游资源类型多样，海上渔文化与佛教文化尤其令人称道，舟山普陀山风景区、厦门鼓浪屿风景区是全国著名的 5A 级旅游区。海上风能、海洋能资源优越，我国第一个大型海上风电项目——上海东海大桥 10 万千瓦海上风电场示范工程已于 2010 年 7 月并网发电。近年来，长三角经济区、舟山群岛新区、海峡西岸经济区、福建平潭综合实验区等发展战略相继获得国家批复实施，海洋经济快速发展。2012 年，长江三角洲地区海洋生产总值 15 440 亿元，占全国海洋生产总值的比重为 30.8%。

南海 (Nán Hǎi)

北纬 1°12.0′—23°24.0′，东经 99°00.0′—122°08.0′。南海北依中国大陆和台湾岛，西枕中南半岛和马来半岛，南达纳士纳群岛的宾坦岛，东依菲律宾群岛。东北部有巴士海峡与太平洋相通，东有民都洛海峡、巴拉巴克海峡与苏禄海相通，西南有马六甲海峡与印度洋相连。

南海之名古已有之，在我国古代文献中并不少见。《山海经 · 大荒南经》中有“南海渚中，有神，人面，珥两青蛇，践两赤蛇，曰不廷胡余”。《庄子 · 内篇 · 应帝王 · 七》有“南海之帝为鯈，北海之帝为忽”。《庄子 · 外篇 · 秋水 · 四》有“蛇谓风曰：‘……今子蓬蓬然起于北海，蓬蓬然入于南海，而似无有，何也？’”可见先秦时已有南海之名。到了秦代，秦始皇派将军赵佗越南岭“略取陆梁地”，并于秦始皇三十三年（前 214 年）置桂林、象郡、南海三郡，南海郡即因郡地傍南海而名之。秦末赵佗称王，在该区建南越国。汉武帝元鼎六年（前 111 年）灭南越，复设南海郡，东汉因之。从此，南海之名就定下来了。到了晋代，南海之名屡屡出现在文献中，如晋代张华所著的《博物志》中多处出现有关南海的记载。《博物志 · 地理略》说：“五岭已前至于南海，负海之邦，交趾之土，谓之南裔。”《博物志·水》中说：“南海短狄，未及西南夷以穷断，今渡南海至交趾者，不绝也。”在《博物志·外国》中说：“三苗国，昔唐尧以天下让于虞，三苗之民非之。帝杀，有苗之民叛，浮入南海，为三苗国。”

在我国古代文献中还有许多关于“南海”的记载，但它并非指现代的南海，而是另有所指。如《禹贡》中有“导黑水至于三危，入于南海”，此处的南海是指居延海。在《山海经》中多次提到南海，也不是今天的南海，如《山海经·大荒南经》就有“南海之外，赤水之西，流沙之东”，“南海之中，有泛天之山，赤水穷焉”，《左传·僖公四年》中有“四年春，齐侯以诸侯之师侵蔡。蔡溃，遂伐楚。楚子使与师言曰：‘君处北海，寡人处南海，唯是风马牛不相及也’”。在《史记·秦始皇本纪》中有“三十七年……上会稽，祭大禹，望于南海，而立石刻颂秦德”。上述所说的南海，均非指今日的南海。

南海又别称涨海。唐人徐坚等在《初学记》中引三国吴人谢承《后汉书》说：“交阯七郡贡献，皆从涨海出入。”谢承在《后汉书》中还说：“汝南陈茂，尝为交阯别驾，旧刺史行部，不渡涨海。刺史周敞，涉（涨）海遇风，船欲覆没。茂拔剑诃骂水神，风即止息。”唐徐坚等在《初学记·地部中》中说“按：南海大海之别有涨海”。唐代姚思廉在《梁书·诸夷》中说：“又传扶南东界即大涨海，海中有大洲，洲上有诸薄国，国东有马五洲，复东行涨海千余里，至自然大洲。”在古代，不少人将涨海与珊瑚礁联系起来。如宋李昉等撰《太平御览》引三国吴康泰《扶南传》说：“涨海中，倒（到）珊瑚洲，洲底有盘石，珊瑚生于上也。”李昉还引《南州异物志》说：“涨海崎头，水浅而多磁石，徼外人乘大舶，皆以铁锢之，至此关，以磁石不得过。”唐代徐坚等在《初学记》中引《外国杂传》说：“大秦西南涨海中，可七八百里，到珊瑚洲。”

涨海之名的缘起，古人论述不多，直至清朝初年屈大均在其《广东新语》中给出了一种说法。他说：“炎海善溢，故曰涨海……涨者嘘吸先天之气以为升降，气升则长，长则潮下虚。下虚十丈，则潮上赢十丈。气降则消，消则潮下实。下实一尺，则潮上缩一尺，皆气之所为，故曰涨。凡水能实而不能虚，惟涨海虚时多而实时少，气之最盛故涨，若夫飓风发而流逆起，大伤禾稼，则气郁抑而不得其平，亦涨之说也。涨海故多飓风，故其潮信无定。……其风不定，其潮汐因之，风者，气之所鼓者也。平常则旧潮未去，新潮复来，常羡溢而不平，故曰涨海也。”可见，“涨海”之称从后汉一直延续到南北朝。

由于南海属于热带海洋，适于珊瑚繁殖，海底高台处形成珊瑚岛，南海诸岛中的东沙群岛、西沙群岛、中沙群岛和南沙群岛均为珊瑚岛屿。注入南海的主要河流有韩江、珠江、红河和湄公河等。南海周边国家从北部顺时针方向分别为中国、菲律宾、马来西亚、文莱、印度尼西亚、新加坡、泰国、柬埔寨、越南。中国临南海的有台湾、广东、广西、海南和香港、澳门。

南海已鉴定的浮游植物有500多种，浮游动物有700多种，栖息鱼类500种以上，其中经济价值较高的鱼类有30多种，是我国的传统渔场。近年来，南海北部近海资源持续衰退，而南海陆架区以外的广阔海域分布有相当数量的大洋性头足类和金枪鱼资源，极具开发潜力，但受诸多因素的制约，外海渔业新资源尚未有效利用。南海海域是石油宝库，初步估计，整个南海的石油地质储量大致为230亿～300亿吨，约占中国总资源量的1/3，是世界四大海洋油气聚集中心之一；我国对南海勘探的海域面积仅有16万平方千米，发现的石油储量达52.2亿吨；南海近海油气田的开发已具一定规模，其中有涠洲油田、东方气田、崖城气田、文昌油田群、惠州油田、流花油田以及陆丰油田和西江油田等，但更为广阔的南海深水海域仍尚待开发。南海海底还有丰富的矿物资源，含有锰、铁、铜、钴等35种金属和稀有金属锰结核。2007年5月，中国在南海北部神弧海域成功取得天然气水合物岩心。南海自古以来就是东西方交流的主要通道，是西欧—中东—远东海运航线（世界最繁忙、最重要的海上航线之一）的重要组成部分，是我国联系东南亚、南亚、西亚、非洲及欧洲的必经之地。南海港口资源丰富，广州港、香港港、深圳港在2012年货物吞吐量均超过了2亿吨，湛江港、北部湾港发展迅猛。南海跨亚热带和热带，自然景观多样，“海上丝绸之路”人文古迹众多。近年来，珠江三角洲地区、横琴新区、海南国际旅游岛、广西北部湾经济区等发展战略相继获得国家批复实施，区域海洋经济发展迅速，2012年珠江三角洲地区海洋生产总值10 028亿元，占全国海洋生产总值的比重为 20.0%。

九洲洋 (Jiǔzhōu Yáng)

北纬 22°07.0′—22°15.0′，东经 113°33.0′—113°40.0′。位于广东省伶仃洋西南部，北起珠海市菱角嘴，南至澳门路环岛，东临青洲水道。因位于九洲列岛附近海域，故名。又称九星洋，因九洲列岛昔称九星洲山故，清《方舆纪要·卷一百一·井澳》：“又九星洋，在县西南。宋建炎二年，元将刘深袭井澳，帝至谢女峡，复入海，至九星洋，欲往占城，不果”。《一统志》：“海中有九曜山，罗列如九星，洋因以名。”南北长 16 千米，东西宽 11 千米，面积约 160 平方千米，一般水深 3.5～5 米，泥底。

伶仃洋 (Língdīng Yáng)

北纬 22°07.0′—22°46.0′，东经 113°33.0′—114°03.0′。位于广东省珠江口东部，北起虎门，南至太屿山、牛头岛、三角岛和路环岛一线。为珠江三角洲水下延伸部分，广州古海湾残留最大水域。原名零丁洋，因中部内伶仃岛昔称零丁山得名。后零丁山易名内伶仃岛，零丁洋遂改今名。屈大均《广东新语·卷二山语·官富山》：“秀山之东，有山在赤湾前，为零丁山，其内洋曰小零丁洋，外洋曰大零丁洋。”清《方舆纪要·卷一百一·井澳》：“零丁洋，在县东百七十里，宋末，文天祥为元兵所败，被执，尝经此，有‘零丁洋里叹零丁’之句。”

呈喇叭状，口朝南。海口在香港与澳门之间，宽 46 千米，中部深圳市妈湾上角与珠海市铜鼓角间宽 27 千米，南北纵深 65 千米，海岸线长约 220 千米，水域面积约 2 000 平方千米。底质以粉砂质泥为主。地势由北向南、从两侧往中部倾斜，至中央复突起。内伶仃岛以北水深一般小于 5 米，以南超过 5 米。纳东江、流溪河全部和西江、北江大部来水，集珠江八大口门之虎门、洪奇门、横门、蕉门四大口门之流。

洋内岛礁错落，主要有内伶仃岛、大铲岛、小铲岛、龙穴岛、横门岛、淇澳岛、九洲列岛等。湾内三滩夹两槽，东部浅滩是深圳湾、前海湾、交椅湾沿岸浅滩；中部浅滩即伶仃沙和矾石浅滩；西部浅滩居蕉门、洪奇门、横门外缘，呈东南向指状伸展，有鸡抱沙、大沙尾沙、横门滩、进口浅滩、大茅滩等。浅滩间形成 2 米深槽，东槽矾石水道北接川鼻水道，南连龙鼓水道；西槽伶仃水道为伶仃洋主航道。

沿岸多湾，较大的海湾有深圳湾、前海湾、交椅湾、唐家湾、香洲湾等。洋内滨岸建有蛇口、赤湾等港口。内伶仃岛为国家级自然保护区，龙穴岛、大九洲已辟为风景游览地。鸦片战争以来，伶仃洋两岸出现过许多英雄人物，如孙中山、苏兆征等，林则徐、关天培于虎门一带屡挫英军，名垂青史。宋末民族英雄文天祥曾书《过零丁洋》诗以明志，诗中有“人生自古谁无死，留取丹心照汗青”句，至今仍激励人们不怕牺牲，奋勇进取。

第二章 海 湾

大埕湾（Dàchéng Wān）

北纬 23°35.7′，东经 117°10.6′。位于闽粤交界处，东起福建省诏安县宫口头，西至广东省饶平县鸡笼角连线以北海域。因北邻饶平县大埕乡（今大埕镇）得名。溺谷湾，呈半月形，湾口朝东南，口宽 11.88 千米，纵深 3.5 千米，海湾岸线长 69.9 千米，面积 58 平方千米，水深 2.5～9.4 米，底质为沙、粉砂质泥。东溪、西溪经沙湾注入。湾内有龙屿、诏安内屿、诏安外屿、开礁、头礁、饶平大礁母等岛散布。

大埕湾风景秀丽，是当地旅游景点。明代黄诏《题凤埕八景》中“碧海连天”曰：“观水东南到海滨，波澜万倾渺无边，祝融一怒山翻雪，飓母初呈浪拍天。日落鱼龙腾雾涌，夜沉星斗弄波妍。五湖纵阔难为水，笑却精衔与血鞭。”

柘林湾（Zhèlín Wān）

北纬 23°35.3′，东经 117°01.5′。位于潮州市饶平县南部，为柘林镇金狮湾度假区和海山镇顾边东北角连线以北海域，因东岸柘林镇得名。口门宽度 6.99 千米，面积约 86.2 平方千米，最大水深 12.6 米。岸线曲折，黄冈河入于湾内，湾内分布有西澳岛、汛洲岛。向南绕过汛洲岛即达南澳岛。

东洋港（Dōngyáng Gǎng）

北纬 23°34.4′，东经 116°58.9′。位于潮州市饶平县柘林湾西南部，为海山岛屿仔角与海角石连线西南海域。水面宽阔，地处海山岛西部东侧，故名。口门宽度 4.5 千米，岸线长约 11.9 千米，面积约 12.8 平方千米。最大水深 3.4 米。呈喇叭形，湾口朝东北。泥沙底，沿岸岩滩与沙滩相间。湾顶南接笠港水道。

后江湾（Hòujiāng Wān）

北纬 23°27.3′，东经 117°01.1′。位于汕头市南澳县南澳岛北。后宅镇南北各有一湾，岛南海湾称前江湾，此湾在岛北故名后江湾。口门宽度 6.15 千米，岸线长约 10 千米，面积约 12.2 平方千米，最大水深 7.5 米。

溺谷湾，呈喇叭状，湾口朝北，粉砂质泥底，有多条山溪注入。常风最大风力 9 级，台风季节最大风力 12 级以上。西部多岛礁，主要有姑婆屿、姑婆屿北岛、姑婆屿南岛等。避风条件好，每遇台风，常泊粤东、闽西、香港渔船千余艘。湾顶后江港为南澳县主要港口，可泊百吨级船。

莱芜湾（Láiwú Wān）

北纬 23°24.8′，东经 116°50.2′。位于汕头市澄海区，为莱芜半岛与南港口（外砂河口）连线以北海域，因莱芜半岛得名。口门宽度 4.76 千米，岸线长约 9 千米，面积 6.2 平方千米，最大水深 3.2 米。

湾口向东南，泥底，东北岸为砾石滩，余为沙滩。西部纳韩江西溪泥沙，逐年淤浅，干出滩向外扩展。东北部有屐桃屿和莱芜港，西南岸有防护林。

云澳湾（Yún'ào Wān）

北纬 23°24.3′，东经 117°04.8′。位于汕头市南澳县南澳岛南云澳镇。东岸有一寺，建于宋，常有白云缭绕，称白云盖寺，湾因之称云盖寺澳，后简化为云澳。口门宽度 4.82 千米，岸线长约 8.6 千米，面积约 5.7 平方千米，大部水深 5～9 米，最大水深 10 米。

溺谷湾，呈半月形，湾口向南，沙底。沿岸岩滩与沙滩相间，有小河注入。常风最大风力 9 级，台风季节最大风力 12 级以上。中部有三角礁、旗杆夹礁等礁石散布，锚地在东部，水深无障碍，可锚泊千吨级船。东端云澳港为中小型渔船避风港。

汕头港（Shàntóu Gǎng）

北纬 23°19.9′，东经 116°40.0′。位于汕头市龙湖区、濠江区，为新津河口西咀向南通过德洲岛到濠江区达豪北山湾旅游度假区北侧连线，以西至龟屿以东的榕江河口水域。该水域是汕头湾的一部（汕头湾由汕头港和牛田洋组成）。因北岸汕头而得名。汕头原为澄海界地，明代称为沙站，清康熙时称沙汕头。因地处韩江三角洲之沙堤上，常设栅捕鱼，故名沙汕头，后简称为汕头。清咸丰八年（1858 年），英、法两国侵略者与清政府签订《天津条约》，辟潮州为对外开放通商口岸，因感水浅，咸丰十年（1860 年），以汕头代潮州。翌年正开埠，称汕头埠。1921 年置汕头市政厅，1930 年建市。

据《中国海湾志》第九分册载：港区水域长 10.25 千米，东口口门宽 2.8 千米，水域面积 30.5 平方千米。新近量测得：口门宽度 9.61 千米，岸线长 98.3 千米，面积约 134.7 平方千米，水深 5～12 米，由于 20 世纪 50—60 年代牛田洋（汕头湾内湾）大量围垦，水域面积由 1956 年的 126 平方千米（全汕头湾）减少到 1979 年的 72 平方千米；纳潮量由 1856 年的 269 亿立方米，减至 154 亿立方米。榕江和韩江的西溪注入本湾。

属不正规半日潮海区，平均潮差 1.04 米，最大潮差 3.99 米，因受台风影响，经常有风暴增水出现，1969 年 7 月 28 日 6903 号台风登陆时，妈屿站实测最大增水值达 3.14 米。表层实测最大涨潮流速 0.88～1.11 米 / 秒，实测最大落潮流速 1.04～1.9 米 / 秒，港内波浪较小，口门外海域波浪较大。湾内沉积以粉砂质黏土和黏土质粉砂为主。

华南重要港口之一，是粤东和闽西重要对外交通枢纽。港口出口处拦门沙发育，碍航。海港西端均有公路大桥连接南北两岸。拥有万吨级以上泊位，集装箱吞吐能力达万标准箱，港口设灯塔。

泥湾 (Ní Wān)

北纬 23°19.7′，东经 116°42.8′。位于汕头市濠江区，为达濠岛石林和马山连线以南海域，是汕头湾的一部分。湾内泥沙淤积，故名。口门宽度 3.95 千米，岸线长约 7.5 千米，面积约 6.7 平方千米，最大水深 0.1 米。

湾口向北，多为岩岸。泥滩干出 0.4～0.7 米，有鸡心屿及礁石多处。1976 年在礐石咀和马山之间建成长约 1 千米的海堤，湾曾被辟为牡蛎养殖场。

牛田洋 (Niútián Yáng)

北纬 23°22.1′，东经 116°35.1′。位于汕头市金平区、潮阳区和濠江区交汇地带，因近牛田（今蜈田）村而名之。牛田洋是汕头湾内的一个小湾，榕江和韩江的西溪（含次级汊道梅溪、新津河等）注入该湾。是榕江的河口湾，1931 年面积为 108.6 平方千米，因 20 世纪 50—60 年代大量围垦，1964 年牛田洋面积 71.9 平方千米，口门宽度 3.15 千米，岸线长约 57.6 千米，新近量测面积为 44.4 平方千米，最大水深 15.2 米。

榕江和韩江西溪是牛田洋的主要水源和沙源，其中榕江年均径流量 35.2 亿立方米，年均输沙量 85.2 万吨；西溪入牛田洋年均径流量 130.6 亿立方米，年均输沙量 383.7 万吨。为不正规半日潮海湾，汕头港口门妈屿站平均潮差 1.02 米，实测最大潮差 3.99 米，到达濠平均潮差 0.6 米。实测最大涨潮流速 1.07 ～ 1.11 米 / 秒，实测最大落潮流速为 1.83 ～ 1.9 米 / 秒。湾内有平屿、北三屿、金平龟屿、草屿等岛屿。周边有数条公路，汕头礐石大桥横跨牛田洋东口，东侧有汕头港。

后江湾（Hòujiāng Wān）

北纬 23°15.3′，东经 116°47.0′。位于汕头市达濠岛东南部，为表角和凤安角连线以西海域。南岸广澳村民舍多坐北朝南，湾在村北，当地称近岸水域为江，故名。口门宽度 5.51 千米，岸线长约 9.6 千米，面积约 8.7 平方千米，最大水深 8.2 米。呈弧形，湾口朝西南，泥底。表角沿岸为砾石滩，余为宽 300 米的沙滩。

广澳湾（Guǎng'ào Wān）

北纬 23°12.6′，东经 116°42.9′。位于汕头市濠江区和潮阳区，为濠江区达濠岛马耳角和潮阳区海门镇海门角连线西北侧海域。原名企望湾，1986 年因依湾北汕头经济特区广澳片区而改今名。据《中国海湾志》第九分册载：海湾口门宽度 15 千米，岸线长 40.6 千米，面积 61.9 平方千米；新近量测得：口门宽度 15.7 千米，岸线长 24.5 千米，面积 60.4 平方千米，最大水深 12.3 米。

为不正规半日潮海湾，平均潮差 0.78 米，最大潮差 2.6 米，湾内流速不大，泥沙质，沿岸水域以细砂为主。湾顶和西南部多岛礁。

海门湾（Hǎimén Wān）

北纬 23°08.8′，东经 116°34.9′。位于汕头市潮阳区，为湾口北起潮阳区海门镇海门角，南至揭阳市惠来县仙庵镇贝告角连线西北侧海域，因湾顶东北岸有海门镇而得名。海门镇原为海口村，明洪武二十七年（1394 年）守御千户所迁此，建海门城。1951 年置海门镇。据《中国海湾志》第九分册载：海门湾口门宽度 12.1 千米，岸线长 35.3 千米，面积 67.2 平方千米。新近量测结果：口门宽度 11.6 千米，面积 63.8 平方千米。

海湾平均潮差 0.78 米，最大潮差 2.6 米；风暴潮增水每年都有发生，1979 年 8 月 2 日 7908 号台风时，海门验潮站记录到最大增水 1.97 米；海湾内流速不大，最大实测涨潮流速 0.17～0.32 米 / 秒，最大实测落潮流速为 0.19～0.24 米 / 秒，沉积物以黏土质粉砂为主，近岸沉积物较粗，以中细砂为主。

练江由海门镇西侧注入海湾，1970 年建海门湾桥闸。湾内海门港是潮阳区主要港口，通往汕头、厦门、广州、香港等地。湾内滩涂虽不多，但已充分利用。当地居民充分利用海湾条件，开展了水产品增养殖。

靖海港 (Jìnghǎi Gǎng)

北纬 22°59.4′，东经 116°31.6′。位于揭阳市惠来县资深港东北，为靖海角和南炮台角连线以西海域。因近北岸靖海镇，故名。口门宽度 4.6 千米，岸线长约 8.4 千米，面积约 8.1 平方千米，最大水深 15.5 米。

呈残月形，湾口朝东南，沙泥底。两端岬角附近为岩岸，余为沙质岸。1953 年在靖海西南侧筑狮石湖水闸，内港淤浅。1970 年开始整治，封闭老港门，新辟人工航道。港池在狮石湖东侧，东西走向，两岸护堤砌石。航道长 2.98 千米，宽 120～190 米，水深 2.8～4.0 米，可通航百吨级船。湾口两端北炮台角、南炮台角和港池口门外设有灯桩。此港为惠来县主要港口和进出口货物装卸点，有码头数座，航线达广州、汕头、福建、香港、澳门。

甲子港 (Jiǎzǐ Gǎng)

北纬 22°52.9′，东经 116°05.4′。位于汕尾陆丰市，为甲东镇外炮台与甲西镇山尾东南角连线以北海域，因西岸甲子镇而得名。甲子镇原称甲子门，鳌江与薤江在此汇合入海，岸边有 60 块大石壁立，应干支一周之数，故名。口门宽度 0.39 千米，面积约 8.4 平方千米，最大水深 4.3 米。

除港池航道外，其余水深不及 1 米，泥沙底，多为堤岸，东部沿岸滩涂成片。港内航道宽 80～120 米，水深 3～4 米，口门水深不及 1 米。港西之西溪为天然避风塘，东营码头至濠头村段长 6 千米，宽 200 米。港口设施较完善。1981 年与香港通航，口门东侧设有灯桩。港外为甲子渔场，盛产鱼、虾，春汛期间粤东、闽西渔船云集于此。

碣石湾 (Jiéshí Wān)

北纬 22°46.5′，东经 115°39.6′。位于汕尾市城区遮浪角和陆丰市田尾角连线以北海域，因东部碣石港得名。明洪武二十二年（1389 年）署碣石卫，清康熙三年（1664 年）改设碣石镇总兵镇守。据《中国海湾志》第九分册载：海湾口门宽 24.6 千米，岸线长 116.7 千米，面积 349.8 平方千米。新近量测得：口门宽度 27 千米，面积 474.3 平方千米。

为不正规全日潮海域，平均潮差 0.82 米，最大潮差 2.29 米；海湾内流速不大，实测最大涨潮流速 0.39 米 / 秒，实测最大落潮流速 0.38 米 / 秒，遮浪站常浪向为东向，强浪向为东南向，最大波高 9.5 米。海湾有螺河、流冲河、乌坎河、八万河等河流注入，年均径流量 27.74 亿立方米，年均输沙量 24.6 万吨。海湾沉积物以沙 - 粉砂 - 黏土和黏土质粉砂为主。湾内有浅澳港、乌泥港、碣石港、金厢港、乌坎港、炯港、白沙湖次级小湾及金屿等岛礁。湾内水产资源丰富，有甲子、碣石、湖东、乌坎、金厢等渔港和小型商港，白沙湖为避风良港。

东岸玄武山为粤东著名风景游览区，福星垒塔气势磅礴，元山寺雄伟壮观。福星垒塔始建于明万历六年（1578 年），原为泥塔，清同治四年（1865 年）改建为石塔，1981 年重修，塔为八角形，八层，高 18.6 米。登塔俯瞰，碣石湾尽收眼底，“碣石观海”由此而来。东北岸观音岭有一庙宇，名曰水月宫，建筑古朴，小巧端庄，岭下奇石嶙峋，形态各异，多石刻。1986 年赖少其游此，缅怀周恩来经碣石湾渡香港之往事，挥毫写下“洲渚夜如釜，逢天一砥柱，抢渡碣石湾，猛如下山虎”的诗句，后镌刻于岭下龙石之上。

金厢港 (Jīnxiāng Gǎng)

北纬 22°52.1′，东经 115°41.2′。位于汕尾陆丰市金厢角北侧，为碣石湾内一小潟湖湾。因近金厢圩（农村集市）得名。口门宽度 4.42 千米，面积 5.4 平方千米，最大水深 4.9 米。

湾呈“L”形，湾口朝北，泥沙底。原港水域较广，20 世纪 60 年代初仍可泊渔船千艘。1963年于中段建水闸，又在港东掘排洪沟至十三堂入海，港内泥沙逐年淤积。口门东为石堤岸，长1.5千米，西岸为沙坝，坝上是装卸地和渔货交易场。湾外水域辽阔，水产资源丰富。

烟港 (Yān Gǎng)

北纬22°51.9′，东经115°35.0′。位于陆丰市与海丰县交界处，为东溪流冲河与螺河西支汇合入海口，碣石湾西北部，为碣石湾一部分，北岸有上英村、下英村，原名英港，当地方言“烟”与“英”谐音，后改今名。口门宽度1.72千米，岸线长约41.2千米，面积约10.9平方千米。

湾口朝南，口门以西河段弯曲，西北筑有水闸，沿岸有大片鱼塭、牡蛎养殖场，以“高螺蚝”著名。水闸至口门长13千米，水深2～7米，为船只避风佳地。口门淤积严重，两侧泥沙滩成片。

白沙湖 (Báishāhú)

北纬22°44.3′，东经115°32.9′。位于汕尾市城区，为东洲街道石西和凤山街道池刀连线西南海域，是碣石湾的一部分。因沿岸海沙呈白色而得名。口门宽度3.28千米，岸线长约17千米，面积约17.3平方千米，最大水深1.7米。

海底平坦，泥沙底，泥沙厚5～15厘米。湾内有数岛分布。东南沙滩蕴藏钛矿和石英砂，西部沿岸有大片盐田。东北岸双山仔有新石器晚期至春秋时代的古文化遗址，东南侧有郑成功勤王南征途中“后江破隙”的遗迹。

红海湾 (Hónghǎi Wān)

北纬22°41.2′，东经115°10.6′。位于汕尾市、惠州市交界海域。为东起汕尾市遮浪角西至惠东县大星山门第石连线以北海域。因湾内海水微生物反射作用略显红色，故名。据《中国海湾志》第九分册载：红海湾口门宽65千米，岸线长128千米，面积925平方千米；新近量测得：口门宽71.58千米，岸线长46.3千米，面积1125.7平方千米。中部水深18～21米，最大水深22米。

为不正规全日潮海域，平均潮差0.94米，最大潮差2.58米；1979年8月2日7908号台风给红海湾带来了1.17米的增水。湾内流速很小，实测最大涨潮流速0.66米/秒。海湾沉积物以黏土质粉砂为主，近岸沉积物较粗，以砂质为主。

有黄江河、大液河、丽江、赤石河等小河入湾，湾内分布芒屿岛、江牡岛等岛，有品清湖、马宫港、小漠港等次级海湾。

湾内有遮浪港、汕尾港、马宫港、鲘门港、小漠港、盐洲港等地方港口，其中汕尾港是本地区重要港口，可通汕头、厦门、广州、湛江、香港等地，联检机构齐全，出入境方便，为粤东的主要近出口岸之一，鲘门港和小漠港为广东省重点渔港。海湾生态环境良好，水产资源丰富，是重要海产品养殖基地。

长沙港（Chángshā Gǎng）

北纬 22°51.4′，东经 115°17.5′。位于汕尾市城区与海丰县交界处，北起西溪水闸，南至鸡笼山北侧。为大液河、丽江、黄江汇流入海口，因近口门东岸长沙村而得名。口门宽度 1.18 千米，岸线长约 36.9 千米，面积约 10.6 平方千米，最大水深 12 米。

泥底，沿岸为大片干出滩，干出高 0.4 ～ 0.9 米。长沙村以西航道较宽，最窄处 30 米，水深 2 米。长沙村以北航道宽 15 ～ 30 米，水深 2.5 ～ 6.0 米。口外航道最小水深 1.5 米，其余水深 2 ～ 4 米。锚地在炮台山西侧，长 1 千米，宽约 0.2 千米，水深 2.8 ～ 5.8 米，能避 7 级东北风，但进口处水深仅 1.5 米。北段小船锚地河道宽 10 米，水深 3 米，河床平坦，台风季节马官港渔船多来此避风。产鱼虾、蟹、牡蛎等。

鲘门港（Hòumén Gǎng）

北纬 22°48.1′，东经 115°08.1′。位于汕尾市海丰县鲘门镇百安角和圆墩乡港尾连线以北海域，是红海湾的一部分，西邻小莫港。东岸鲘门圩（农村集市），清乾隆四十五年（1781 年）开埠，鲘门港因此而得名。口门宽度 6.06 千米，岸线长约 11.3 千米，面积约 9.7 平方千米，最大水深 4.3 米。

湾口朝西南。烟墩山北有天然避风港，名鲘底港，落潮接近干出，仅供渔船使用。湾内产马鲛、鲳鱼、泥蚶等。

考洲洋（Kǎozhōu Yáng）

北纬 22°44.3′，东经 114°54.6′。位于惠州市惠东县，为湾仔和吉水连线西北侧海域，是红海湾内一个小湾。口门宽度 0.77 千米，岸线长约 32 千米，面积约 36.9 平方千米，中部水深 0.3～1.1 米，最大水深 13.4 米。

泥沙淤积，海湾渐浅。东部和西部沿岸有大片干出 0.1～0.7 米的泥滩，唯东南盐洲两侧水道水深 3～6 米。纳吉降河及多条小河之水。盐洲居南部，还有龙船洲、老鼠洲等小岛。水咸，滩涂广阔。20 世纪 60 年代已在西部建成面积 6 平方千米的牡蛎养殖场。东部望京洲滩已部分围垦为鱼塭，养殖蚶、虾、蟹等，湾内盐洲为惠东县原盐主产地。

东山海（Dōngshān Hǎi）

北纬 22°35.7′，东经 114°54.7′。位于惠州市惠东县，为牛头角和大星山牛鼻孔连线以西海域，红海湾的一部分，因西岸东山埔得名。口门宽度 6.7 千米，岸线长约 9 千米，面积约 8.7 平方千米，水深 5～12 米，最大水深 17.4 米。

沙底，坡度较大。南端为岩岸，余为沙岸，岸线较平直。东南部多岛礁，主要有内青洲岛、惠东赤洲等。

平海湾（Pínghǎi Wān）

北纬 22°34.8′，东经 114°50.2′。位于惠州市惠东县南部，为平海镇大澳岛西南角至石英砂场南角连线以北海域，西接大亚湾，因近平海镇得名，又因地处平海镇之南，亦称南湾海。口门宽度 14.7 千米，岸线长约 42.8 千米，面积约 53.7 平方千米，最大水深 14.8 米。湾口朝西南，有小星山、圣告岛、桑洲等岛屿。东部有国家级海龟自然保护区，北部已建为旅游区。

大亚湾（Dàyà Wān）

北纬 22°40.1′，东经 114°39.2′。位于惠州市惠阳区、惠东县和深圳市龙岗区，东靠红海湾，西邻大鹏湾。大亚湾之名最早见于 19 世纪 80 年代《沿海八省水道图》。据《中国海湾志》第九册载：大亚湾口门宽度 15 千米，海湾岸线 150 千米，面积 516 平方千米；新近量测得：口门宽度 14.94 千米，岸线长 207.4 千米，面积 524.7 平方千米。

属不正规半日潮海域，湾内港口站的平均潮差 0.83 米，最大潮差 2.34 米；海湾内风成增水较常见，1979 年 7908 号台风期间最大增值达 1.14 米；海湾实测最大涨潮流速 0.21～0.59 米 / 秒，实测最大落潮流速 0.17～0.52 米 / 秒；海湾内常浪向为东南向，强浪向为东向，最大波高4.6米；湾内沉积物以粉砂质黏土和黏土质粉砂为主。湾内有多个岛屿，其中以大辣甲为最大，面积1.8平方千米；湾内还有十数个次级海湾，如澳头湾、范和港、大鹏澳等，海湾无大河注入。

海湾水产资源丰富，已列为水产资源繁殖保护区。湾内巽寮港、范和港、澳头港均为广东省重点渔港，澳头港已建成重要的商港。湾北霞涌圩西侧海滩宽阔、沙质细洁，已辟为大亚湾游乐场。1994年建成并投入运营的大亚湾核电站，位于海湾西南岸大鹏半岛。

大湾（Dà Wān）

北纬21°52.2′，东经113°08.9′。位于惠州市惠东县范和港湾口南侧，为大亚湾内一个小湾。口门宽度1.55千米，岸线长约1.5千米，面积约1.1平方千米，最大水深4米。湾口朝西，沙泥底。湾顶有一小溪注入，东岸山丘高100余米，两侧岬角沿岸有岩滩，余为砂砾滩，湾内风浪小。

范和港（Fànhé Gǎng）

北纬22°47.5′，东经114°47.1′。位于惠州市惠东县，为稔山镇虐星鱼至鳌勇塑连线东北部海域，大亚湾内一个小湾，因东岸范和村而得名。口门宽度2.65千米，岸线长约29千米，面积约31.9平方千米，水深1～4米，湾口最大水深7米。

溺谷湾，湾口朝西南，泥沙底。有数条小河注入，北部有龟洲，湾口南北山丘靠近海岸。东岸为冲积平地，东部和北部沿岸多盐田，泥滩成片，部分已围垦成鱼塭。湾内可避西南强风外诸向风，西南强风时涌浪较大。

澳头湾（Àotóu Wān）

北纬22°40.4′，东经114°32.5′。位于惠州市、深圳市，为大亚湾基湾东南角和深圳市龙岗区廖哥角连线以西海域，是大亚湾的一个小湾。原名哑铃湾，1987年因其位近澳头圩（农村集市）改今名。口门宽度3.36千米，岸线长约35.5千米，面积约32.1平方千米，大部水深4～5米，最大水深12米。

湾口朝东，泥底。有多条山溪注入，海水盐度约为32。三面环山，东有港口列岛为屏障，对海隐蔽；北部和西部多岛，主要有潮洲、大洲头、蛇仔洲、猫洲等。北部澳头港为重要综合港；西部小桂湾、白沙湾以及澳头港内的猴仔湾是良好避风锚地和水产养殖区。湾口南侧许洲与虎头山之间的虎头门水道为出入咽喉。

大鹏澳（Dàpéng Ào）

北纬22°34.6′，东经114°29.9′—114°31.3′。位于深圳市龙岗区东南，为海柴角和长湾东北角连线以西海域，大亚湾西南部。因东南有大鹏山（今七娘山）而得名，为大亚湾内一个小湾。口门宽度2.61千米，岸线长约21千米，面积约16.6平方千米，大部水深4～7米，最大水深11米，湾口水深10米。

属溺谷湾，湾口朝东，南、西、北三面皆有山丘作依托，东有中央列岛、辣甲列岛为屏障，避风条件优越。有几条小河注入，年均气温22℃，年均降水量2 000毫米。多为岩岸，两侧岸陡，植被较好。对海隐蔽，形态稳定，水深，泥沙少。大亚湾核电站位于该湾北岸。

大鹏湾（Dàpéng Wān）

北纬22°30.8′，东经114°21.9′。位于广东省深圳市大鹏半岛黑岩角与香港九龙半岛大浪嘴连线以北海域。大鹏半岛南部有大鹏山（今七娘山），因山状如鹏举故名。半岛因山名，海湾依半岛名。又名马士湾，马士湾乃意大利传教士于1866年绘制的《新安县全图》所注名称，今香港英文版图注MIRSBAY。

据《中国海湾志》第九分册：湾口宽9.29千米，海岸线长240.84千米，海湾面积335平方千米。本次量测得：湾口宽10.52千米，纵深18千米，大陆岸线长约245.7千米，面积约394.6平方千米。湾顶沙头角湾附近水深8～10米，中部水深18米，湾口水深22～24米。

为不正规半日潮海域，平均潮差0.96米（坪洲岛）至1.11米（老围），最大潮差2.72米（盐田）。湾内春季实测最大涨潮流速0.42米/秒，实测最大落潮流速0.43米/秒。海底沉积物以砂质为主，近岸较粗。岸线曲折，岬角与小海湾相间，西部海岛错落。主要海湾有大滩海、白沙澳、吐露港和吉澳海等。沿岸没有大河注入大鹏湾。

清光绪二十四年（1898年）中英《展拓香港界址专条》将深圳河以南之新

界租借给英国，此湾沦为英国殖民地，今为粤港共用。大鹏湾是深圳改革开放以来十大经典作品之一，也是一方风水建筑艺术宝库。湾内有大鹏龙岩古寺、金沙滩及西冲沙滩等景点。

沙头角湾（Shātóujiǎo Wān）

北纬 22°32.5′，东经 114°13.8′。位于广东省深圳市盐田区与香港东部交界处，大鹏湾西北端。因北岸沙头角村（今沙头角镇）而名之。相传沙头角得名于一名清朝大臣，当时他巡视沙头角一带时，面对优美风光，便题了两句诗："日出沙头，月悬海角"，是故得名。溺谷湾，呈袋形，湾口朝东北，湾口宽 1.52 千米，纵深 4.25 千米，海湾岸线长 18.9 千米，面积 6.8 平方千米，水深 1.8～7.8 米，泥底。与香港吉澳洲有轮渡航线。

深圳湾（Shēnzhèn Wān）

北纬 22°28.6′，东经 113°57.5′。位于广东省深圳市与香港西部交界处，伶仃洋东部。为湾口南起香港烂甲嘴，北至深圳市妈湾下角连线以东海域。南头以南有一半岛，半岛东西各有一较大海湾。半岛西侧海湾背靠南头，面向伶仃洋，称前海湾。半岛之东部海湾，原名后海湾，后因湾顶有深圳河注入，遂改名深圳湾。

湾口朝西南，湾口宽 4.71 千米，纵深 17 千米，海湾岸线长约 59.8 千米，面积约 90 平方千米。深圳河等数条山溪注入。湾顶水深 2 米，湾口水深 4.2～4.5 米，最深处 14.5 米。北部有后海湾、蛇口湾。清光绪二十四年（1898 年）英国强迫清政府签订《展拓香港界址专条》，深圳湾被划入租界范围。

前海湾（Qiánhǎi Wān）

北纬 22°32.0′，东经 113°52.7′。位于深圳市南山区大王洲和宝安区龙舟角连线以东海域。此湾处半岛之西，背靠南头，面向伶仃洋，故名前海湾。口门宽度 1.22 千米，岸线长约 20 千米，面积约 10.4 平方千米，水深一般 0.1～0.5 米，最大水深 8.2 米。

湾口朝西，泥沙底。口外有大铲岛、黄麻洲、小黄麻洲、小铲岛、细丫岛等岛屿。1974 年后，于湾口龙舟角至大王洲一线抛石成水下暗堤，致湾内大部分为干出 0.6～1.3 米的泥沙滩。多为堤岸，沿岸有鱼塘、虾塘和红树林滩。

后海湾 (Hòuhǎi Wān)

北纬 22°30.7′，东经 113°35.8′。位于深圳市南山区，为蛇口角和世界之窗连线以西海域，此湾为珠江口伶仃洋的一部分。原赤湾半岛（南头以南之半岛）东西各有一海湾，东湾称后海湾，后改后海湾为深圳湾，而称前述范围内水域为后海湾，是深圳湾的一部分。口门宽度 5.98 千米，岸线长约 6.2 千米，面积约 7.7 平方千米，一般水深 0.4～1.3 米，最大水深 2 米。湾口朝东。泥沙底。沿岸为干出泥沙滩。

交椅湾 (Jiāoyǐ Wān)

北纬 22°43.2′，东经 113°44.0′。位于深圳市、东莞市交界海域。湾口西起东莞市穿鼻角，东至深圳市宝安区福永镇和平村西海岸，为珠江口伶仃洋的一部分，因湾形似椅而得名。口门宽度 15.58 千米，岸线长约 17 千米，面积约 39.5 平方千米，湾口水深 1～2 米，最大水深 5.8 米。

湾口朝西南，泥沙底。纳东宝河、磨碟河河水，多为人工堤岸，沿岸有红树林和草丛，干出 0.1～1.2 米的泥滩面积约 10 平方千米。湾内盛产牡蛎，为著名的“沙井蚝”产地。

唐家湾 (Tángjiā Wān)

北纬 22°20.3′，东经 113°36.2′。位于珠海市香洲区，为唐家镇东南银坑和水大码头东角连线以西海域。唐家镇东部半岛南北各有一湾，此湾面对伶仃洋，原称前湾，因位近唐家镇，后改今名，为伶仃洋的一部分。口门宽度 4 千米，岸线长约 7.9 千米，面积约 6.6 平方千米，水深 0.5～2.0 米。

海湾略呈半月形，湾口向东，泥沙底，锚地面积 4 平方千米。湾顶沙滩长 2.5 千米，有一小河注入。南、北岬角沿岸多磊石、岩石岸滩。南部多岛礁，主要有蛇洲、北打礁、南打礁等；北部前环村南有突堤式码头。1960 年前为较大渔港，常泊渔船 500 多艘，后因泥沙沉积，水位渐浅，今渔船甚少。

香洲湾 (Xiāngzhōu Wān)

北纬 22°17.6′，东经 113°35.3′。位于珠海市香洲区，为银坑至野狸岛连线以西海域，北邻唐家湾。因香洲（指现香洲区地区，源于香洲埠，即取自香山场与九洲洋）而得名，为伶仃洋的一部分。口门宽度 6.33 千米，岸线长约 7.8 千米，面积约 12.9 平方千米，大部水深 0.2～2.0 米，最大水深 2.7 米。

呈半月形，湾口朝东，泥底。南有石砌岸，余为沙岸。南部野狸岛北侧防浪堤长 600 米，堤端有灯桩，堤西为锚地，人工挖成，可避 8 级诸向风。湾内淤积严重，落潮时有泥滩出露。野狸岛西北之香洲港为综合性港口，设备齐全。野狸岛南北各有一航道达香洲码头，均由人工挖成。1985 年港口吞吐量 45 万吨。班船通珠江口主要岛屿和广州、香港、澳门、深圳等地。

黄茅海 (Huángmáo Hǎi)

北纬 22°03.9′，东经 113°04.2′。位于珠海市斗门区和江门台山市，为珠海市斗门区荷包岛和江门市大襟岛连线以北海域。为珠江口崖门水道和虎跳门水道入海口水域。原名东海，清光绪（1878—1908 年）《新宁县志》载："东海，在城东南 80 里，知其名者甚少。"因湾内有黄茅岛（今珠海黄茅岛），1987 年 1 月将其定名为黄茅海。口门宽度 21.5 千米，岸线长约 168.8 千米，面积约 361.5 平方千米，最大水深 21 米。

湾口朝东南，泥底。口外有高栏列岛为屏障，对海隐蔽。纳潭江全部和西江部分来水，年均径流量 398 亿立方米，平均输沙量 8.72 万吨。集珠江八大口门之崖门、虎跳门。表层海水盐度夏季 5 以下，冬季 10 ～ 25。平均潮差 1.24～1.34 米，最大潮差 2.3～2.58 米。沿岸滩涂发育。近岸有赤鼻岛、独崖岛、二崖岛、白排岛、黄茅岛等岛屿。湾内产黄皮、凤鲚鱼、虾、蟹等。中部偏东之崖门水道长 19 千米，南北走向，主航道宽 0.2～1.3 千米，水深 5.4～8.8 米，可航千吨级船舶。北端崖门港为广东省重点渔港。

广海湾 (Guǎnghǎi Wān)

北纬 21°53.6′，东经 112°48.0′。位于江门台山市，为赤溪镇蕉湾咀和川岛镇龟头角连线以北海域。海湾北邻的广海镇，宋称褥州，明洪武二十年（1387 年）改称涛城，明洪武二十七年（1394 年）置广海卫，清康熙二十三年（1684 年）置广海营，褥州遂改称广海，广海湾因其北部广海镇而得名。据《中国海湾志》第十分册载：广海湾口门宽度 21.9 千米，岸线长 92.8 千米，面积 196.2 平方千米；新近量测结果：口门宽度 21.64 千米，岸线长 46 千米，面积 160.7 平方千米，湾口水深 3～5 米。

为不正规半日潮海域，平均潮差 1.24 米，最大潮差 2.38 米；1966 年 7 月 14 日最大台风风暴潮增水值达 1.98 米。表层实测最大涨潮流速 0.86 米 / 秒，实测最大落潮流速 0.52 米 / 秒。常浪向为东南向，强浪向为东南偏东向，最大波高 3.8 米。湾口外有川山群岛。海湾沉积物以黏土质粉砂和粉砂质黏土为主。

湾内有鱼塘湾、南风湾、大马湾、大郎湾、甫草湾等次级海湾以及鱼塘洲、牛屎石等岛屿。为台山市重点浅海渔场，产虾、蟹和杂鱼等海产品。烽火角渔港为中心渔港，设备齐全，可纳 2 万条渔船驻泊，另外尚有多处渔码头可供停泊。

大湾海 (Dà Wānhǎi)

北纬 21°40.1′，东经 112°45.8′。位于江门台山市上川岛中部西侧，为上川岛沿岸最大海湾，故名。口门宽度 2.6 千米，岸线长约 17.2 千米，面积约 14.4 平方千米，最大水深 2.6 米。

呈圆形，湾口向西南，泥沙底。三面环山，可避强台风，纳北斗河及数小溪水。多石质岸，较曲折，滩涂发育，南部上大湾礁石林立。

大凼湾 (Dàdàng Wān)

北纬 21°53.5′，东经 114°02.9′。位于珠海市香洲区，为北尖岛中部南侧海域，因湾大水深似大水凼，故名。口门宽度 1.81 千米，岸线长约 3.1 千米，面积约 1.1 平方千米，最大水深 25.1 米。

呈半月形，湾口向南，底质类型以沙质为主，岩岸，多乱石。常有渔船停泊避风，原湾顶处小湾称略尾湾，后筑堤辟为鱼塭。南部家寮湾、槟榔湾均已淤积。北岸建有水产码头，通公路，角咀有灯桩。

南澳港 (Nán'ào Gǎng)

北纬 21°36.6′，东经 112°33.9′。位于江门台山市下川岛南侧，顶部水域称南澳湾，港因湾得名。口门宽度 4.49 千米，面积约 11.5 平方千米，最大水深 9.2 米。西南岸建有防浪堤，有“T”形码头和栈桥式码头；西岸有水产码头，设有水产收购站，码头通公路。

镇海湾 (Zhènhǎi Wān)

北纬 21º50.6′，东经 112º26.5′。位于江门台山市，为海晏镇青山咀和北陡镇咀连线以北的狭长海域。因其北部之镇海港而得名，原名北海湾，1986 以其北连镇海港而改为今名。据《中国海湾志》第十分册载：口门宽度 16.3 千米，岸线长 91 千米，面积 156.0 平方千米；新近量测结果：口门宽度 15.35 千米，岸线长 33 千米，面积 147.9 平方千米，水深 0～5 米，鸦洲岛东槽最大水深达 21 米。

海湾狭长，属不正规半日潮海域，镇海（小江）平均潮差 1.89 米，最大潮差 4.29 米；湾内狭窄处（春海里）表层实测最大涨潮流速 0.77 米 / 秒，实测最大落潮流速 1.36 米 / 秒；湾内波浪甚小；海湾沉积物以粉砂质黏土为主，深槽处稍粗。湾内有北沙湾、风湾、冲口湾、大刚头湾、中间湾、龟仔湾等小湾，还有长洲、台山大洲等岛屿，海晏河、汶村运河等小河注入湾内。

湾内滩涂面积广阔，围垦用于海水养殖。镇海港是台山市重要渔港。

镇海港 (Zhènhǎi Gǎng)

北纬 21°56.1′，东经 112°25.0′。位于江门台山市，为北陡镇南山头东岬角和汶村镇春海里连线以北海域，镇海湾的内湾，因东靠镇海埠得名。口门宽度 1.49 千米，面积约 60.8 平方千米，最大水深 6.8 米。

呈“Y”形，口朝南，泥底。湾岸曲折，沿岸多泥滩，部分辟为牡蛎养殖场。湾内有台山白鹤洲、鸦洲岛、狮子洲等岛屿。鸦洲岛处中央，分港湾为南、东、北三段。鸦洲岛以内水域可避 11 级诸向风，昼夜可通航，为深入陆地型天然良港，台山市主要港口。

东平港 (Dōngpíng Gǎng)

北纬 21°43.7′，东经 112°13.6′。位于阳江市阳东县东平镇南部，为澳仔咀与大澳咀连线以东海域，名因东平镇。口门宽度 5.79 千米，海岸线长约 16 千米，面积约 8.6 平方千米，口外水深 5～7 米，最大水深 4.4 米。

呈半月形，泥沙底。西南季风期港内风大。中部有葛洲、小葛洲、长尾丝、园丝等岛屿，呈东西向散列。港湾分为三部分：澳仔咀与飞鹅咀之间水域称沙咀环，面积 1.27 平方千米。为东平港入海口，船只进入东平镇必经地，口门西侧有石砻横卧于进港航道东侧，以钓鱼台最高，其上设有灯桩；飞鹅咀至葛洲以东水域称大港环，面积 3.62 平方千米，避风条件甚好；葛洲至大澳咀以东锚地宽 2.4 千米，纵深 1.1 千米，面积 2.35 平方千米。口门西南礁石散布。

沙咀环建有码头，设有较大规模的水产收购站。港区与广州、江门有货轮往返，并有公路接广湛公路，是广东省重点渔港。

北津港 (Běijīn Gǎng)

北纬 21°47.5′，东经 112°01.7′。位于阳江市阳东县和江城区，为阳东县雅韶镇北津村至江城区围头角连线以北海域，名因东岸北津村。口门宽度 2.27 千米，岸线长约 36.7 千米，面积约 9.5 平方千米，最大水深 3.6 米。

河口海湾，呈 Y 形，沙质底，为漠阳江入海口，并纳那龙河。港池面积 0.26 平方千米，四周滩涂面积约 13 平方千米。东南至西南风时港内浪大，12 月至翌年 4 月为雾季，年均雾日 20 天。港口航道近东西走向，航道狭窄且多礁石、沉船、渔栅。入海口处砂质堆积体较宽广，并受风和洪水影响常有变化。拦门浅滩形成东西两支，东支伸向东南，西支较宽，伸向正南。港内有钢筋混凝土码头，设有灯桩、灯浮、立标，船只可昼夜通航。港区有公路通江城。

海陵湾 (Hǎilíng Wān)

北纬 21°42.6′，东经 111°47.1′。位于阳江市阳西县、江城区，为溪头镇蔽头咀和江城区闸坡镇马尾角连线以北海域。因口门处海陵岛而得名。据《中国海湾志》第十分册载：海湾口门宽 6.5 千米，岸线长 109 千米，面积 180 平方千米。新近量测结果：口门宽度 5.8 千米，岸线长 110.4 千米，面积约 170.81 平方千米，湾内深槽水深在 10 米以上。

为不正规半日潮海域，平均潮差 1.57 米，最大潮差 3.92 米；湾内表层实测最大涨潮流速 0.49 米 / 秒，表层实测最大落潮流速 0.71 米 / 秒；海湾内沉积物以沙类物质为主，小湾内则以泥质沉积为主。湾内有闸坡港、北汀湾、大湾等次级海湾，注入海湾的河流有织箦河、丰头河等小河。海湾除湾口的海陵岛外，尚有丰头岛等岛屿；1966 年海陵岛连陆后，海湾泥沙来源减少。湾内滩涂广阔，水产资源丰富，有闸坡港、溪头港、丰头港等渔港，其中闸坡港为广东省重点渔港。

北汀湾 (Běitīng Wān)

北纬 21°37.1′，东经 111°50.4′。位于阳江市海陵岛西侧，为炮台咀与海陵岛西北端永东村西角连线以东海域，是海陵湾内一小湾，名因东岸北汀村。口门宽度 6.63 千米，岸线长约 20 千米，面积约 10.8 平方千米，中西部水深 0.2～4.8 米，最大水深 6 米。

泥沙底。沿岸滩涂广阔，北部沙滩连片，部分干出 0.2～1.6 米。东部近岸水域北称赤坎环，南名渡头环，落潮时部分干出。湾内有鸦洲岛、西寺仔山、缸瓦洲、白礁石等岛礁错落。

面前海 (Miànqián Hǎi)

北纬 21°35.1′，东经 111°42.8′。位于阳江市阳西县，为溪头镇散头咀和上洋镇双鱼咀连线以西海域，东邻海陵湾。海岸平直，水域宽阔无大岛礁，人立于岸上向南眺望，眼前是一望无际的大海，故名。口门宽度 15.22 千米，岸线长约 19.3 千米，面积约 43.2 平方千米，水深 3～5 米，最大水深 9.8 米。湾口朝东南，沙底，西南侧礁石密布。

河北港 (Héběi Gǎng)

北纬 21°31.5′，东经 111°36.2′。位于阳江市阳西县南部沿海，北通后海港，南面大树岛。地处双鱼城东南，原名双鱼港，后因港池东岸有河北村改今名。口门宽度 9.77 千米，岸线长约 22.7 千米，面积约 18.7 平方千米，最大水深 10 米。

潟湖港，东、北、西北有炮台山、牛敌山和陆地掩护，南有大树岛、中树岛和树尾岛并列为屏障。港湾原包括后海港及其西北河口，中华人民共和国成立后于上游筑堤，纳潮量明显减小，泥沙大量沉积，大部已成为干出沙滩。风向以东北风频率最高。港内地形复杂，多沙滩，进出港分南、西航道。南航道自北向南，在双鱼咀与大树岛之间入海，有孤石散布；西航道自港池向西，落潮时被沙滩阻塞，宽不足 20 米。口外水域广阔，水深 2～5 米。港区有公路接广湛公路。

沙扒港 (Shābā Gǎng)

北纬 21°33.3′，东经 111°26.7′。位于茂名市电白县坝仔角与阳江市阳西县扒沙角连线以北海域，儒洞河入海口，因东岸沙扒镇而得名。口门宽度 3.53 千米，岸线长约 31 千米，1959 年测量面积 24.5 平方千米，新近测量面积约 17.3 平方千米。水深一般 2.0～2.5 米，最大水深 8.2 米。

潟湖港。湾口朝南，港湾水域狭窄，大片被泥沙淤塞。儒洞河注入沙扒港，年均径流量 6.01 立方米，年均输沙量 31.1 万吨。口门外有礁石散布，进港航道由南向北，宽 20～30 米，东西沙咀间航道仅 6 米。航道迂回曲折，多沙、滩。"T"形小码头多座，落潮干出。是广东省重点渔港，涨潮可泊渔船。为阳西县盐业主要生产地，港区有公路接广湛公路。

博贺港 (Bóhè Gǎng)

北纬 21°30.0′，东经 111°13.0′。位于茂名市电白县，为博贺镇和电城镇兴平山连线以北海域。因港湾西南侧有博贺圩（农村集市），故名。口门宽度 1.41 千米，岸线长约 24 千米，面积约 6.3 平方千米。

为沙坝潟湖型海湾，湾口朝东南。砂港池在湾口西侧，水深 8 米，泥沙底，有麻岗河等多条小河注入。原有多条海汊，今因围垦而成东西走向的长条形港湾。湾内潮间带沙滩广阔，有红树林和大片盐田，还有海水养殖场。湾口外西侧博贺滩略呈三角形，向西、南延伸。港区可容千余艘中型船舶停泊。码头水深 9 米以上，水陆交通便利。为广东省三大渔港之一，海产品资源丰富。

王村港 (Wángcūn Gǎng)

北纬 21°24.5′，东经 110°55.3′。位于湛江吴川市，为王村港镇海沙坡至调德连线以北海域。相传港口近处居民始祖潘氏，死后葬于湾北排山岭，堪舆家言此地要出王侯，后排山岭改名出王岭，王村港因此而得名。口门宽度 6.61 千米，岸线长约 16 千米，面积约 5.5 平方千米，水深 0.1～5.0 米。

内湾为弯曲的河口水道；外湾向东南敞开。泥沙底，多礁，有小河注入。港池在内外湾分界处东侧，为吴川市最大渔港。1981 年围海建成约 1.2 平方千米咸淡水养殖场，养殖鱼、虾、蟹等，内湾建有盐田。1955—1967 年修建防沙堤 750 米，避风塘可泊渔船多艘。进港航道在乱礁中穿过，风浪大时礁石不易辨认，船只进出困难。

博茂港（Bómào Gǎng）

北纬 21°23.5′，东经 110°47.6′。位于湛江吴川市，为滨海街道覃流和塘尾街道塘尾河口连线以北海域。1958 年前为海滩，称博茂埠头，后渐建成渔港，改称今名。口门宽度 6.61 千米，岸线长约 9.8 千米，面积约 5.5 平方千米，最大水深 4.7 米。

泥沙底，多礁，纳鉴江水系博茂减洪河水。港池在内湾西侧，避风塘可泊数百艘机帆船。进港航道较窄，两旁多小浅滩和礁石，有灯桩，小船可趁潮进梅菉镇。

湛江港（Zhànjiāng Gǎng）

北纬 21º04.9′，东经 110º22.0′。《中国海域地名志》将其范围划在湛江吴川市鉴江河口东侧之沙头角和麻章区硇洲岛东侧斗龙角连线以西海域。1898 年法国强租广州湾，则易“洲”为“州”，且范围指湛江市部分陆地和湛江港海面及雷州湾海面。1961 年建成湛江堵海东北大堤，它使东海岛和大陆连为一体，于广州湾分为两部分：广州湾和雷州湾，1974 年将广州湾（海域部分）改称为湛江湾，因湛江市（古椹江）名之。现湛江湾湾口有两个，即东海岛崩塘角和南三岛沙头寮角之间的湛江水道口门和南三岛北头沙咀和坡头区乾塘镇青山角之间南枝水道口门。据《中国海湾志》载：口门宽度 31.5 千米（实际真正海湾两个出口宽共 4.5 千米左右），岸线长 239.3 千米，面积 490.8 平方千米；新近量测得：口门宽度分别为 12.5 千米，面积 420.3 平方千米。

湛江港为一溺谷型海湾，可分五部分：湾口至崩塘角、南三岛和东海岛以东，为浅海和拦门沙区；崩塘角至霞山为主航道，长 28.5 千米；霞山至调顺岛北称麻斜海，长 16.5 千米；调顺岛至湾顶石门为五里山港，长 15 千米；麻斜以东至利剑门为南山水道，长 23 千米。

为不正规半日潮海域，平均潮差 2.16 米，最大潮差 5.13 米，台风增水较大，其中 8007 号热带气旋引起的最大增水达 4.56 米；湾口表层实测最大涨潮流速

0.77 米 / 秒，实测最大落潮流速 1.03 米 / 秒。港内有次级小港湾十多个，其中以龙王湾、赤坎港、柴埠江等较大；湾内尚有岛礁多处，其中东海岛、南三岛、东头山岛、特呈岛等为较大岛屿，主要入湾河流为遂溪河等小型山溪型河流。海湾内沉积物比较复杂，主要为砂质沉积物，间有黏土质粉砂和砂黏土类沉积物。由于受陆域地形及溺谷型狭长海湾的控制，湾内冲刷深槽与槽间浅滩相间分布，湾口内外拦门沙均很发育。

湾内的湛江港是我国十大著名港口之一，1955 年开始建港，已建成多功能综合性大港，已有调顺岛、霞山两大港区。其中万吨级以上泊位多个，30 万吨级陆岸原油码头、25 万吨铁矿石码头、30 万吨级航道均有，港口通过能力数千万吨。港区导航设施完善，其中石砖砌的 32 米高硇洲灯塔世界著名。位于调顺岛西南端的国家水产总局所属湛江海洋渔业公司是我国八大海洋渔业基地之一，霞山西南 14 千米处的湛江盐场，也具有悠久的历史。湛江湾内的整治工程也较多，重要工程有：（1）1961 年建成的湛江堵海东北大堤，堤长约 4 千米，最大水深 8 米，将原广州湾一分为二为雷州湾和湛江湾（港）；（2）1969 年建成的连接调顺岛军民大堤，为开发调顺岛港区和防止暴潮倒灌起了重大作用；（3）官渡河、莫村河河口建闸，对防潮蓄淡、防止泥沙入湾起到很好作用。

烟楼港 (Yānlóu Gǎng)

北纬 20°40.9′，东经 110°18.9′。位于湛江雷州市东南，东北邻三吉港。因海湾西南侧有烟楼村（今称英楼村）而得名。口门宽度 2.26 千米，岸线长约 17 千米，面积约 5.6 平方千米，最大水深 3.3 米。

属溺谷型河口港湾，泥沙底。水域形状弯曲，腹宽由小到大，湾口朝东，湾顶在英楼村西南站堰河口。有站堰河、调风河等注入。中心航道两侧有大片泥沙滩，靠岸有红树林滩，湾顶南岸设有站堰码头。

雷州湾 (Léizhōu Wān)

北纬 20°54.6′，东经 110°20.9′。位于湛江市、雷州市，为湛江市麻章区硇洲岛南角尾和雷州市东里东寮岛连线西北部海域，原为广州湾的一部分，1961 年修筑湛江东北大堤后，将广州湾一分为二，雷州湾即大堤和东海岛以南部分，因近古雷州而得名。雷州为唐贞观八年（634 年）改东合州置，因当地多雷名之，辖境相当今雷州半岛大部分地区，元改雷州路，明、清改雷州府。1994 年撤海康县，设雷州市。据 20 世纪 80 年代海图，海湾口门宽度 17.2 千米，岸线长 157 千米，面积 706 平方千米。新近量测结果：口门宽 18.9 千米，岸线长 240 千米，面积 582.9 平方千米，最大水深 28 米。

属不正规半日潮海湾，平均潮差 2.38 米，最大潮差 6.1 米；湾内实测表层最大涨潮流速 1.11 米 / 秒，实测最大落潮流速 1.05 米 / 秒，常浪向东北偏东；强浪向为北向，6508 号热带气旋影响硇洲岛时，最大波高达 9.8 米。海湾沉积物以细砂和中细砂为主。湾内地形复杂，脊槽相间、水道交错。分布东海岛、硇洲岛、赤豆寮岛等十多个岛屿，通明海等小湾。注入海湾的河流主要有南渡河、花桥水等 8 条，总入湾径流量 17 亿立方米，总输沙量 28.05 万吨。

海湾为多种鱼虾洄游繁殖场，是重要渔场，港内有 20 多处港口，其中通明港、雷州港、三吉港、外罗港等均为广东省重点渔港。

三吉港（Sānjí Gǎng）

北纬 20°43.4′，东经 110°20.5′。位于湛江雷州市，为东里镇南海头西至调风镇大园连线以北海域，因港湾东侧有三吉圩（农村集市），故名。口门宽度 4.25 千米，岸线长约 29 千米，面积约 12.2 平方千米。中部水深 2～6 米，最大水深 12.6 米，湾口水深 8～12 米。

原湾深入陆地，今湾中部筑有堤围相隔，湾口呈喇叭状向南敞开，泥沙底。两侧沿岸为大片干出沙滩，支汊多，避风条件好。

英楼港（Yīnglóu Gǎng）

北纬 20°42.1′，东经 110°48.3′。位于湛江雷州市，为调风镇井仔和大园连线以西海域，因近处有英楼村而得名。口门宽度 0.58 千米，岸线长约 19.5 千米，面积约 6.4 平方千米，最大水深 5.6 米。湾口朝东北，两岸皆为红树林潮滩盐土、中间为潮滩盐土。

角尾湾（Jiǎowěi Wān）

北纬 20°15.1′，东经 109°01.7′。位于湛江市徐闻县，为角尾乡灯楼角和五里乡炮台角连线以北海域。因海湾西侧有角尾村，故名。口门宽度 21.31 千米，岸线长约 42 千米，面积约 102.0 平方千米，水深 2～7 米，最大水深 7.7 米。

泥沙底，岸线曲折，沿岸淤积有大片泥沙滩。海湾东南端有三墩、橹时墩；从东到西有三墩港、鲤鱼港、海珠港、华丰港和新地港等小渔港。湾内产赤鱼、宝刀鱼等。清光绪十八年（1892 年）于海湾西侧建徐闻盐场，今为广东省七大盐场之一，还出产钾镁肥、氯化钾和卤块等。

北部湾 (Běibù Wān)

北纬 19°52.8′，东经 107°49.0′。位于南海西北部，向南敞开的海湾，南部湾口一般以海南岛莺歌角至越南河静省的昏果岛连线为界，东起广东省雷州半岛、琼州海峡，东南为海南岛，北为广西壮族自治区大陆沿岸，西至越南陆地沿岸，是三面陆地环绕的海湾，海岸线长 3 680 千米，湾口宽约 350 千米。全湾面积根据 1964 年中越两国调查资料为 12.8 万平方千米，湾内最大水深 100 米。北部湾连同我国南海，在汉代统称涨海，宋代称北部湾为交洋，宋周去非《岭外代管·航海外夷》：“三佛齐者，诸国海道往来之要衡也。三佛齐之来也，正北行舟，历上、下竺与交洋，乃至中国之境。”19 世纪 80 年代后称东京湾，于 20 世纪 50 年代中期始称北部湾。因位于我国南海海域北部，故名。是中国和越南共同的海域，根据 2000 年 12 月 25 日两国签署的《中华人民共和国和越南社会主义共和国关于两国在北部湾领海、专属经济区和大陆架的划界协定》，中国和越南分别得北部湾面积的 46.77% 和 53.23%。

流入北部湾的河流有中国的九洲江、南流江、大风江、钦江、防城江、北仑河、昌化江等 125 条中小河流。湾内岛礁众多，主要有高岛列岛、洪麦岛、夜英岛、涠洲岛、斜阳岛。沿岸主要港湾有八所港、洋浦港、后水湾、乌石港、安铺港、流沙港、铁山港、北海港、龙门港、防城港、珍珠港、新英港。矿产主要有石油。2005 年 10 月 31 日，中国海洋石油总公司和越南石油总公司签署了《关于北部湾油气合作的框架协议》，表示两公司将联合勘察北部湾的油气资源。2008 年成立了由南宁、北海、钦州和防城港所组成的广西北部湾经济区。

东场湾（Dōngchǎng Wān）

北纬 20°19.0′，东经 109°54.3′。位于湛江市徐闻县，为西连镇水尾角和角尾乡灯楼角连线以东海域，因中部近岸有东场村而得名。口门宽度 20.79 千米，岸线长约 42.7 千米，面积约 48 平方千米，最大水深 18.2 米。

湾口朝西，有数处溺谷型小海汊，均建有盐田。由南至北有放坡港、苞西港、白宫港、大麻湾、东场港、肖家港、许家港，均为渔盐小港。

海安湾（Hǎi'ān Wān）

北纬 20°16.5′，东经 110°13.8′。位于湛江市徐闻县，为海安镇三塘角和排尾角连线以北海域，地处琼州海峡中部北侧。明在原博涨村设海安守御千户所，港湾因此而得名。港口建于北宋，原名博涨，明改海安，取"海疆安宁"之意。口门宽度 10.9 千米，岸线长约 22.5 千米，面积约 30.8 平方千米。湾内水深 1～5 米，最大水深 10 米，湾口水深 10 米。

泥沙底，沿岸多砾石滩、沙滩，有大水桥河注入，海湾产黄花鱼和宝刀鱼等。湾顶海安港是广东省与海南省海上交通重要港口。海湾东部有白沙港、三座港，西部有二塘港、杏磊港，均属小渔港。

流沙湾（Liúshā Wān）

北纬 20°26.5′，东经 109°55.0′。位于湛江市，为雷州市四尾角和徐闻县西连镇水尾角连线以东海域，该湾又以石马角和流沙镇为界，其东为内湾流沙港，外湾通称流沙湾，因湾顶东侧有流沙港，故名。口门宽度 11.48 千米，岸线长约 136.2 千米，面积约 123.5 平方千米，最大水深 10 米。

湾口朝西，底质类型以砂质为主。湾周边为晚更新世玄武岩台地，滩边可见海蚀平台、玄武岩岬角、沙岸、珊瑚礁。北岸建有盐田，湾顶东侧的流沙港为重要渔港。

北栋湾（Běidòng Wān）

北纬 20°24.8′，东经 109°53.2′。位于湛江市徐闻县西连镇，为石马角和水尾角连线东南侧海域，为流沙湾内一小湾。海湾向北洞开，当地称北洞，雷州话"洞"与"栋"谐音，故名北栋湾。口门宽度 5.61 千米，岸线长约 9.5 千米，面积约 6.7 平方千米，最大水深 3 米。湾口朝北，沿岸有大片干出泥沙滩。北部有砂砾滩，建有徐闻县珍珠养殖场。

流沙港 (Liúshā Gǎng)

北纬 20°23.4′，东经 109°57.9′。位于湛江市，为雷州市流沙镇和徐闻县西连镇石马角连线以东海域，流沙湾之内湾，因北部海康县一侧有流沙村而得名。口门宽度 1.22 千米，岸线长约 97.9 千米，面积约 56.4 平方千米，最大水深 28.3 米。

能容纳渔船数千艘，万吨级船进出无阻，货运船只主要通湛江和雷州半岛各港，亦通广州、广西和海南岛各港。湾顶有盐田，属徐闻盐场马留工区。

后丰港 (Hòufēng Gǎng)

北纬 20°27.6′，东经 109°56.1′。位于湛江雷州市西南部，南接流沙港，因近处有后丰村而得名。口门宽度 2.67 千米，岸线长约 29.7 千米，面积约 8.3 平方千米，最大水深 7 米。底质类型以砂质为主。沿岸为泥滩、砂砾滩。

安铺港 (Ānpù Gǎng)

北纬 21º24.3′，东经 109º50.7′。位于湛江市、廉江市，为遂溪县角头沙和廉江县龙头沙连线以东海域。因东濒安铺镇，故名。据《中国海湾志》第十分册载：口门宽度 12.5 千米，岸线长度 115 千米，面积 159 平方千米；新近量测得：口门宽度 12.97 千米，面积约 159.4 平方千米，海湾最大水深 7.9 米。

为不正规日潮海区，平均潮差 3.0～3.5 米；表层实测最大涨潮流 0.9 米 / 秒，实测最大落潮流速 0.85 米 / 秒；常浪向、强浪向均为西南向，最大波高 2.5 米。海湾沉积以砂质沉积物为主，有九洲江、杨相河、卖皂河等注入海湾。

海湾内有滩涂资源，已开辟海水养殖场，湾内小型商港有安铺港、北潭港、龙头沙港；渔港有北潭、营仔、车板、龙头沙等。

英罗港 (Yīngluó Gǎng)

北纬 21°30.9′，东经 109°46.4′。位于北海市合浦县东南约 65 千米，是广西与广东边界上的重要海湾。因海湾西岸之英罗村而得名。《清史稿 · 地理志》石城县："洗米河，出广西博白，迤南流为英罗港，入海。"海湾原分为三段：

北段称洗米河口，中段是那腮港，南段为英罗港，今统称英罗港。

湾口东起广东一侧的龙头沙渔港码头，西至广西一侧的乌泥村南海岸，方向朝南。湾口宽 4.16 千米，纵深 14.5 千米，岸线长 58.18 千米，面积约 38.5 平方千米。世界珍稀动物儒艮常在湾内活动。湾口两侧盛长红树林，辟为红树林自然保护区。

第三章　海　峡

台湾海峡（Táiwān Hǎixiá）

北纬 25°14.3′，东经 120°28.1′。位于台湾岛与大陆之间，北连东海，南接南海的海峡。北界一般以福建省平潭到台湾北端富贵角一线为界。南界由广东南澳岛到台湾鹅銮鼻。海峡因傍台湾而名之。早期台湾海峡被称为“黑水沟”，许多来自福建的移民渡过台湾海峡时，不慎发生船难，有民谣称为“六死三留一回头”，意即十人当中，有六人会死在台湾海峡，有三人会留在台湾，而一人会受不了早期台湾的荒蛮而重回福建。我国第一大海峡，与渤海海峡、琼州海峡并称中国三大海峡。

海峡在第三纪末第四纪初断裂陷落而成。呈东北—西南走向，长约 440 千米，北窄（平潭岛至台湾之间约 130 千米），南宽（约 420 千米）。海峡沿岸岬角、海湾交替排列，两侧分布众多的岛礁。北部有马祖列岛、白犬列岛、东洛列岛、海坛岛和南日群岛；南部有金门岛、澎湖列岛等。海峡两岸都有河川注入，西岸有闽江、晋江、九龙江、韩江等，东岸有淡水溪、大安溪、浊水溪等江河注入。

海峡位于东海、南海航运要冲，是我国海上南北航运的重要通道。历史上郑和下西洋就是从这里启程，郑成功横渡海峡收复台湾，戚继光在此歼灭倭寇。

琼州海峡（Qióngzhōu Hǎixiá）

北纬 20°08.7′，东经 110°08.3′。又名“海南海峡”。近东西走向，位于雷州半岛与海南岛之间，为连通南海东部海域和北部湾的狭窄通道。唐贞观五年（631 年）分崖州置琼州，明初改置琼州府辖整个海南岛，海峡因此得名。海峡长约 107 千米，宽处 40 千米，最窄处 17 千米，平均水深 44 米，最大水深 120 米。是我国第三大海峡，与台湾海峡、渤海海峡并称中国三大海峡。第四纪初期，新构造运动使地壳急剧上升，琼雷台地由于地堑式塌陷，使海南岛与雷州半岛分离，形成近东西走向的海峡。南北岸岬角、海湾交替排列。

海峡为沟通北部湾和南海中、东部的海上走廊，是广州、湛江至海南岛八所、广西北海和越南海防等港口的海上交通捷径。南岸的海口港是海南岛主要贸易口岸，铺前港为重要渔港，东寨港有国家级红树林自然保护区；北岸的海安港为雷州半岛水陆联运和海运重要口岸。唐代李德裕和宋代李纲、赵鼎、李光、胡铨、苏轼等官员被贬谪海南岛，均经雷州半岛渡此海峡。

第四章 水 道

后江水道（Hòujiāng Shuǐdào）

北纬 23°28.7′，东经 116°58.8′。位于汕头市南澳县南澳岛西侧，东北口居后江湾西北，故名。东北—西南走向，长 11.3 千米，最窄处宽 3.2 千米，最大水深 14.4 米。泥沙底，有灯桩。

虎头门水道（Hǔtóumén Shuǐdào）

北纬 22°39.6′，东经 114°35.8′。位于惠州市惠阳区澳头圩（农村集市）东南 9 千米，虎头山与许洲之间。虎头山与许洲对峙如门，原称虎头门，1987 年改今名，为澳头港通往大亚湾渔场和沿海各港口必经航道。西北—东南走向，长约 1 千米，最窄处宽 1.2 千米，最大水深 21.8 米。海区水较深，礁区大，洞穴多，盛产石斑、龙虾、油追（俗名）等。中华人民共和国成立前，于此曾发生多宗触礁事故，1960 年在粟排建灯桩。

担杆水道（Dāngǎn Shuǐdào）

北纬 22°06.5′，东经 114°16.7′。位于广东省珠海市担杆岛与香港蒲台岛之间，西接大濠水道。是汕头至香港、广州大型船只必经之地。因南侧担杆岛而名之。东西走向，航道航行繁忙，实行定线制。最大水深 37 米，泥沙底，最窄处宽 11.3 千米，长度 32.2 千米。

大担尾水道（Dàdānwěi Shuǐdào）

北纬 21°56.4′，东经 114°05.5′。位于珠海市香洲区担杆列岛与佳蓬列岛之间。地处担杆列岛西端（尾），水域宽阔（大），故名。长 10.1 千米，最窄处宽 8.3 千米，最大水深 36 米。泥底。

大濠水道（Dàháo Shuǐdào）

北纬 22°11.0′，东经 113°49.5′。位于广东省珠海市大蜘洲、桂山岛、牛头岛与香港索罟列岛、大屿山之间。为粤东船只进入伶仃洋之捷径。因北侧大屿山之别名大濠岛而名之。又名大屿海峡，曾名南头水道。西北—东南走向，长14.4千米，最窄处宽4.6千米，水深15～30米，泥沙底。涨潮流向西北，流速1米/秒，落潮流向东南，流速1.5米/秒，流速较急。水道内船舶交通流向复杂，水道实行分道通航机制，在水道中部，设有灯船。

矾石水道（Fánshí Shuǐdào）

北纬22°36.8′，东经113°44.8′。位于深圳市宝安区。因中段西侧的大矾石、小矾石而得名。为伶仃洋东部深槽。西北—东南走向，长29千米，最窄处宽4千米，最大水深16.3米，泥沙底。大铲岛和细丫岛建有灯桩。

龙穴水道（Lóngxué Shuǐdào）

北纬22°38.5′，东经113°43.8′。位于广州市南沙区，名因西侧龙穴岛。南宽北稍窄，长6.9千米，最窄处宽3千米，最大水深11.5米，泥沙底。

川鼻水道（Chuānbí Shuǐdào）

北纬22°43.7′，东经113°40.1′。位于东莞市与番禺区交界处之虎门南，因东邻原川鼻岛，故名。近南北走向，长5千米，最窄处宽1.5千米，最大水深22.3米。

凫洲水道（Fúzhōu Shuǐdào）

北纬22°44.3′，东经113°26.5′。位于广州市南沙区，名因东口北侧凫洲（岛）。南北两侧为泥沙滩，长6千米，最窄处宽1.2千米，最大水深3.3米，泥沙底。

帆船水道（Fānchuán Shuǐdào）

北纬22°26.6′，东经113°42.8′。位于珠海市香洲区，在伶仃洋中部，北接龙穴水道，南连大濠水道。航道水浅，经此多为帆船，故名。长8.9千米，最窄处宽5.7千米，最大水深5.3米。流速1米/秒，淤泥底，为大型船只进入黄埔港必经航道。

青洲水道（Qīngzhōu Shuǐdào）

北纬22°11.1′，东经113°41.8′。在广东省珠海市珠海青洲、三角岛、大头洲与澳门路环岛之间，北通伶仃水道、帆船水道，南接大西水道。为西来船只进入伶仃洋的浅水道。因西北侧之珠海青洲（岛）而名之。东北—西南走向，长8.9千米，最窄处宽5.2千米，水深5～9米，泥底。涨潮北流，流速0.7米/秒；落潮南流，流速1.4米/秒。该水道是往来港澳客船的主要通道，是珠江口交通最繁忙、环境最复杂的航道，于2010年7月1日起实行船舶定线制。

青三门 (Qīngsān Mén)

北纬22°09.0′，东经113°41.0′。位于珠海市香洲区青洲与三角岛之间。北邻青洲，原名青洲门。1987年以其处青洲与三角岛之间改今名。长4.5千米，最窄处宽2千米，最大水深9米，泥沙底。

赤滩门 (Chìtān Mén)

北纬22°07.5′，东经113°44.0′。位于珠海市香洲区赤滩岛与青洲、三角岛、大碌岛、大头洲之间，名因东侧赤滩岛。长9.6千米，最窄处宽4.9千米，最大水深11.2米。泥底，多渔船通行。

大碌门 (Dàlù Mén)

北纬22°06.5′，东经113°41.9′。位于珠海市香洲区大碌岛与大头洲之间。因北侧大碌岛而得名。长2.2千米，最窄处宽1千米，最大水深9.2米，泥底。东口为急流带，涌浪颇大。

大西水道 (Dàxī Shuǐdào)

北纬22°03.2′，东经113°35.6′。位于广东省珠海市万山列岛与横琴岛、澳门路环岛之间，北接青洲水道，西南通宽河口。地处万山列岛以西，水域宽阔，故名。东北—西南走向，长18.6千米，最窄处9.6千米，水深2～12.6米，主航道水深7米，泥沙底。涨潮流向西北，落潮流向正南。

黄茅门 (Huángmáo Mén)

北纬22°02.6′，东经113°40.7′。位于珠海市香洲区黄茅岛与大烈岛之间，因东侧黄茅岛而得名。长2.1千米，最窄处宽1.9千米，最大水深13.6米，泥沙底，较平坦。风浪大，过往船少。

东澳口水道 (Dōng'àokǒu Shuǐdào)

北纬22°00.3′，东经113°43.7′。位于珠海市香洲区白沥岛与东澳岛之间，原名莱湾门，中华人民共和国成立后以其处东澳岛南改今名，为船只进出万山列岛中部必经地。长 4.4 千米，最窄处宽 3 千米，最大水深 21.3 米。泥沙底，涌浪大。

大岩门 (Dàyán Mén)

北纬 21°57.4′，东经 113°45.1′。位于珠海市香洲区白沥岛与大万山岛之间，地处大万山岛北。水道在由岩石构成的白沥岛与大万山岛之间，两侧为巨大岩石，故名。当地称水道为沥，又名北沥。长 4.7 千米，最窄处宽 2.3 千米，最大水深 23.4 米，沙泥底。

夹马口水道 (Jiámǎkǒu Shuǐdào)

北纬 22°06.8′，东经 113°32.9′。位于广东省珠海市横琴岛与澳门路环岛之间。两侧岛屿对峙，水道受夹，故名。原有灯桩（已废），故又名灯炬。呈南北走向，长 1.3 千米，最窄处宽 0.2 千米，水深 2.2～7.0 米，泥沙底。

宽河口 (Kuānhé Kǒu)

北纬 22°06.6′，东经 113°27.2′。位于珠海市横琴岛与交杯滩之间，北邻磨刀门，曾名黑沙洋。长 8.3 千米，最窄处宽 1.2 千米，最大水深 8.1 米，泥沙底。

獭洲门 (Tǎzhōu Mén)

北纬 21°56.7′，东经 113°08.1′。位于珠海市金湾区大杧岛与獭洲之间，因北侧的獭洲（海岛）而得名。长 2.2 千米，最窄处宽 1.5 千米，最大水深 6 米，泥沙底。

滃崖门 (Wěngyá Mén)

北纬 21°52.8′，东经 114°01.8′。位于珠海市佳蓬列岛东北部，北尖岛与庙湾岛之间。名因庙湾岛南端滃崖顶山。长 10.1 千米，最窄处宽 8.3 千米，最大水深 36 米，石底，水流较急。

三峡口 (Sānxiá Kǒu)

北纬 21°48.7′，东经 112°53.5′。位于江门台山市，黄茅海与广海湾之间，为扯旗角、大襟岛、台山三杯酒岛、上川岛东北端之间海域。有三个主要航道，故名。长 18 千米，最窄处宽 9.1 千米，最大水深 14.2 米，泥底。此为珠江口西侧航海要冲，东出黄茅海，伶仃洋可达珠江各港口，南行可至湛江市、海南岛，向西可入广海湾、镇海湾避强台风。

王景门 (Wángjǐng Mén)

北纬 21°42.2′，东经 112°41.7′。位于江门台山市上川岛与黄麖洲之间，因黄麖（谐音王景）洲之谐音而得名。黄麖洲分上川岛、下川岛之间水域为东西水道，此水道处东，较大，故又称大门。长 2.9 千米，最窄处宽 1.7 千米，最大水深 8.8 米，泥底，为粤西船只通往广海湾、黄茅海的主要航道。

沙外水道 (Shāwài Shuǐdào)

北纬 20°52.2′，东经 110°31.5′。位于湛江市麻章区硇洲岛西南，雷州湾东部，西北接硇洲水道。位于东北硇洲岛一侧晴沙外，故名。长 14.5 千米，最窄处宽 2.5 千米，最大水深 25 米，沙底。为湛江港船只南出航道。

外罗水道 (Wàiluó Shuǐdào)

北纬 20°31.1′，东经 110°33.3′。位于湛江市徐闻县东岸与尖担沙、罗斗沙之间。因西侧有外罗港，原名外罗门水道、阎罗王水道，1986 年改今名。因此地曾多次发生沉船搁浅事件，俗称阎罗王水道。长 46.8 千米，最窄处宽 1.1 千米，最大水深 33 米，沙泥底。中段流速为 1.8～2 米 / 秒，南端为急流区，两侧多暗沙。为中小型轮船由东北进入琼州海峡的重要航道。

第五章　滩

六合滩（Liùhé Tān）

北纬 23°31.2′，东经 116°53.2′。海滩，位于汕头市澄海区义丰溪口南，因西岸六合围而得名。南北走向，长 5.5 千米，宽 3 千米，面积约 13 平方千米，干出高 0.1～0.9 米，泥沙质。滩内有东锚礁仔、东锚礁、马礁等，东侧有五屿、狮屿、狮屿仔、马鞍屿等岛。

利丰沙（Lìfēng Shā）

北纬 23°30.0′，东经 116°52.5′。海滩，位于汕头市澄海区北港口北，北连六合滩，因近利丰关而得名。由广顺坪、利丰坪、福见坪、合昌坪和培隆坪五滩组成。长 4.3 千米，宽 4 千米，面积约 13 平方千米，干出高 0.2～1.2 米。

红肉埕沙（Hóngròuchéng Shā）

北纬 23°21.5′，东经 116°46.8′。海滩，位于汕头市龙湖区南港口南，因盛产红肉蓝蛤而得名（埕，福建、广东盛产蛏类的田）。长条状，东北—西南走向。长 8.6 千米，宽 1.1 千米，面积约 8 平方千米，部分干出 0.3～1.3 米，泥沙质。附近水深 0.2～1.6 米，沿岸植有防护林带。

塘边沙（Tángbiān Shā）

北纬 23°13.9′，东经 116°41.6′。海滩，位于汕头市潮阳区东，广澳湾西岸。位近塘东村、边湖村，以两村首字命名。呈长条状，东北—西南走向，长 7.9 千米，宽不足 100 米，面积约 0.4 平方千米，砂质。

井都沙（Jǐngdū Shā）

北纬 23°10.9′，东经 116°34.7′。海滩，位于汕头市海门港湾口西侧，南连田心沙。为井都镇东南海岸沙滩，故名。呈长条形，东北—西南走向，长 7.3 千米，最宽 130 米，面积约 0.6 平方千米。东北端岸上设有灯桩。

田心沙 (Tiánxīn Shā)

北纬 23°08.5′，东经 116°32.7′。海滩，位于汕头市潮南区，北接井都沙，在潮阳区田心镇东，故名。呈长条形，东北—西南走向，长 7.2 千米，宽 20～40 米，面积 0.2 平方千米。砂质，南侧礁石密布。

湖仔沙 (Húzǎi Shā)

北纬 22°54.6′，东经 116°12.7′。海滩。位于汕尾陆丰市甲东镇东部。名因西岸湖仔墩山。呈长条形，东北—西南走向，长 2 千米，宽 160 米，面积约 0.3 平方千米，干出高 0.5 米，砂质。附近水深 1.9～2.3 米。

妈后沙 (Māhòu Shā)

北纬 22°53.5′，东经 116°11.7′。海滩，位于汕尾陆丰市甲东镇东部，西岸有妈祖庙，且位于妈祖庙后，故名。呈长条形，东北—西南走向，长 2 千米，宽 60～200 米，面积 0.2 平方千米，干出高 0.2～0.5 米。砂质，附近水深 1.5～3.6 米，东侧有陆丰鸡笼礁、赤褐礁、龟石礁等。

乌沙湾沙 (Wūshāwān Shā)

北纬 22°52.3′，东经 116°10.5′。海滩，位于汕尾陆丰市甲东镇东部，地处乌礁西北之湾内，故名。长 2 千米，宽 70～130 米，面积 0.2 平方千米，干出高 0.2 米。砂质，附近水深 1.2～3.9 米，多礁。

大平石沙 (Dàpíngshí Shā)

北纬 22°51.4′，东经 116°09.6′。海滩，位于汕尾陆丰市甲东镇东部，名因南侧大平石礁。呈长形，东北—西南走向，长 1.5 千米，宽 100～200 米，面积 0.2 平方千米。砂质，附近水深 3.2～5.8 米，多礁。

雨亭滩 (Yǔtíng Tān)

北纬 22°52.0′，东经 116°04.8′。海滩，位于汕尾陆丰市甲子港内，因近雨亭村而得名。东北—西南走向，长 2.5 千米，宽 200～500 米，面积 0.75 平方千米，干出高 0.2～0.7 米。泥沙质，西北侧航道水深 0.2～5.4 米。

顶海沙 (Dǐnghǎi Shā)

北纬 22°50.9′，东经 116°02.7′。海滩，位于汕尾陆丰市南甲子港湾口北部，大厝寮村东南。此沙居东，东者为上，当地称上为顶，故名。长条形，东西走向，长 4.5 千米，宽 0.5～1.5 千米，面积约 0.4 平方千米，干出高 0.4 米。含锆矿，附近水深 0.6～2.1 米。沙上植有木麻黄防护林。

下海沙 (Xiàhǎi Shā)

北纬 22°50.4′，东经 116°01.1′。海滩，位于汕尾陆丰市甲子港湾口北部，大厝寮村西南。此沙居西，西者为下，故名。呈长条形，东北—西南走向，长 3.5 千米，宽 10～140 米，面积约 0.2 平方千米。含锆矿，附近水深 1.4～2.1 米，多礁。沙上种有木麻黄防护林。

长湖沙 (Chánghú Shā)

北纬 22°49.5′，东经 115°58.7′。海滩，位于汕尾陆丰市湖东港湾口东侧，位近后湖村，原名后湖沙，1987 年依其呈长条形改今名。东北—西南走向，长 7 千米，宽 50～100 米，面积约 0.4 平方千米，干出高 0.2 米。砂质，含锆矿，附近水深 1.9～4.5 米。

乌石仔沙 (Wūshízǎi Shā)

北纬 22°47.9′，东经 115°53.1′。海滩，位于汕尾陆丰市湖东镇西南部，东起水牛坎角，西接后海沙，因近乌石仔得名。呈弧形，东西走向，长 4 千米，宽 50～250 米，面积 0.28 平方千米，干出高 0.3～0.4 米。砂质，附近水深 2.0～2.5 米。东西两端礁石密布。

港咀沙 (Gǎngzuǐ Shā)

北纬 22°48.8′，东经 115°47.7′。海滩，位于汕尾陆丰市碣石港湾口南侧。因其处碣石港口缘而得名。呈镰刀形，南北走向，长 1.2 千米，宽 150～420 米，面积 0.19 平方千米。砂质，附近水深 0.4～4.0 米。

东家塭滩 (Dōngjiāwēn Tān)

北纬 22°49.5′，东经 115°47.8′。潮滩，位于汕尾陆丰市碣石港内，东起桂林村，西至象石礁。昔日常有渔船泊于此，称东家滩，后辟为鱼塭（建于滩涂上的水产养殖场），1987 年改今名。西北—东南走向，长 2.7 千米，宽 300 米，面积 0.35 平方千米，干出高 0.5～1.0 米。泥沙质，有牡蛎养殖田。南侧是进港航道。

西澳沙 (Xī'ào Shā)

北纬 22°49.7′，东经 115°46.8′。海滩，位于汕尾陆丰市碣石港湾口西北，因近西澳而得名。西北—东南走向，长 2 千米，最宽 200 米，面积 0.1 平方千米。砂砾质，附近水深 0.2～2.6 米，沙缘多礁。

湖仔澳 (Húzǎi'ào)

北纬 22°51.2′，东经 115°36.0′。海滩，位于汕尾市海丰县大湖镇东北，碣石湾北岸，烟港口与新置村澳之间。位近湖仔村，可泊小渔船，故名。较平直，长 3.5 千米，宽 120 米，面积 0.42 平方千米，干出高 0.3～0.5 米。砂质，局部植有木麻黄树。

山门沙 (Shānmén Shā)

北纬 22°52.6′，东经 115°41.2′。海滩，位于汕尾陆丰市金厢港口门西北，因近山门村得名。呈曲尺形，长 4 千米，宽 100 米，面积 0.35 平方千米，干出高 0.1～1.2 米。砂质，附近水深 0.5～2.5 米。沿岸植有木麻黄树、相思树、湿地松等防护林。

虎舌沙 (Hǔshé Shā)

北纬 22°52.3′，东经 115°39.0′。海滩，位于汕尾陆丰市乌坎港口门东侧，东北有一丘，形似虎，名虎头山。沙似虎舌，故名。呈长条形，东西走向，长 2.5 千米，宽 120～200 米，面积 0.33 平方千米。砂质，附近水深 0.2 米。沿岸植有木麻黄防护林。

乌坎沙 (Wūkǎn Shā)

北纬 22°52.8′，东经 115°38.7′。海滩，位于汕尾陆丰市乌坎港北侧，因近乌坎村而得名。东西走向，长 8 千米，宽 30～500 米，面积 0.18 平方千米，干出高 0.1～0.8 米。砂质，南侧为乌坎港航道。沙上种有木麻黄树，东端有码头。

上海沙 (Shànghǎi Shā)

北纬 22°52.0′，东经 115°37.8′。海滩，位于汕尾陆丰市与海丰县交界处，乌坎港与烟港之间，因近上海村而得名。呈三角形，东北—西南走向，长 2.2

千米，最宽 800 米，面积约 1.1 平方千米，干出高 0.1 ～ 1.3 米。东北部植有木麻黄防护林。

烟港沙洲 (Yāngǎng Shāzhōu)

北纬 22°51.5′，东经 115°36.6′。海滩，位于汕尾市海丰县大湖镇角仔村东南，西北距大陆 200 米。居烟港口内，故名，为烟港和螺河的河口冲积沙洲。呈椭圆形，东北—西南走向，长 500 米，宽 400 米，干出面积约 0.17 平方千米，干出高约 1 米，附近水深 0.2 ～ 2.0 米。

山脚寮澳 (Shānjiǎoliáo'ào)

北纬 22°49.3′，东经 115°33.8′。海滩，位于汕尾市海丰县大湖镇南，碣石湾西岸，石牌寮澳与大德山之间。位近山脚寮村，可泊小渔船，故名。长 1.5 千米，宽 100 米，面积约 0.1 平方千米，干出高约 0.3 米，砂质，平直。局部植有木麻黄树。

蛪沙角 (Jīshā Jiǎo)

北纬 22°47.3′，东经 115°32.6′。海滩，位于汕尾市山边城西岸碣石湾西岸，北接东海仔。其沙粒呈三角形，状似一种叫“蛪”的海贝，故名。呈弧形，东北—西南走向，长 1.1 千米，宽 60 米，面积约 0.06 平方千米，砂砾质。

海埔圩澳 (Hǎibùxū'ào)

北纬 22°46.5′，东经 115°31.8′。海滩，位于汕尾市海埔圩村东，碣石湾西岸。位近海埔圩村，可泊小渔船，故名。平直，东北—西南走向，长 1.5 千米，宽 100 米，面积约 0.15 平方千米，干出高 0.1 米，砂质。

鳐鱼鼻 (Yáoyúbí)

北纬 22°44.4′，东经 115°31.9′。海滩，位于汕尾市白沙湖西岸。形似鳐鱼，北侧突出部如鳐鱼之鼻，故名。东北—西南走向，长 1.2 千米，宽 70 米，面积 0.08 平方千米，砂质，较弯曲。

牛脚村澳 (Niújiǎocūn'ào)

北纬 22°42.8′，东经 115°21.0′。海滩，位于汕尾市田仔山（岬角）东南 1.6 千米，南接上坑澳，因近牛脚村而得名。西北—东南走向，长 1.8 千米，宽约 350

米，面积约 0.6 平方千米。砂质，渔船可在此锚泊避风。

沙舌（Shāshé）

北纬 22°46.2′，东经 115°20.6′。海滩，位于汕尾市汕尾港内，因形似舌而得名。由新港村北岸向北伸出，长 2 千米，宽 250 米，面积约 0.5 平方千米。高于海面部分长约 1.8 千米，宽 50 米，其余干出，为潟湖型沙堤。沙堤将汕尾港分为内外两部分。内港风平浪静，是天然的避风良港。沙上原植有木麻黄树，1980 年伐尽。

渡头（Dùtóu）

北纬 22°45.0′，东经 115°23.9′。海滩，位于汕尾品清湖南部，后澳村西 0.8 千米。岸上建有小码头，来往船只泊于此，故名。长 600 米，宽 200 米，面积约 0.09 平方千米，干出高 0.1 米，砂质。

大洲（Dàzhōu）

北纬 22°45.7′，东经 115°25.5′。海滩，位于汕尾市品清湖东南部。地处石洲村南，面积大于附近泥沙滩，故名。东西长 1.5 千米，南北宽 750 米，面积约 1.1 平方千米，干出高 0.1～0.5 米，泥质。产鲻鱼、鲈鱼等，有小河在此入海。

青山仔滩（Qīngshān Zǎitān）

北纬 22°47.1′，东经 115°24.8′。潮滩，位于汕尾市品清湖北部近岸，东涌圩（农村集市）南，因滩处青山仔下而得名。长约 800 米，宽约 400 米，面积约 0.25 平方千米，干出高 0.2 米，淤泥质。

辰洲滩（Chénzhōu Tān）

北纬 22°51.3′，东经 115°17.2′。潮滩，位于汕尾市长沙港东北部。滩处辰洲村陆地尾端，原称辰洲尾脊滩，后简为今名。长 3.4 千米，宽 100 米，面积约 0.5 平方千米，干出高 0.6～1.1 米，淤泥质。

海头埔（Hǎitóubù）

北纬 22°50.1′，东经 115°13.0′。潮滩，位于汕尾市海丰县梅陇镇南，长沙港口门西北，因近海头村而得名。长 10 千米，宽 2 千米，面积约 20 平方千米，干出高 0.2～0.5 米，泥质，盛产泥蚶。

旺前沙（Wàngqián Shā）

北纬 22°46.8′，东经 115°02.7′。海滩，位于汕尾市海丰县小漠港湾口处，北起沙埔港咀，南至港咀口。因在小漠镇旺宫前，故名。长 2 千米，宽 400 米，西部高出海面，东部干出 0.5～1.4 米，砂质。

罟肚（Gǔdù）

北纬 22°44.4′，东经 115°01.2′。海滩，位于汕尾市海丰县小漠镇大澳东，北起金狮仔，南至廖哥咀。位近渔民罟鱼作业区，呈半月形凹入，故名。长 3 千米，宽 200 米，干出高 0.4～1.6 米，砂质。

飞虎滩（Fēihǔ Tān）

北纬 22°41.2′，东经 114°58.7′。海滩，位于惠州市惠东县盐洲港入海口。滩处西虎屿与东虎屿之间，受海潮冲刷常变动不定，故名。西北—东南走向，长 1.3 千米，宽 500 米，水深 0.9～4.5 米，砂质。其上可见浪花，西南侧为盐洲港航道，水深 7.6～11.8 米。

望京洲滩（Wàngjīngzhōu Tān）

北纬 22°44.9′，东经 114°56.2′。潮滩，位于惠州市惠东县考洲洋东部，因近望京洲村而得名。长约 2.5 千米，宽约 1.5 千米。1976 年在望京洲仔村至田富围筑海堤造田约 4 平方千米，今为海水养殖场。

石桥滩（Shíqiáo Tān）

北纬 22°49.3′，东经 114°46.3′。潮滩，位于惠州市惠东县范和港西北部，龟洲西北。原为小港湾，位近石桥村，名石桥港。南北走向，长 1.5 千米，宽 1.2 千米，面积约 1.5 平方千米，干出高 0.3～0.5 米。1967 年在黄西洲与蚧洲间筑海堤，围垦成海水养殖场约 0.67 平方千米，堤外泥滩盛产蟹、蛤等。

牛岩滩（Niúyán Tān）

北纬 22°44.3′，东经 114°34.6′。潮滩，位于惠州市惠阳区白寿滩东北，社背沙栏与正滩之间。岸边有一岩，形似牛头，名牛岩，滩以此而得名。长 1.8 千米，宽 250 米，面积 1.52 平方千米，落潮干出。泥砂砾混合滩，金竹冈河和岩前河于此入海。20 世纪 50 年代末曾在此建牡蛎、海马养殖试验场。

社背沙栏 (Shèbèi Shālán)

北纬 22°44.9′，东经 114°36.4′。海滩，位于惠州市惠阳区南，东连柏岗沙栏，西邻牛岩滩，因近社背村而得名。东西走向，长 2.2 千米，宽 300 米，面积约 0.6 平方千米，干出高 0.2 米，沙层厚 4～5 米。中段有两沙咀向海延伸 500 米，其间形成一圆形小海湾，名社背塘。附近水深 0.2～1.1 米，产贝类和珊瑚。

柏岗沙栏 (Bǎigǎng Shālán)

北纬 22°45.5′，东经 114°37.9′。海滩，位于惠州市惠阳区霞涌圩（农村集市）西 3.5 千米，东起罗里角，西至新溪河入海口，因近柏岗村而得名。长 2.3 千米，宽 200 米，面积约 0.47 平方千米，干出高 1.6 米，附近水深 0.3～1.9 米。西南端有一小海湾名学老坝塘。

小径沙栏 (Xiǎojìng Shālán)

北纬 22°47.5′，东经 114°41.9′。海滩，位于惠州市惠阳区霞涌圩（农村集市）东北。为小径湾的海岸沙弧，故名。长 2.5 千米，宽 0.5 千米，面积 0.12 平方千米，干出高 0.3 米，附近水深 0.2～1.8 米。

虎洲沙栏 (Hǔzhōu Shālán)

北纬 22°46.7′，东经 114°40.4′。海滩，位于惠州市惠阳区霞涌圩（农村集市）东南。因沙堤中段与虎洲（海岛）相连，故名。略呈弧形，长 2 千米，宽 100 米，面积约 0.2 平方千米，落潮干出。沙细白，附近水深 1.7～3.2 米。1976 年在此建霞涌盐场。

高坑涌沙栏 (Gāokēngchōng Shālán)

北纬 22°46.2′，东经 114°38.8′。海滩，位于惠州市惠阳区南，东起霞涌圩（农村集市），西至罗里角，因在此处入海的高坑涌得名。呈弧形，长 2.5 千米，宽 200～300 米，面积 0.28 平方千米。沙细白，附近水深 0.3～2.4 米。1987 年惠阳区在此建海滨浴场。

白寿滩 (Báishòu Tān)

北纬 22°43.5′，东经 114°33.4′。潮滩，位于惠州市惠阳区澳头圩（农村集市）东北约 2 千米，渡头河入海处。原为海湾，称白寿湾。后因渡头河泥沙在此淤积，渐成浅滩，易名白寿滩。呈袋形，长 2 千米，宽 1.2 千米，面积 2.1 平方千米，干出高 0.3～1.0 米，附近水深 0.1～0.6 米，近岸为泥砾质，遍生红树林，滩缘为沙。为幼鱼和虾、蟹、蚶繁殖区，盛产青蟹和蚶。

坝岗滩（Bàgǎng Tān）

北纬 22°38.9′，东经 114°30.4′。海滩，位于深圳市龙岗区东澳头湾西南，庙仔角西侧，因近坝岗村而得名。呈半月形，长 2 千米，宽 1.5 千米，面积约 1.4 平方千米，干出高 0.7 米，砂质。东部近岸防浪堤长 1.25 千米。附近水深 0.7～2.2 米。

产头滩（Chǎntóu Tān）

北纬 22°39.1′，东经 114°30.9′。海滩，位于深圳市龙岗区东，澳头湾西南，庙仔角与横山角之间，因近产头村而得名。东西走向，长 1.3 千米，宽 500 米，面积约 0.25 平方千米，落潮干出，砂质。东侧有磊石滩，西侧为岩石滩。

坳仔下滩（Àozǎixià Tān）

北纬 22°39.1′，东经 114°32.2′。海滩，位于深圳市龙岗区东澳头湾南，因近坳仔下村而得名。东西走向，长 1.8 千米，宽 200 米，面积约 0.25 平方千米，落潮干出，滩缘水深 1.0～3.4 米。砂石质，沿岸岩石滩与磊石滩相间，滩内有沙林岛。

田寮下滩（Tiánliáoxià Tān）

北纬 22°39.1′，东经 114°33.2′。海滩，位于广东省惠州市惠阳区，澳头湾南，因近田寮下村而得名。呈“W”形，东西走向，长 1.3 千米，宽 200 米，面积约 0.1 平方千米，落潮干出，砂质。大产排坐落滩中，西部有一礁石，滩缘水深 2.8～3.4 米。

长环沙（Chánghuán Shā）

北纬 22°36.7′，东经 114°22.7′。海滩，位于深圳市龙岗区葵涌镇西南，铜锣角与泥壁角之间。沙长而窄，故名。东西走向，长 2.3 千米，最窄处宽 50 米，面积 0.16 平方千米，附近水深 0.3～8.4 米。沙细而白，落潮干出。有两小溪由此入海，东部有一礁，干出高 1.8 米。

矾石浅滩 (Fánshí Qiǎntān)

北纬 22°28.9′，东经 113°48.5′。潮滩，位于深圳市南山区，伶仃洋中部，伶仃水道与矾石水道之间。西北部有大矾石、小矾石（海岛），故名。呈南北走向，北接伶仃沙，南至内伶仃岛，东邻矾石水道，西濒伶仃水道，长 20 千米，宽 7～8 千米，面积约 80 平方千米，水深 3.0～4.9 米。多为淤泥质，年均淤高约 1.4 厘米，并不断扩展，有碍大型船只航行。

南沙咀 (Nán Shāzuǐ)

北纬 22°23.6′，东经 113°48.3′。海滩，位于深圳市南山区内伶仃岛南，西邻伶仃水道。为岛南侧之浅滩，北宽南窄，故名。南北长约 4 千米，北宽约 4 千米，南部最窄 500 米，面积约 8.5 平方千米。北部水深 0.9～1.7 米，中部 0.6 米，南部 1.5～1.9 米。由于径流和潮流作用，大量泥沙被内伶仃岛阻拦，岛南浅滩发育。

横门滩 (Héngmén Tān)

北纬 22°33.2′，东经 113°36.3′。海滩，位于中山市横门东南，西距大陆 1 千米，名因西北横门岛，由河沙沉积而成。南北走向，长 10 千米，宽 3.5 千米，面积约 30 平方千米。滩面平坦，水质淡，涨潮水深 0.2～0.3 米，落潮干出高 0.1～0.7 米，已围垦种植。

大茅头滩 (Dàmáotóu Tān)

北纬 22°32.9′，东经 113°34.8′。潮滩，位于中山市南朗镇东南近岸，因滩上大茅岛而得名。南北走向，长 5 千米，宽 1 千米，面积约 3.5 平方千米，干出高 0.3～0.9 米，附近水深 0.4～3.2 米。泥质，已部分种植水草。

桠洲滩 (Yāzhōu Tān)

北纬 22°30.4′，东经 113°35.3′。潮滩，位于中山市南朗镇东南近岸，因滩上桠洲围（海堤）而得名。因位近三顷围，又名三顷头滩。长 2.2 千米，宽 2 千米，面积约 4 平方千米，东侧水深 3.2 米，干出高 0.1～1.5 米。泥质，西部已种植水草。

进口浅滩 (Jìnkǒu Qiǎntān)

北纬 22°30.3′，东经 113°39.4′。潮滩，位于中山市横门东南，伶仃水道西侧，西距大陆 7 千米。中部隆起，呈龟背状，原名龟背沙，后改今名。呈长条形，南北走向，长 10 千米，宽 2 千米，面积约 20 平方千米，西侧水深 2.5～5.1 米，东侧水深 2～4 米，干出高 0.1～0.7 米。泥沙质，于此曾多次发生船只搁浅，滩西面设有航标灯。

泗东海滩 (Sìdōng Hǎitān)

北纬 22°25.3′，东经 113°33.6′。潮滩，位于中山市南朗镇东南近岸，北连槛洲滩，为泗东山东侧潮滩，故名。南北走向，长 6 千米，宽 3.6 千米，面积约 20 平方千米，近岸水深 0.1～2.3 米，干出高 0.1～1.1 米。泥质，滩上有燕石等石礁。

交杯滩 (Jiāobēi Tān)

北纬 22°03.6′，东经 113°28.1′。潮滩，位于珠海市横琴岛与三灶岛之间，东邻磨刀门、宽河口，北与斗门区陆地相连，因近交杯岛而得名。近南北走向，长 20 千米，宽 0.4～4.9 千米，面积约 53 平方千米，干出高 0.1～0.8 米。泥沙质，附近水较浅，滩逐渐扩大。

浪花滩 (Lànghuā Tān)

北纬 22°03.4′，东经 113°29.6′。潮滩，位于珠海市香洲区横琴岛南，东邻宽河口，西北距石栏洲 1 千米。附近涌浪较大，滩上浪花飞溅，故名。西北—东南走向，长 300 米，宽 100 米，面积约 0.03 平方千米，附近水深 0.1～1.1 米，落潮干出。沙泥质，海底地形复杂，有数条经常移动的沙脊，有碍航行。南约 2 千米有一沉船，落潮时露出水面约 8 米。

牛角沙 (Niújiǎo Shā)

北纬 21°56.6′，东经 113°13.7′。海滩，位于珠海市高栏岛西北端，呈牛角状，故名。露出水面部分呈三角形，较平坦。由东向西突出海 400 米，宽 600 米，面积约 0.2 平方千米。南侧沙礁长 600 米，宽 600 米，面积约 0.3 平方千米，西侧水深 2.0～2.7 米，干出高 0.2～0.6 米。

大沙散 (Dà Shāsàn)

北纬 21°47.5′，东经 112°11.4′。海滩，位于阳江市阳东县三丫河口西北部，因面积较大而得名。长 1.5 千米，宽 2.5 千米，面积约 1.4 平方千米，干出高 0.5～3.2 米。泥沙质，中部长有海草。

散头咀 (Sǎntóuzuǐ)

北纬 21°37.2′，东经 111°47.5′。海滩，位于阳江市阳西县溪头港南，由众多分散的泥沙墩组成，故名。长 1.7 千米，面积约 1.4 平方千米，附近水深 0.5～1.6 米。落潮时大部干出。西北部宽大，向东突出呈一岬角。东南部窄而长，形状不规则。

登楼滩 (Dēnglóu Tān)

北纬 21°31.2′，东经 111°12.8′。潮滩，位于茂名市电白县博贺港北，位近登楼村，故名登楼海滩，1987 年改今名。东北—西南走向，长 1.3 千米，宽 500 米，面积约 0.5 平方千米。原为干出沙滩，1983 年辟为养殖场。

环洲滩 (Huánzhōu Tān)

北纬 21°30.8′，东经 111°02.0′。潮滩，位于茂名市电白县水东港内，是环绕水东岛和二洲（海岛）之沙泥滩，故名。东西长 14 千米，南北宽 4.8 千米，面积约 2.4 平方千米，干出高 0.5～1.8 米。有淤浅趋势，对进出港船只影响较大。1976 年于东部围堵，辟养殖场。

兴平山滩 (Xìngpíngshān Tān)

北纬 21°29.0′，东经 111°17.2′。潮滩，位于茂名市电白县博贺港湾口东侧，因其处兴平山村东南，故名。长 7 千米，宽 6 千米，面积约 22 平方千米，中间有 3 条海汊，水深 0.2～3.8 米，大部分为干出泥滩。沿岸有部分红树林滩，干出高 0.6～1.5 米，北部有牡蛎养殖场。

两头漏滩 (Liǎngtóulòu Tān)

北纬 21°30.3′，东经 111°14.5′。潮滩，位于茂名市电白县博贺港东北处。东北通大桥河，西南接博贺港，“两头漏水”，故名。呈长条形，东北—西南走向，长 2.7 千米，宽 500～1 000 米，面积约 1.8 平方千米。岸边为红树林滩。

1976 年初围海造田，辟盐田，建养殖场。滩中部有排水渠，入海口有水闸。

平岚滩（Pínglán Tān）

北纬 21°30.8′，东经 111°14.0′。潮滩，位于茂名市电白县博贺港北，位近平岚村，故名。呈长条形，东北—西南走向，长 2.3 千米，宽 700 米，面积约 1.2 平方千米。原为干出沙滩，1975 年围垦成水田、盐田和养殖场，有小片红树林。

割子口滩（Gēzǐkǒu Tān）

北纬 21°30.4′，东经 111°12.9′。潮滩，位于茂名市电白县博贺港北部，东西各有一缺口，故名。呈带状，东西走向，长 2.3 千米，宽 600 米，面积约 0.9 平方千米，滩缘水深 0.3 米，干出高 1.8 米，泥沙质。

双潭滩（Shuāngtán Tān）

北纬 21°30.5′，东经 111°11.6′。潮滩，位于茂名市电白县博贺港西北。昔日滩中有两个水潭，故名。呈长条形，东西走向，长 4.1 千米，宽 300～800 米，面积约 2.1 平方千米，沙泥质，两侧沙滩为水田、盐田和养殖场。

井头滩（Jǐngtóu Tān）

北纬 21°30.0′，东经 111°11.9′。潮滩，位于茂名市电白县博贺港西部。因位近盐井头村，原名盐井头滩，1987 年改今名。呈带状，东西走向，长 4.1 千米，宽 400～900 米，面积约 0.5 平方千米，落潮干出，沙泥质。产牡蛎、虾、蟹、螺等。

水井头滩（Shuǐjǐngtóu Tān）

北纬 21°29.7′，东经 111°13.6′。潮滩，位于茂名市电白县博贺港湾口西北，西与井头滩相接。位近水井头村，故名。呈带状，西段东西走向，东段西北—东南走向。长 2.7 千米，宽 200～500 米，面积 0.7 平方千米，干出高 0.5～1.7 米，砂质。

上利剑沙（Shànglìjiàn Shā）

北纬 21°13.8′，东经 110°39.3′。海滩，位于湛江吴川市吴阳镇南，举汀口东侧。鉴江口两侧各有一沙，对过往船只构成威胁，被喻为利剑，此沙处东北（当地以北为上），故名。

形似火腿，南北走向，长 6.3 千米，宽 0.5 ～ 1.8 千米，面积约 6 平方千米，附近水深 1 ～ 10 米，干出高 0.1 ～ 2.5 米，形状时有变化。中部原有一沙洲，名钩镰沙，高潮时仍露出水面，现已消失。

下利剑沙 (Xiàlìjiàn Shā)

北纬 21°12.4′，东经 110°37.8′。海滩，位于湛江市坡头区乾塘镇东南。江口两侧各有一沙，对过往船只构成威胁，被喻为利剑，此沙处西南（当地以南为下），故名。由鉴江水挟带泥沙经海水作用沉积而成。近南北走向，长 3.5 千米，宽 0.7～1.1 千米，面积约 3.2 平方千米，干出高 0.9～1.3 米。形状常有较大变化，对过往船只影响较大。

新围滩 (Xīnwéi Tān)

北纬 21°08.2′，东经 110°31.0′。潮滩，位于湛江市坡头区南三岛西南岸边，由鲤鱼墩、珠地墩、眼镜墩和虾十墩等小土墩围垦而成，高约 1 米，初名新围岛，后改今名。包括周围泥滩面积约 0.65 平方千米，有农田和鱼塭。

中沙滩 (Zhōng Shātān)

北纬 21°07.1′，东经 110°26.8′。海滩，位于湛江市东头山岛东北约 2.5 千米，又名平泥滩。居南三岛与东海岛之间（中），故名。略呈椭圆形，东西走向，长 1.4 千米，中部宽 600 米，面积 0.53 平方千米，附近水深 0.1～5.0 米，干出高 1.9～2.7 米，沙石质。滩上有锅盖石、三脚石、龟螺石、大肚石等。

南边沙 (Nánbiān Shā)

北纬 20°56.8′，东经 110°12.7′。海滩，位于湛江市东海岛西南，因在东海岛西南而得名。呈长条形，东西走向，长 800 米，宽 100 ～ 200 米，面积约 0.13 平方千米，附近水深 0.1 ～ 1.6 米，落潮干出。

岭头沙 (Lǐngtóu Shā)

北纬 20°56.0′，东经 110°29.9′。海滩，位于湛江市东海岛东南近海，排沙西侧。此处昔时地势较高，远观如山岭，故名。西北—东南走向，长 2.5 千米，中部宽 1.2 千米，面积 2.25 平方千米，附近水深 0.3～3.9 米，干出高 0.2～1.4 米，泥质。

北莉西沙 (Běilì Xīshā)

北纬 20°40.9′，东经 110°22.5′。海滩，位于湛江市徐闻县东北近海。因其处北莉岛西侧，故名。近长方形，东西走向，长 3 千米，宽 2.5 千米，面积约 7.6 平方千米，附近水深 0.9～5.0 米，干出高 1.0～2.2 米。泥沙质，产沙虫、螺、蟹等。

榄树滩 (Lǎnshù Tān)

北纬 20°39.8′，东经 110°23.8′。潮滩，位于湛江市徐闻县东北近海，南隔马草港与新寮岛相望。因滩上长满榄树而得名，榄树又名柑椗树，故此滩曾名柑椗滩。呈东西走向，长 3.2 千米，宽 1.5 千米，面积约 4.4 平方千米，干出高 0.8～1.3 米，黏土质。产青蟹、鳝和鲜鱼等，榄树覆盖率达 90%。

红树滩 (Hóngshù Tān)

北纬 20°34.0′，东经 110°26.9′。潮滩，位于湛江市徐闻县新寮岛西南侧，因滩上长满红树而得名。近南北走向，长 2.6 千米，宽约 1.8 千米，面积约 4 平方千米，水深 1.4 米。沙泥质，红树林面积有缩小趋势。

四塘沙 (Sìtáng Shā)

北纬 20°14.4′，东经 110°09.0′。海滩，位于湛江市徐闻县五里乡南，公园湾西侧，因近四塘村而得名。俗称白兔沙母，因其表面为白色沙土。近三角形，自北向南延伸 1.4 千米，东西长 2 千米，面积约 1.6 平方千米，附近水深 0.4～3.2 米，干出高 0.4～2.1 米。磊石沙土质，多礁，长有红树和海草。

北拳 (Běiquán)

北纬 20°33.1′，东经 109°49.6′。海滩，位于湛江雷州市乌石港湾口北侧。由北向南伸出如拳头，故名。长 1.6 千米，宽 100～400 米，海拔 3.8 米，细砂质。长有木麻黄树。两侧为干出高 0.2 米的沙滩，东侧长有水草。

排海埸 (Páihǎichāng)

北纬 20°49.2′，东经 109°42.6′。海滩，位于湛江雷州市企水港北侧。为黑土港西部屏障，有阻挡外海浪涛之功能，故名。呈长条带状，西北—东南走向，长 4.8 千米，宽 900 米，海拔 6 米。沿岸沙滩干出高 0.7～2.8 米，表层为白色细砂，有木麻黄林。

金沙滩 (Jīn Shātān)

北纬 20°47.0′，东经 109°45.7′。海滩，位于湛江雷州市企水港内，赤豆寮岛东侧。呈尖锥状，南北走向，长 2.5 千米，宽 1.5 千米，面积约 2.4 平方千米，干出高 1.3～2.1 米，泥沙质。西半部为红树林滩，东半部为沙滩，东侧为企水港港内航道。

红沙顶 (Hóng Shādǐng)

北纬 21°26.7′，东经 109°49.7′。潮滩，位于湛江廉江市车板镇南近海，安铺港中，北接大墩港堤坝，属安铺港连岸广大滩涂之一。由浅红色细砂组成，故名。长 3 千米，宽 1.5 千米，面积 4.4 平方千米，附近水深 0.2～3.2 米，干出高 0.8～1.2 米。

第六章 半 岛

莱芜半岛 (Láiwú Bàndǎo)

北纬 23°24.8′—23°27.3′，东经 116°49.2′—116°52.0′。位于汕头市澄海区，原为岛屿，称莱芜岛。1965 年围海造田成陆连岛，易名半岛。呈北东走向，长 2.2 千米，宽 700 米，面积约 1.4 平方千米，由花岗岩构成。形状酷似一躺卧之裸体女仙，相传为天上莱芜仙女美乳造化，按方位称东乳、南乳，又称乳脯山。东乳较高，海拔 89 米，植木麻黄和相思树。1981 年在沿岸建有 300 吨级口岸码头，通航香港，设水产收购站、口岸办公室等。1986 年莱芜海滩设浴场。

大鹏半岛 (Dàpéng Bàndǎo)

北纬 22°27.1′—22°39.6′，东经 114°24.6′—114°37.4′。位于深圳市龙岗区，在龙岗区东南部突入，大鹏湾和大亚湾之间。因有山似鹏举，得名大鹏山，半岛名从之。三面环海，东临大亚湾，与惠州接壤，西抱大鹏湾，遥望香港新界，陆域面积 294.18 平方千米，海岸线长 133.22 千米，森林覆盖率 76%。沿岸分布着大大小小十几个沙滩，如下沙、西冲、东冲、桔钓沙等。这些沙滩沙质松软，属中细砂。由于生态资源得到严格保护，大鹏半岛成为深圳市目前面积最大、保存最为完好的生态乐土。金黄的海滩和蔚蓝大海融为一体，是最适合的海岸沙滩度假之地，有深圳“桃花源”之称，将成国际海滨旅游胜地。

雷州半岛 (Léizhōu Bàndǎo)

北纬 20°13.5′—21°29.5′，东经 109°39.1′—110°31.3′。位于湛江市，境内有擎雷山，唐设治雷州，半岛因治名。

半岛属于华夏台背斜、雷州台凸的一部分，由于喜马拉雅运动，形成规模巨大的构造盆地——琼雷凹陷。盆地第四纪更新世地层中夹有玄武岩，当雷州半岛与海南岛上升为陆地后，火山继续活动，玄武岩又覆盖于第四纪地层之上。中更新世末上更新世初，琼州海峡相对断裂下陷，致使雷州半岛与海南岛分离。

半岛地形单一，起伏和缓，以台地为主，次为海积平原，地面坡度一般3°～5°。半岛北部为和缓的坡塘地形，海拔25～50米，地层多湛江系滨海相。唯遂溪、城月、湖光岩一带为玄武岩台地，海拔45～55米。南北长约140千米，东西宽约60～70千米，面积8 888平方千米。以雷州方言、雷州音乐、雷歌、雷剧、雷州石狗、醒狮、人龙舞、傩舞等诸多文化内容为载体，构建了独特的区域文化“雷州文化”。

主要城市湛江市位于半岛东北缘，为南方天然深水良港，可泊5万吨级货轮，亦为中国沿海开放城市之一。

第七章 岬 角

小旗角 (Xiǎoqí Jiǎo)

北纬 23°33.2′，东经 117°04.5′。位于潮州市饶平县柘林镇西南，为旗头山向西突出入海部分，面积小于东南侧的大旗角，故名。长 450 米，宽 300 米，海拔 32 米，近岸水深 0.4～3.6 米。由花岗岩构成，表层为沙土，有防护林带，沿岸为沙滩。

海角石 (Hǎijiǎoshí)

北纬 23°34.1′，东经 117°00.7′。位于潮州市饶平县海山岛东北部，岬端有一巨石，海拔 44 米，似巨石人在瞭望鱼群，故名望鱼礁，后改今名。长 700 米，宽 750 米，海拔 25 米，近岸水深 1.7～4.7 米。由花岗岩构成，表层为沙土，东部有防护林带，岬端有灯桩。

东屿角 (Dōngyǔ Jiǎo)

北纬 23°25.0′，东经 116°51.9′。位于汕头市澄海区，原为小岛，形似仰卧之女人，俗称向天美女，其东端称东屿头。后建堤，岛与莱芜半岛相连成岬角，改今名。在澄海区莱芜半岛东端，由花岗岩构成。长 350 米，宽 200 米，海拔 46.3 米，近岸水深 2.0～7.6 米，水流湍急，礁石密布。沿岸为岩石滩。

表角 (Biǎo Jiǎo)

北纬 23°14.3′，东经 116°48.4′。位于汕头市濠江区达濠岛东南突出部东北端。八国联军侵华后，英军于此设航标站，称好望角，俗称灯楼山。1954 年设海洋观测站，改称表角。向东突出入海 500 米，宽 300 米，海拔 51 米，近岸水深 3.8～13.0 米。由花岗岩构成，表层为黄沙黏土，长有杂草树木，沿岸为岩石滩。岬上设灯塔，塔高 61.8 米，射程 20 海里。通公路。

马耳角 (Mǎ’ěr Jiǎo)

北纬 23°12.8′，东经 116°47.4′。位于汕头市濠江区达濠岛东南端，因岬形似马耳而得名。为马尔角山（乌鹿坑山）向南突出入海部分，长 900 米，宽 1.2 千米，海拔 112.8 米，近岸水深 4.8～8.6 米。由花岗岩构成，表层为黄沙土，石质岸，沿岸为砾石滩。岬上有陈厝坑村，通公路。

海门角 (Hǎimén Jiǎo)

北纬 23°09.9′，东经 116°38.6′。位于汕头市潮阳区海门镇东南，故名，为大烟墩山向南突出入海部分。长 1～2 千米，宽 2 千米，近岸水深 3～8 米。岬上有三丘，尖山海拔 115.5 米。由花岗岩构成，石质岸，沿岸多沙滩和砾石滩，多礁。西北侧澳内湾常有船只停泊，岬上有房屋，通公路。

海湾角 (Hǎiwān Jiǎo)

北纬 23°01.1′，东经 116°34.2′。位于揭阳市惠来县靖海镇东端，原名表角，1949 年后更名海门石，1987 年改今名。为旧厝山向东突出入海部分，长 600 米，宽 300 米，海拔 12 米，水深 4.8 米。由花岗斑岩构成，顶部乱石遍地，杂草丛生，石质岸，沿岸为岩石滩。近岸多礁。岬上有房屋，通公路。

北炮台角 (Běipàotái Jiǎo)

北纬 22°60.0′，东经 116°32.8′。位于揭阳市惠来县靖海镇东部，为靖海港东部屏障。明代于此建烽火台和炮台，地处南炮台角之北，故名。为旧厝山向南突出入海部分，长 700 米，宽 700 米，海拔 17.6 米，水深 5～13 米。由花岗斑岩构成，石质岸，多为岩石滩，近岸多礁，岬上有灯桩。

南炮台角 (Nánpàotái Jiǎo)

北纬 22°58.0′，东经 116°31.0′。位于揭阳市惠来县靖海镇南部，是资深港北部屏障。明、清建有烽火台，地处北炮台角之南，故名。长 500 米，宽 270 米，海拔 15.3 米，水深 7～10 米。由花岗岩构成，石质岸，沿岸为岩石滩，近岸多礁。南岸有引堤，岬、堤均有灯桩。

石碑山角 (Shíbēishān Jiǎo)

北纬 22°56.2′，东经 116°29.1′。位于揭阳市惠来县港寮湾东端，为石碑山向西南突出入海部分，故名。长 400 米，宽 500 米，海拔 16 米，水深 2.0～4.6 米。由花岗岩构成，沿岸多岩石滩，近岸多礁。岬东 600 米有灯塔，灯高 68.2 米，射程 22 海里。

甲子角 (Jiǎzǐ Jiǎo)

北纬 22°49.2′，东经 116°05.7′。位于汕尾陆丰市甲子港东南端并为其屏障，南望甲子屿，因甲子镇而得名。略呈三角形，向南突出入海 1.26 千米，宽 2.2 千米，近岸水深 2.0～12.4 米。

由花岗岩构成，地势西南高东北低。岬上麒麟山、象地山、狮地山、莲花山等 9 岗丘紧密相连，麒麟山海拔 61.3 米为最高点。表层为黄沙土，长有树木杂草，石质岸，曲折陡峭，海蚀特征明显，多礁。有灯塔，塔高 78.5 米，射程 18 海里。

田尾角 (Tiánwěi Jiǎo)

北纬 22°44.5′，东经 115°48.9′。位于汕尾陆丰市碣石镇南，碣石湾东南端。为田尾山向南突出入海部分，故名。长 350 米，宽 650 米，海拔 80 米。由花岗岩构成，表层为黄沙土，草木丛生，石质岸，沿岸为砾石滩。近岸水深 2～10 米，有牛屎礁、鸡冠咀等。有灯塔，塔高 83.3 米，射程 18 海里。

金厢角 (Jīnxiāng Jiǎo)

北纬 22°51.1′，东经 115°41.9′。位于汕尾陆丰市金厢镇南，碣石湾东北岸，因金厢镇而得名。向西南突出入海 90 米，宽 150 米，岬有虎尾山海拔约 30 米，近岸水深 1.7～5.0 米。由花岗岩构成，表层长有树木，石质岸，沿岸为砾石滩、沙滩。岬上有瞭望台和风讯信号杆。

牛鼻头 (Niúbí Tóu)

北纬 22°47.0′，东经 115°13.9′。位于汕尾市马宫港南，为牛尾岭向南突出部分，因岬形似牛鼻而得名。长 250 米，宽 250 米，海拔约 60 米，近岸水深 5.2～6.0 米。由英安斑岩夹凝灰岩构成，长有杂草和小树，石质陡岸，沿岸为岩石滩。牛尾岭海拔 112 米，设有灯桩。

烟墩角 (Yāndūn Jiǎo)

北纬 22°41.4′，东经 114°58.6′。位于惠州市惠东县盐洲港入海口东岸，清代于此建烽火台，称烟墩台，岬因此而得名。呈三角形，向西南突出入海

500 米，最宽 500 米，岬端宽 50 米，海拔 122.4 米，近岸水深 2～8 米。由凝灰质流纹斑岩构成，石质岸。

白潭墩 (Báitándūn)

北纬 22°38.8′，东经 114°55.8′。位于惠州市惠东县盐洲港湾口西南 5 千米，呈椭圆形，似石墩，其上曾有一潭清水，故名。向东突出入海 100 米，宽 200 米，海拔 15.8 米，近岸水深 2～6 米。由花岗岩构成，石质岸，岬上有瞭望塔。

牛头角 (Niútóu Jiǎo)

北纬 22°37.5′，东经 114°55.1′。位于惠州市惠东县大星山北 5.4 千米，为两个相距 50 米、呈椭圆形的岬角组成，形似一对牛角，故名。向东南突出入海 300 米，宽 300 米，海拔 20 米，附近水深 2～5 米。由花岗岩构成，表层为黄黏土，杂草灌木茂盛，沿岸有石滩。产紫菜、胶菜、海胆等，岬上有房屋。

凤咀 (Fèng Zuǐ)

北纬 22°42.2′，东经 114°44.5′。位于惠州市惠东县巽寮港北岸，原为椭圆形小岛，后筑 100 米海堤连陆。沿岸沙滩呈弧形，弯而尖，似凤凰咀，故名。又因岬有一妈庙而称妈角。海拔 15 米，近岸水深 2～4 米。由砂页岩构成。东南侧沙滩净白，海底坡缓。有码头，可泊 40 吨级船。

青洲仔 (Qīngzhōuzǎi)

北纬 22°49.3′，东经 114°47.9′。位于惠州市惠东县范和港北端，西望龟洲。原为岛，1967 年筑成长 200 米纳潮渠，岛与陆连，因植被茂盛四季青翠而得名。向西北突出入海 120 米，宽 60 米，海拔 10 余米。岬端近岸水深 0.5 米，两侧为泥滩。由砂页岩构成，岬上有纳潮站。

黄埔咀 (Huángpǔ Zuǐ)

北纬 22°47.3′，东经 114°45.9′。位于惠州市惠东县范和港西岸，因近黄埔角村而得名。向南突出入海 200 米，宽 400 米，海拔 5 米，附近水深 0.2～2.0 米。由砂页岩构成，砂质岸，沿岸砾石滩宽 150 米，岬上有稻田。

城仔角 (Chéngzǎi Jiǎo)

北纬 22°34.2′，东经 114°53.2′。位于惠州市惠东县大星山西北端，港口港与大澳塘之间。鸦片战争期间，林则徐于此建城堡并驻兵，故名。呈长方形，向西突出入海 500 米，宽 600 米，海拔 82 米，近岸水深 1.7～2.5 米。由花岗岩构成，南部平坦。岬上有大澳村，设有气象站和风讯信号杆。

玻沙山角 (Bōshāshān Jiǎo)

北纬 22°35.2′，东经 114°44.7′。位于惠州市惠东县西南端，烟囱湾南，扼大亚湾口。为玻沙山向西南突出入海部分，故名。长 900 米，宽 200 米，海拔 50 余米。

由凝灰质流纹斑岩构成，沿岸多岩石滩和砾石滩。西、南水下礁盘延伸 1 千多米，水深不足 2 米，多岛礁。西与桑洲间宽 2.1 千米，水深 10～13 米，为出入大亚湾的重要航道。附近盛产石英砂，岬上有瞭望台。

虎头咀 (Hǔtóu Zuǐ)

北纬 22°39.2′，东经 114°35.7′。位于深圳市龙岗区澳头湾南岸东端，东北望许洲。为虎头山向东突出入海部分，故名。长 300 米，宽 300 米，海拔 73.7 米，近岸水深 8～21 米。由砂岩构成，表层风化严重，呈红色，长有杂草，沿岸为岩石滩。岬端外为虎头门水道，岸外 400 米之处排有灯桩。

庙仔角 (Miàozǎi Jiǎo)

北纬 22°39.0′，东经 114°30.6′。位于深圳市龙岗区澳头湾南岸，产头滩与坝岗滩之间，因岬上原有一小庙而得名。三角形，向西北突出入海 500 米，宽 700 米，海拔 18.6 米。由花岗岩构成，东部沿岸为岩石滩，西部是防波堤，堤外沙滩干出 0.7 米。

爷角咀 (Yéjiǎo Zuǐ)

北纬 22°03.7′，东经 114°18.3′。位于珠海市香洲区担杆岛东北部北岸，岬顶建有洪圣庙，内有菩萨爷，故名。长 250 米，宽 250 米，海拔 50 米，近岸水深 11～16 米。由花岗岩构成，表层为黄沙黏土，多露岩，长有茅草，岩石岸。

妈湾上角 (Māwān Shàngjiǎo)

北纬 22°27.9′，东经 113°52.8′。位于深圳市赤湾与妈湾之间。赤湾东北、西南各有一岬角，此岬处东北（当地以北为上），临妈湾，故名。向南突入 250 米，宽 250 米，岬上众山海拔 51.2 米，近岸水深 0.5 ～ 8.1 米。由花岗岩构成，表层长有杂草，岬端外为岩石滩，两侧为泥滩。岬上有炮台遗址，通公路。

妈湾下角 (Māwān Xiàjiǎo)

北纬 22°27.1′，东经 113°53.3′。位于深圳市蛇口湾与赤湾之间，岬处深圳湾与矾石水道交汇地，原名分流角，后因其东北侧岬角称妈湾上角（因处西侧为下）而改今名。向西南突出入海 400 米，宽 300 米，岬上狮山海拔 97.8 米，近岸水深 1.8 ～ 3.5 米。由花岗岩构成，长有树木杂草，岬岸较陡。岬上有炮台遗址和林则徐铜像，已辟为旅游点，通公路。

牛利角 (Niúlì Jiǎo)

北纬 22°25.1′，东经 113°47.0′。位于深圳市南山区内伶仃岛西北端，北湾与南湾之间。岬形似牛舌，当地称牛舌为牛利，故名。长 700 米，宽 500 米，海拔 95.3 米，近岸水深 3.0 ～ 11.7 米。由变质岩、花岗片麻岩构成，表层为黄沙黏土，长有灌木、杂草，沿岸为砾石滩，岬端外有数礁。通公路。

东角咀 (Dōng Jiǎozuǐ)

北纬 22°24.1′，东经 113°49.1′。位于深圳市南山区内伶仃岛东南端，是东角山向东南突出入海部分，故名。长 250 米，宽 500 米，海拔 60 米，近岸水深 0.9～4.8 米。由花岗岩构成，表层为黄沙黏土，灌木和杂草覆盖，砾石岸，有数礁。岬上有东角村。

龙尾角 (Lóngwěi Jiǎo)

北纬 22°44.9′，东经 113°41.6′。位于东莞市新湾镇西南，交椅湾西北岸，为龙角山向东南突出入海部分，故名。呈三角形，长 50 米，宽 50 米，海拔 17.5 米。沿岸沙滩干出 0.3 ～ 0.8 米，岬端外有形状奇特的礁石多处。岬角与鸡山间建有人行天桥。

交椅角 (Jiāoyǐ Jiǎo)

北纬 22°44.9′，东经 113°40.1′。位于东莞市新湾镇南，西临虎门，因其岸线似椅子而得名。岬上原有十个小丘，1980 年于此建沙角电厂，今已成平地。岬上有码头，可泊万吨级船。

威远角 (Wēiyuǎn Jiǎo)

北纬 22°47.8′，东经 113°37.7′。位于东莞市威远岛西南端，西临虎门，因威远岛而得名。向西南突出入海 520 米，宽 1.7 千米。岬上有一丘，名青山头，海拔 177.7 米。沿岸筑有石堤，建有码头。

枕箱角 (Zhěnxiāng Jiǎo)

北纬 22°44.9′，东经 113°36.7′。位于广州市番禺区蕉门北岸东端，东临虎门。原为岛，形似麒麟，得名麒麟山。后于岛北筑堤与大陆相连，堤呈直角形，似漆枕，遂改称枕箱角。向东突出入海 150 米，宽 150 米，海拔 16.3 米。由花岗岩构成，表层为红土，长有杂草，岩石岸，沿岸泥滩干出 0.7 米。鸦片战争时曾于此设炮台。

鹤咀 (Hè Zuǐ)

北纬 22°26.3′，东经 113°38.3′。位于珠海市香洲区、惠东县与惠阳区交界处东侧，大亚湾北岸。岬形狭长似鹤嘴，故名，又因岬上有一妈庙而称妈角。向南突出入海 400 米，宽 450 米，海拔 30.2 米，近岸水深 1.9～2.7 米。由花岗岩构成，沿岸为岩石滩，附近礁石林立，风浪较大。岬上有房屋和旧碉堡。

大王角 (Dàwáng Jiǎo)

北纬 22°26.1′，东经 113°39.6′。位于珠海市香洲区淇澳岛东北端，大澳湾与牛婆湾之间，因岬上有大王庙而得名。突出入海 700 米，宽 400 米，海拔 53.8 米，东侧水深 2.5 米，西侧泥滩干出 1.1 米。由花岗岩构成，砾石岸，沿岸为沙滩和砾石滩。

铜鼓角 (Tónggǔ Jiǎo)

北纬 22°22.5′，东经 113°37.5′。位于珠海市香洲区唐家镇东部半岛东北端，金星港东口，北望鍪澳岛。附近水流湍急，落潮时涡流发出咚咚声，犹如铜鼓回响，故名。向东突出入海 350 米，宽 300 米，海拔 63.5 米，近岸水深 6.8～13.0 米。由花岗岩构成，表层为黄沙黏土，松树、灌木丛覆盖，岩石陡岸。有灯塔，塔高 55 米，射程 18 海里。

南山咀 (Nánshān Zuǐ)

北纬 22°08.9′，东经 113°32.1′。位于珠海市香洲区横琴岛东北部，岬处北山咀南，故名。面积较大，又名大角头。向东北突出入海500米，宽450米，海拔105米。由花岗岩构成，西北为岩石岸，余为砾石岸。沿岸泥滩干出0.2米，已辟为牡蛎养殖场。东岸建有突堤式码头。

下边角 (Xiàbiān Jiǎo)

北纬22°08.1′，东经113°50.1′。位于珠海市香洲区。突出入海180米，宽350米，海拔65米。由花岗岩构成，表层有黄沙土，故名黄泥坑角，后改今名。东为砾石岸，近岸水深8～10米。通公路。

二井角 (Èrjǐng Jiǎo)

北纬22°06.1′，东经113°28.5′。位于珠海市香洲区横琴岛西岸，岬处井湾北侧，面积小于井湾南侧之大井角，故名。突出入海150米，宽200米，海拔46.6米。由花岗岩构成，表层为黄沙土，长有茅草和零星灌木。砾石岸，沿岸泥滩干出0.3～1.0米，已辟为牡蛎养殖场。

大井角 (Dàjǐng Jiǎo)

北纬22°06.0′，东经113°28.1′。位于珠海市香洲区横琴岛西端，岬处井湾南岸，面积较大，故名。向西突出入海750米，宽400米，海拔93.7米。由花岗岩构成，表层为黄沙土，多露岩，少植被，岩石岸。北侧泥滩干出0.3～1.0米，已辟为牡蛎养殖场；南部近岸水深0.4～5.6米。

落瓦角 (Luòwǎ Jiǎo)

北纬22°05.8′，东经113°32.6′。位于珠海市香洲区横琴岛东南部，二横琴湾北端。昔日，附近有砖瓦窑，砖瓦外运时于此上船，故名。突出入海200米，宽250米，海拔50.8米，近岸水深0.8～1.1米。由花岗岩构成，表层为黄沙土，长有茅草和灌木，岩石岸。北侧有礁石。

烂排角 (Lànpái Jiǎo)

北纬21°56.6′，东经113°41.1′。位于珠海市香洲区小万山岛西南岸，东临锅底湾，因岬端多乱石而得名。向南突出入海110米，宽350米，海拔59.7米，近岸水深7～10米。由花岗岩构成，表层为黄沙土，长有杂草，岩石岸。通公路。

龙王咀（Lóngwáng Zuǐ）

北纬 21°59.3′，东经 113°21.2′。位于珠海市金湾区三灶岛南端，为炮台山向西突出入海部分。昔日岬上有一龙王庙，故名。岩石排列整齐，又名排角咀。突出入海 250 米，宽 450 米，近岸水深 0.8～1.3 米。炮台山海拔 104.6 米，由花岗岩构成，表层为黄土，长有小树，砾石岸。

打银咀（Dǎyín Zuǐ）

北纬 22°02.4′，东经 113°15.2′。位于珠海市金湾区南水岛东北端，东濒鸡啼门，因昔日有人于此挖掘银矿而得名。长 500 米，宽 200 米，海拔 43.5 米。由花岗岩构成，表层为黄沙黏土，长有灌木。西北沿岸泥滩干出 0.9 米，东南近岸水深 0.3～1.0 米，为牡蛎养殖场。

庙咀（Miào Zuǐ）

北纬 21°52.3′，东经 112°53.3′。位于江门台山市，因昔日岬顶建有庙宇而得名。呈三角形，长 350 米，宽 700 米，海拔 120 米，近岸水深 2.2～2.7 米。由花岗岩构成、石质岸，沿岸有岩石滩，砾石滩，岬端外有庙咀礁。

鹿颈咀（Lùjǐng Zuǐ）

北纬 21°53.7′，东经 112°52.0′。位于江门台山市，因岬形似鹿颈而得名。为南风顶（山峰）向西突出入海部分，长 270 米，宽 370 米，海拔 35.4 米，近岸水深 0.5～2.2 米。由花岗岩构成，表层为黄沙土，草木稀疏。北部沿岸为沙滩，西、南沿岸多岩石滩，岬端外多礁。岬上有一自然村。

烽火角（Fēnghuǒ Jiǎo）

北纬 21°57.3′，东经 112°49.3′。位于江门台山市，明朝曾在此建烽火台，故名。向东南突出入海 750 米，宽 500 米，海拔 80.1 米。由花岗岩构成，表层为黄沙土，杂草覆盖。石质岸，沿岸多泥滩，干出高 0.1～1.4 米。附近海域盛产虾、蟹，岬上有风讯信号杆。

码头基角（Mǎtóujī Jiǎo）

北纬 21°57.0′，东经 112°47.5′。位于江门台山市，岬端曾筑一石基简易码头，故名。为鸡笼山南延的残丘，长 500 米，宽 250 米，海拔 30 米。由花岗岩构成，地势平坦，石质岸。东部沿岸为岩石滩，余为干出 0.7～0.9 米的泥滩。南岸和西岸有码头。

青栏头 (Qīnglán Tóu)

北纬 21°46.4′，东经 112°52.3′。位于江门台山市，因附近海水呈青蓝色而得名。为灯塔顶（山峰）向东突出部分，长 700 米，宽 650 米，海拔 120.2 米，近岸水深 4.2～10.0 米。由花岗岩构成，表层为黄沙土，草木茂盛，石质岸，沿岸为岩石滩，多礁。岬上建有灯桩。

庙湾角 (Miàowān Jiǎo)

北纬 21°42.6′，东经 112°20.7′。位于江门台山市，名因岬旁庙湾。向南突出入海 840 米，宽 700 米，岬上牛头山海拔 67.6 米，近岸水深 2.0～3.7 米。由花岗岩构成，表层为黄土，间有露岩，草木稀疏，石质岸，沿岸为岩石滩、砾石滩，多礁。岬北侧有尾角（沙咀）村。

青山咀 (Qīngshān Zuǐ)

北纬 21°45.6′，东经 112°33.3′。位于江门台山市，因近青山村而得名。向南突出入海 650 米，宽 450 米，顶端塔形建筑物海拔 59.4 米。由花岗岩构成，顶端为小丘，北为冲积平地。表层为沙土，杂草稀疏。岬端为石质岸，东为砂质岸，西为堤岸。沿岸有砾石滩、沙滩、丛草滩，滩缘泥滩干出高 0.1～0.8 米。

大髻咀 (Dàjì Zuǐ)

北纬 21°39.1′，东经 112°38.3′。位于江门台山市，是大髻山向东北延伸的正脉山咀，原名正咀，1988 年改今名。近岸水深 1.2～1.9 米。由花岗岩构成，砾石岸，沿岸为岩石滩，沙滩。通公路。

离咀角 (Lízuǐ Jiǎo)

北纬 21°36.6′，东经 112°36.0′。位于江门台山市，扼南澳港东口，为观音山向南突出入海部分，北侧平坦，岬似与山分离，故名。位近牛塘村，又名“牛塘角”。长 650 米，宽 600 米，岬上大脑山海拔 127.7 米，近岸水深 1.2～7.8 米。由花岗岩构成，表层为黄沙土，杂草覆盖，石质岸，沿岸有岩石滩、砾石滩、沙滩。通公路。

龙王咀 (Lóngwáng Zuǐ)

北纬 21°42.3′，东经 112°15.8′。位于阳江市阳东县，为暗水岭向西南突出入海部分。岬上曾建龙王庙，故名。位近东北村，又名东北咀。长 100 米，宽 200 米，海拔 20 米，近岸水深 4.6～6.2 米。由花岗岩构成，南岸陡峭。

大澳咀 (Dà'ào Zuǐ)

北纬 21°42.4′，东经 112°14.3′。位于阳江市阳东县，为大澳山向西突出入海部分，故名。长 800 米，宽 750 米，海拔 80.7 米，近岸水深 3～7 米。由花岗岩构成，南为无滩陡岸，西、北沿岸为岩石滩。顶端有灯桩，建有油库，岬角东北处为阳江核电站职工宿舍区。

澳仔咀 (Àozǎi Zuǐ)

北纬 21°44.5′，东经 112°11.8′。位于阳江市阳东县，名因岬上澳仔山。向西南突出入海 650 米，宽 550 米，近岸水深 4～5 米。岬上有一丘，名澳仔山，又称独岭，海拔 66.9 米。由第四纪海相砂、砂砾岩构成，岸坡陡峭，沿岸为砾石滩。岬南 500 米之钓鱼台设有灯桩，在岬角顶部，建有珍珠鱼女雕塑像。

沙头咀 (Shātóu Zuǐ)

北纬 21°43.1′，东经 111°56.4′。位于阳江市江城区，原为与大陆相离的沙洲，名沙头，新冲大堤建成后，冲积的泥沙使沙洲与大陆相连成沙咀，遂改今名。呈长条形，长 1 千米，宽 200 米，南部海拔 4 米，北部较低。东、南、西三面为干出 0.7～1.3 米的泥滩；南端建有灯桩。

飞鹅咀 (Fēi'é Zuǐ)

北纬 21°44.0′，东经 112°12.8′。位于阳江市阳东县，为飞鹅岭（海拔 129.7 米）向南突出入海部分，故名。长 1 千米，宽 800 米，近岸水深 3.5～4.5 米。由海相砂、砂砾岩构成，岸坡陡峭，沿岸为岩石滩。岬上有风讯信号杆，岬角东北侧东平港湾内为周边重要的渔港。

炮台咀 (Pàotái Zuǐ)

北纬 21°35.4′，东经 111°49.2′。位于阳江市江城区，清康熙五十六年（1717 年）于此筑炮台并驻兵，故名。长 700 米，宽 300 米，海拔 31.3 米，近岸水深 2～10

米。由花岗岩构成，岩石岸滩。1966年于此建油库，古炮台遗址尚存。

铁帽仔（Tiěmàozǎi）

北纬21°33.7′，东经111°49.4′。位于阳江市江城区，又名“铁帽山”。南部突出一圆形小丘，似铁帽，故名。长400米，宽400米，海拔49.1米，近岸水深1.9～8.3米。由变质砂页岩构成，其上有一岩洞，自西通东南。小丘与海陵岛望寮山间为低平沙地，东南侧多礁，沿岸为砾石滩。周边地区现已开发为省级大角湾——马尾岛旅游景区。

双鱼咀（Shuāngyú Zuǐ）

北纬21°31.1′，东经111°38.5′。位于阳江市阳西县，因西北之双鱼城而得名。明朝曾于南端建炮台，又名“炮台咀”。长1.5千米，宽2.1千米，近岸水深1.0～4.9米。由变质砂页岩构成，沿岸为沙滩。北部为低平沙地，南部濒海处突出一丘，名炮台岭，海拔84米。东南为石质陡岸。西南与大树岛对峙，同为河北港东南屏障，其间宽400米，有礁石散布。

西岙角（Xī'ào Jiǎo）

北纬21°24.9′，东经111°15.5′。位于茂名市电白县，岬角东部有一片平坦沙滩，俗称岙，故名“西岙角”。长1.4千米，宽1.6千米。莲头岭海拔236米，玉木冰期后海侵为岛，自第四纪沿海向陆挠升后岛与陆连。沿岸东西两侧为沙滩，近岸多礁，水深3～10米。公路通电城镇。

炮台角（Pàotái Jiǎo）

北纬20°54.6′，东经110°33.4′。位于湛江市麻章区，清代曾于此建炮台，故名。向西突出入海1千米，宽2.6千米，海拔16.5米，近岸水深5～61米。由玄武岩构成，呈台阶状，表层为红土，石质岸，沿岸北为岩石滩，南是砂砾滩。

楼角（Lóu Jiǎo）

北纬20°37.8′，东经109°45.8′。位于湛江雷州市，清朝此处常遭海盗侵扰，当地群众筑炮楼防御，楼角名源此。向东南突出入海400米，宽500米，海拔7.1米，近岸水深0.9～5.0米。由玄武岩构成，表层为沙土，长有树木，沿岸为砾石滩。

东土角 (Dōngtǔ Jiǎo)

北纬 20°32.5′，东经 109°48.7′。位于湛江雷州市，岬上庙宇内有“东土公”塑像，故名。向西北突出入海 500 米，宽 300 米，岬端岗丘海拔 12 米，近岸水深 0.9～5.0 米。由玄武岩构成，岬端外为岩石滩，南北边为砂砾滩。岬上多盐田，有灯桩。

炮台角 (Pàotái Jiǎo)

北纬 20°14.4′，东经 110°07.5′。位于湛江市徐闻县，清咸丰年间（1851—1861 年）曾在此建炮台，故名。岬前有三股海流汇集，又名三流角。向南突出入海 800 米，宽 900 米，海拔 12.2 米。由玄武岩构成，沿岸砂砾滩干出 1.4 米，海边有零星椰子树。

灯楼角 (Dēnglóu Jiǎo)

北纬 20°13.5′，东经 109°55.3′。位于湛江市徐闻县，曾名“角尾角”“尾角”。清道光二十二年（1842 年）于此建 7 层铁架灯塔，故名灯楼角。东北有角尾村，东侧海湾角尾湾曾名尾湾。附近浪大流急，常发生海难事故，故俗称“死人角、阎王角”。向西南突出入海 1.5 千米，宽 1.4 千米，海拔 11.7 米，近岸水深 1～5 米，海流特急。

由玄武岩构成，表层为沙石土，木麻黄树茂密。东为堤岸，东南岸边岩石滩和砂砾滩干出高 1.7 米。岬上灯塔于 1942 年被日军炸毁，1949 年后建灯桩。灯塔旁建有徐闻县滘尾角灯塔，系中国大陆最南端的标志。北部角尾墩为风景区，向外海伸出一沙舌，砂质细腻。岸边为盐场，近海盛产海参和鲍鱼。有灯塔，塔高 33.8 米，射程 18 海里。

水尾角 (Shuǐwěi Jiǎo)

北纬 20°24.2′，东经 109°51.9′。位于湛江市徐闻县，曾名“响铃角、响栏角”。因近水尾村而得名。潮流冲击，音响如铃声，曾名响铃角，谐音响栏角，现已位于陆地上。呈鸭嘴状，向西北突出入海 1.8 千米，宽 800 米，海拔 4.3 米，近岸水深 1～37 米，海流较急。岬前多砾石围，珊瑚滩延伸 1.7 千米。有灯桩。

石马角 (Shímǎ Jiǎo)

北纬20°25.8′，东经109°54.4′。位于湛江市徐闻县，因岬南石马村而得名。向东北突出入海1.2千米，宽150米，海拔9.3米，滩外水深2～5米。由玄武岩构成，表层为红土，有木麻黄树。东部沿岸为砾石滩，西北岩石滩延伸2千米，有灯桩。

海尾角 (Hǎiwěi Jiǎo)

北纬20°26.2′，东经109°56.7′。位于湛江雷州市，因岬上有海尾村而得名。由北向南突出入海800米，最宽1.2千米，面积约0.45平方千米。西侧建有海堤、盐田，公路通海尾村。

流沙角 (Liúshā Jiǎo)

北纬20°26.2′，东经109°55.1′。位于湛江雷州市，因岬上有流沙村而得名。原呈尖锥状，由北向南突出入海1千米，最宽500米，面积0.28平方千米，海拔约5米，近岸水深4.8～7.4米。

盐庭角 (Yántíng Jiǎo)

北纬20°38.1′，东经109°44.8′。位于湛江雷州市，因近盐庭村，故名。向西突出入海1千米，宽1.6千米，海拔3米，近岸水深0.2～5.0米。由玄武岩构成，表层为沙土，木麻黄树覆盖，沿岸为岩石滩。建有灯桩。

徐黄角 (Xúhuáng Jiǎo)

北纬20°39.9′，东经109°44.3′。位于湛江雷州市，因近徐黄村而得名。曾名“灯楼角”“黑村角”。呈尖角状，向西突出入海500米，宽800米，海拔6.9米，滩外水深1～5米。由玄武岩构成，表层为沙土，有零星树木。沿岸有珊瑚滩，滩上有灯桩。

第八章　河　口

黄冈河口 (Huánggānghé Kǒu)

北纬 23°37.3′，东经 117°02.0′。位于潮州市饶平县黄冈镇，在柘林湾北部，为黄冈河入海口，故名。西北—东南走向，长约 6 千米，水深 1.5 米。入海口有碧洲（半岛）阻拦，形成干出高 0.4～1.3 米的拦门沙滩。因黄冈河流量小，河口淤积缓慢。

义丰溪口 (Yìfēngxī Kǒu)

北纬 23°32.7′，东经 116°54.2′。位于汕头市澄海区东里镇东部，澄饶联为南堤与六合围北堤之间。韩江汊道义丰溪出口处，故名。明嘉靖年间（1522—1566 年）称“旗岭港”。清康熙年间（1662—1722 年）改称“东陇港”。1971 年东陇镇改东里镇，河口随之易名“东里港”，1987 年改今名。东西走向，长 2.5 千米，宽 0.4～1.6 千米，水深不及 1 米，沙底。口门处沙滩连片，大部干出高 0.3～1.1 米，船只需候潮进出。经此可达粤东鱼盐重要集散地东里镇。

北港口 (Běigǎng Kǒu)

北纬 23°27.1′，东经 116°52.2′。位于汕头市澄海区东南部，莱芜围北堤与培隆围南堤之间，韩江汊道东溪莲阳河入海口。处澄城之东，南港口之北，故名。呈喇叭状，东西走向，长 3 千米，宽 350～1.5 千米，水深 0.5～3.4 米。年输沙量 27.5 万吨，口外泥沙淤积严重，大部干出。

南港口 (Nángǎng Kǒu)

北纬 23°23.4′，东经 116°48.7′。位于汕头市澄海区和龙湖区凤翔街道交界处，为韩江汊道西溪外砂河入海口。地处澄城东南，故名。呈喇叭状，南北走向，长 2.5 千米，宽 500～1 500 米，水深 0.4～2.0 米。泥沙底，年输沙量 22.5 万吨。口外泥沙淤积严重，原主航道偏西，已淤浅。今进出航道靠东岸，东西走向，有灯标。

新津河口（Xīnjīn Hékǒu）

北纬 23°20.6′，东经 116°46.1′。位于汕头市龙湖区，韩江西溪支流新津河入海口。原名“新港”，曾名“新津港”。明嘉靖年间（1522—1566 年）称新港，清康熙八年（1669 年）在此设新港水汛和津口汛，遂取两汛首字定名新津港，1987 年改今名。南北走向，长 1 千米，宽 40 米，水深不及 1 米。沙底，口外沙滩淤积迅速，向西南延伸至妈屿岛北。口外红螺浅滩宽 5～6 千米，波浪较大，拦门沙不稳定，泥沙常受侵蚀并向西南漂移于汕头港入海航道中淤积。

练江口（Liànjiāng Kǒu）

北纬 23°11.4′，东经 116°36.2′。位于汕头市潮阳区海行镇，海门湾北端。为练江入海口，故名。练江干流长 87 千米，流域面积 1 336 平方千米。呈喇叭状，南北走向，长约 2 千米，宽 0.6～2.3 千米，水深 1.5～6.5 米，沙底。拦门沙在口门西侧，水深 1.6～1.8 米。北段建有水闸，东岸海门镇为潮阳区重要城镇，海门港为广东省重点渔港。

下清溪口（Xiàqīngxī Kǒu）

北纬 23°05.6′，东经 116°32.9′。位于揭阳市惠来县城东北端仙庵镇，向屿角与贝告角之间。为下清溪入海口，故名。原属华清乡，初名华清港，1987 年依其位近下清村改今名。呈弧形，流量不大，落潮时拦门沙干出，口外有惠来乌屿等岛礁。

烟港口（Yāngǎng Kǒu）

北纬 22°51.5′，东经 115°36.5′。位于汕尾陆丰市上英镇与海丰县大湖镇交界处，碣石湾北部。是烟港和螺河交汇入海口，故名，又名角仔尾咀。纵深 1.2 千米，航道水深 3 米左右。沙底。口内大部分为干出 0.2～0.9 米的沙滩，沙坝潟湖型海岸。由于螺河水冲刷，河口向西南移动趋势明显。口外拦门沙呈东西走向，进出航道水深 0.2～2.0 米，两侧沙洲干出 0.5 米。

沙埔港咀（Shāpǔ Gǎngzuǐ）

北纬 22°47.9′，东经 115°02.9′。位于汕尾市海丰县小漠镇东北约 2 千米，因位于原沙埔村前而得名，为赤石河入海口。呈喇叭状，沙底。两侧为干出高

0.3～1.0米的沙滩，沙坝潟湖型海岸，西侧有道通小漠港。拦门沙长宽均为700米，水深0.3～0.9米。

港咀口（Gǎngzuǐ Kǒu）

北纬22°46.3′，东经115°02.7′。位于汕尾市海丰县小漠圩东约1千米，居小漠港出口处，故名。数小河经此入海，水深1.2～1.7米，沙泥底。口门南侧是港咀山，石质岸，北侧为沙洲和沙滩。为小漠港渔船出海必经之地。

新港河口（Xīngǎng Hékǒu）

北纬22°42.0′，东经114°44.8′。位于惠州市惠东县巽寮镇巽寮港东部，因近新港村，故名。潟湖型河口，口门处有南北向沙堤阻挡，口内稍宽。南北长1千米，水深2米。沙底，出口处航道狭窄，是当地渔船停泊和避风地。1978年曾设水产收购站，后迁他处。

鹤咀河口（Hèzuǐ Hékǒu）

北纬22°47.6′，东经114°42.7′。位于惠州市惠东县西南，在大亚湾北岸鹤咀东北侧，名因鹤咀（岬角），为两个小河汇流入海口。弯曲成弧形，南北走向，长700米，水深0.5～1米。口向东，濒上湾，口门宽度200米。1960年在口门处鹤咀村与鹤咀山之间修筑防潮闸和海堤，外侧为小型船只良好锚地。

渡头河口（Dùtóu Hékǒu）

北纬22°43.5′，东经114°33.6′。位于惠州市惠阳区澳头圩（农村集市）东北2千米。河口中段有一冲积沙洲，曾设渡口，称渡头，河口以此为名，又名“渡头港”。为新桥河、双流溪和新开河汇流入海口。西北—东南走向，长3.4千米，水深0.7米。清朝中期，此为惠阳、惠东、海丰一带鱼盐重要集散地，可进出50吨级船，后因大量泥沙沉积，河口淤塞，口外白寿湾也渐成干出滩，港口功能逐渐被南侧澳头港取代。近20年来，河口段滩涂多围垦，原渡口处建有公路桥。

沙鱼涌口（ShāYúchōng Kǒu）

北纬22°36.7′，东经114°24.6′。位于深圳市龙岗区葵涌镇南，大鹏湾北部，为沙鱼涌入海口，故名。呈喇叭状，水深1.2米，泥底。有小锚地，可供百艘小型渔船避风，西岸设有水产收购站，河口一带为当年东江纵队活动地。

深圳河口 (Shēnzhènhé Kǒu)

北纬 22°30.2′，东经 114°02.7′。位于广东省深圳与香港交界处，伶仃洋深圳湾东北部。为深圳河出海口，故名。河口宽 0.2 千米，河流全长 37 千米，流域面积 312.5 平方千米。水深 2 米，沙泥底。沿岸为泥滩。

1989 年前，河口北岸是大面积滩涂和养殖池塘，随着深圳经济发展，河口北岸已发展为福田保税区，且建有国家级福田红树林保护区。河口南岸是香港米埔湿地。河口于 2007 年开始治理，通过疏浚等方式，提高河口的行洪能力。

东宝河口 (Dōngbǎohé Kǒu)

北纬 22°44.5′，东经 113°45.6′。位于深圳市宝安区和东莞市交界处，在伶仃洋交椅湾东部，为东宝河入海口，故名。长 2.5 千米，涨潮水深 3 米。两侧为堤岸，沿岸泥滩干出 1.4 ～ 1.8 米。河口沉积物深厚，是著名的沙井寄肥区，所产牡蛎称沙井蚝，体大肉厚，行销港澳和东南亚。

珠江口 (Zhūjiāng Kǒu)

北纬 22°24.7′，东经 113°45.4′。位于广东省中南部地区，陆域由东向西有香港、深圳、东莞、广州、珠海、澳门、中山、佛山、江门等市；海域达 45 米水深，包含黄茅海、伶仃洋及万山群岛、高栏列岛以北海域。口门位于香港大屿山东北至台山市公婆山咀，河口岸线长 370 千米，为珠江入海口，故名。

珠江原指流经广州的一段河道，今已作为西江、北江、东江三条大河及其支流组成水系的总称。是华南地区的最大水系。其中西江发源于云南省东部，由云贵高原南下、东行，贯穿广西壮族自治区和广东省，干流长 2 214 千米，流域面积 450 500 平方千米。广东省三水以上流域面积 353 120 平方千米，年均径流量 3 124 亿立方米，年均输沙量 6 611 万吨；北江发源于江西省信丰县，由浈、武两水汇合，总长 573 千米，三水以上流域面积 46 710 平方千米，年均径流量 394.8 亿立方米，年均输沙量 579 万吨；东江发源于江西省寻乌县，总长 562 千米，总流域面积 28 420 平方千米，年均径流量 229.2 亿立方米，年均输沙量 262 万吨。

根据径潮相互作用情况、河口形态及沉积特征，将珠江口分为三段河流近口段，西江：梧州—德庆至三榕峡，长140千米；北江：芦苞—马房至马房—三水，长40千米；东江：铁岗至下南—石龙，长30千米。河流河口段，西江：三榕峡至思贤滘，长160千米；北江：三水至思贤滘，长90千米；东江，石龙至口门，长60千米。口外海滨段则为虎门以下至等深线45米水深海域。

珠江水系尾闾纵横交错，在珠江三角洲上形成密布的河网，最终由八大口门注入南海：虎门、蕉门、洪奇门、横门、磨刀门、鸡啼门、虎跳门和崖门。

口外海滨水域分布众多岛屿，主要有内伶仃岛、大铲岛、横门岛、淇澳岛、九洲列岛、横琴岛、赤鼻岛、独崖岛、二崖岛、黄茅岛等。口外的万山群岛、高栏列岛构成河口海域的天然屏障。河口沿岸分布多个优良港湾：深圳湾、蛇口湾、赤湾、横门湾、金星湾、香洲湾、九洲港等。蛇口港、赤湾港、广州港、黄埔港均为珠江口内重要港口，也是我国重要港口。

珠江口水系及其所形成的三角洲地区是我国重要的经济发达地区之一，土地资源丰富；水网纵横，水利资源、交通资源、水产资源都非常丰富，该区海、陆、空交通便利；制造业和服务业都非常发达，是我国重要经济圈之一。

虎门 (Hǔ Mén)

北纬22°45.6′，东经113°38.2′。为珠江八大口门之一，位于广州市南沙区和东莞市交界处，伶仃洋之北端，为广州通往南海之咽喉。上游大虎岛、小虎岛等岛屿错落，沙角、大角山分列口门东西，夹峙如门，故名虎门。西北—东南走向，长9千米，宽约4千米，泥沙底。属不正规半日潮，年均潮差1.63米，涨潮流速1.3米/秒，落潮流速1.4米/秒。年均径流量578亿立方米，占珠江口总径流量18.5%；年均输沙量495万吨，占珠江口年输沙量7.5%；纳潮量居珠江口八大口门之首，上横挡岛、下横挡岛屹立江心，分河口为东西水道。主航道位于虎门水道之东水道，水深10～18米，巨轮可进出，口外3.5千米处的舢舨洲上设有灯塔、水钟。

蕉门 (Jiāo Mén)

北纬22°45.2′，东经113°32.9′。珠江八大口门之一，位于广州市南沙区，在伶仃洋北部，虎门与洪奇门之间。为蕉门水道入海口，故名。由于拦门沙的分流作用，水道分为三支，主流北支为蕉门水道，其入海口呈喇叭状，口门向东南敞开，口宽 4.5 千米，主航道水深 2～8 米。属不正规半日潮，平均潮差 1.36 米，泥沙底；年均径流量 541 亿立方米，占珠江总径流量 17.3%；年均输沙量 1 323 万吨，占珠江总输量 20.0%；口门的拦门沙名曰鸡抱沙，西北—东南走向，长 9 千米，宽 4.5 千米，面积 26 平方千米，干出 0.5～1.7 米。拦门沙将河口水道一分为二：北水道称凫洲水道，长 6 千米，宽 500～700 米，水深 2.5～4.0 米，东接川鼻水道；西南水道长 17 千米，水深 2.2～3.5 米，口门外有龙穴岛，故该水道又称龙穴南水道。

洪奇门 (Hóngqí Mén)

北纬 22º36.5′，东经 113º35.5′。珠江八大口门之一，位于广州市南沙区和中山市之间。洪奇沥水道入海口，故名。明代河口在今潭洲镇附近，近 200 年外移 30 千米以上。洪奇沥水道分三股汇合入海，口门外宽约 3.8 千米，水深 3～6 米，沙泥底。属不正规半日潮，平均潮差 1.21 米；年均径流量 200 亿立方米，占珠江口总径流量 6.4%；年均输沙量 489 万吨，占珠江口径流总输沙量 7.4%。口内多沙洲，拦门沙大沙尾呈西北—东南走向，长 8 千米，宽 6 千米，面积 40 平方千米，干出 0.3～1.5 米，已部分围垦。

横门 (Héng Mén)

北纬 22°34.7′，东经 113°32.9′。珠江八大口门之一，位于中山市东部，在伶仃洋西北部，北邻洪奇门。横门岛卧于口门，因以为名。横门岛将河口分为两个出口：北口宽 0.3 千米，水深 3～5 米，东接灯笼水道；南口宽 0.22 千米，水深 3～6 米。属不正规半日潮，平均潮差 1.15 米。年径流量 350 亿立方米，占珠江口径流总量 11.2%；输沙量 857 万吨，占珠江口输沙总量 13.0%。口门外滩涂广阔，淤积快，已部分围垦。口门西南之横门港，为广东省重点渔港。

磨刀门 (Módāo Mén)

北纬 22º11.2′，东经 113º24.6′。珠江八大口门之一，位于珠海市香洲区、斗门区、金湾区和中山市交界处，为西江主要通海汊道——磨刀门水道入海口。

磨刀门水道因中段磨刀山与小托山夹峙如门而得名。呈西北—东南走向，北起竹排沙，长 13 千米，宽 2～5 千米，泥沙底。属不正规半日潮，平均潮差 0.86 米，涨潮流速 0.7 米 / 秒，落潮流速 0.9 米 / 秒。年均径流量 884.0 亿立方米，占珠江总径流量 28.3%，为珠江口八大口门泄水量之冠；年均输沙量 2 160 万吨，占珠江口输沙总量 32.6%，亦为珠江口八大口门输沙量之冠。海心沙居河口中央，西北—东南走向，长 7 千米，宽 500～800 米，分河口为东西两航道：东航道水深 5～7 米，西航道水深 5～10 米。拦门浅滩在大芒洲周围，呈西北—东南走向，分口门为东、西口门；东口门水深 3～6 米，西口门水深 3～5 米。口门外多岛礁，西江河水带来的大量泥沙，在口门淤积成滩，年淤高 10～30 厘米，向外延伸 100～160 米，现有海涂面积 189.3 平方千米。西侧鹤洲附近已围垦 133.3 平方千米，东岸有灯柱。

鸡啼门（Jītí Mén）

北纬 22º05.1′，东经 113º15.8′。珠江八大口门之一，位于珠海市斗门区和金湾区之间，为鸣啼门水道入海口。鸡啼门水道呈弓形，北窄南宽，如公鸡引颈啼鸣之状，故名。南北走向，长 6 千米，宽 500～3 000 米，航道水深 5～7 米，泥沙底。属不正规半日潮，平均潮差 1.01 米。年均径流量 189 亿立方米，占珠江口八大口门径流总量 6.1%；年均输沙量 473 万吨，占珠江口八大口门总输沙量 7.2%。洪水季节沿岸洪涝较严重。口门两侧为干出 0.1～0.9 米的泥沙滩，中央浅滩已改为养殖场。口外水浅，2 米以内浅海滩涂面积 15.3 平方千米。

虎跳门（Hǔtiào Mén）

北纬 22º13.2′，东经 113º07.5′。珠江八大口门之一，位于珠海市斗门区和江门市新会区交界处，为西江通海汊道虎跳门水道入海口。北起南门涌口，南与崖门水道共同注入黄茅海。两岸山丘对峙，河水穿行于山丘之间，势如猛虎跳门，故名。呈东北—西南向，长 8 千米，宽 0.4～2 千米，泥沙底。航道宽 50 米，水深 3～5 米。属不正规半日潮，平均潮差 1.2 米。口门处潮流流速 0.9 米 / 秒。年均径流量 194 亿立方米，占珠江口八大口门径流总量 6.2%；输沙量 473 万吨，占珠江口总输沙量 7.2%。拦门沙近南北走向，长 1.6 千米，宽 400 米，东侧雷珠仔岛附近为浅滩，河口为西江通粤西和海南岛沿海港口之捷径。

崖门 (Yá Mén)

北纬22°13.5′，东经113°05.0′。珠江八大口门之一，位于珠海市新会中南部，为潭江入海口。北起奇石，南与虎跳门交汇入黄茅海。河口东为崖山，西为汤瓶山，两山对峙如门，故名“崖门”。长9.5千米，宽700～1 800米，航道水深6米以上，泥底。属不正规半日潮，潮差溯江递增，平均潮差1.2米，涨潮流速0.8～1.4米/秒，落潮流速1.0～1.4米/秒。与虎跳门水流汇合后，流速1.5～2.1米/秒，洪水季节更大。年均径流量188亿立方米，占珠江口总径流量6.0%；年均输沙量341万吨，占珠江口总输沙量5.1%。口门两侧的崖门港是广东省重点渔港。

塘尾河口 (Tángwěi Hékǒu)

北纬21°23.1′，东经110°44.7′。位于湛江市坡头区南部，鉴江分洪河入海口，1960—1972年人工掘成，因近塘尾村而得名。全长3.7千米，底宽250～350米，河底高程2米，最大排洪量4.3万米^3/秒。

安铺河口 (Ānpūhé Kǒu)

北纬21°28.3′，东经109°55.1′。位于湛江市遂溪县与廉江市西部交界处，安铺港东部。为九洲江下游河汊安铺河入海口，故名。河口段长7.5千米，口门向西敞开。涨潮水深约5米，落潮水深不及1米，沿途有灯桩和浮标。

双溪口 (Shuāngxī kǒu)

北纬20°51.0′，东经110°11.9′。位于湛江雷州市，因其是南渡河与花桥河汇合后入海口，故名。清嘉庆《海康县志》载：“海潮至此分为两道。一达南渡，一达下坡渡”。位于雷州市东北，为南渡河入海口。呈“2”形，口朝东敞开，长5千米，水深3.0～13.6米。年径流量8.23亿立方米，年输沙量原为2.1万吨，1971年南渡河桥闸建成后，输沙量减少。口门外两侧有大片干出泥沙滩，南侧设有灯桩。

杨柑河口 (Yánggānhé Kǒu)

北纬21°22.0′，东经109°53.9′。位于湛江市遂溪县杨柑镇，安铺港东南角。为杨柑河入海口，故名。呈喇叭形，口向西北敞开，长5.5千米，口门宽3.2千米，水深 1.0 ～ 1.5 米。口门外有大片干出泥沙滩。

营仔河口 (Yíngzǎihé Kǒu)

北纬 21°27.3′，东经 109°54.2′。位于湛江廉江市西南营子镇，安铺港东北部。为九洲江下游河汊营仔河入海口，故名。北岸西牛岭以下为龙营围堤，南岸为九洲江下游三角洲围垦堤围。河口段长 5.2 千米，口门呈喇叭形向西南敞开。涨潮水深约 5.5 米，落潮水深约 1.5 米，较大船只需候潮进出营仔镇码头。

下篇

海岛地理实体

HAIDAO DILI SHITI

第一章　群岛列岛

高栏列岛（Gāolán Lièdǎo）

北纬 21°46.3′—21°58.6′，东经 113°00.2′—113°18.8′。位于珠海市与台山市交界处，珠江口黄茅海南侧。因主岛高栏岛而得名。由高栏岛、小青洲、三牙石岛、圆洲岛、赤肋洲、蚊洲等 57 个大小海岛组成，总面积 66.189 8 平方千米。高栏岛最大且最高，面积 38.341 8 平方千米，最高点海拔 418 米。主要海岛以丘陵地为主。由燕山三期、燕山四期花岗岩和变质岩构成。植被以灌木和茅草为主。附近海域水深 2～15 米，产蟹、虾、蚝及马鲛、白花等鱼类。有居民海岛 3 个，即高栏岛、荷包岛、大襟岛，2011 年总人口 3 389 人。高栏岛为陆连岛，有高栏村和飞沙村。工业发达，建有化工厂、炼油厂、采石场等，并有大型石化、液化石油天然气等仓储基地。有海事局、消防、边检等公共服务单位。岛西侧有大型码头，为国家一类开放口岸。荷包岛有村委会、卫生站、加油站、加水站以及航标灯、通信发射塔等公共服务设施。建有三座码头，可停靠 100 吨级船，在建一条防浪堤与杧仔岛相连。大襟岛居民以海洋捕捞为主，有 2 公顷农田，现无人耕种。原建有麻风医院，已迁至东莞。建有南湾码头，可靠泊小型船舶。建有大襟岛中华白海豚自然保护区，始建于 2003 年，2007 年晋升为省级自然保护区，总面积 107.48 平方千米，主要保护中华白海豚及其生境。

九洲列岛（Jiǔzhōu Lièdǎo）

北纬 22°14.0′—22°15.4′，东经 113°35.6′—113°37.4′。位于珠海市香洲东南的九洲洋中，西南与澳门相望。列岛中有大九洲等 9 个主要海岛，原称九洲，又称九星洲山，后改今名。由大九洲、九洲头、鸡笼岛、横山岛、海獭洲、茶壶盖岛、西大排岛、横当岛、龙眼洲等 16 个无居民海岛组成，总面积 0.287 2 平方千米。各岛面积均较小，主岛大九洲最大且最高，面积 0.167 5 平方千米，最高点海拔 56.3 米。各岛由燕山三期花岗岩构成，表层为黄沙土。大九洲植有相思树、马尾松，淡水充足。其余岛长有稀疏灌木、茅草。附近海域水深 4～10 米，盛产牡蛎、虾、蟹等。大九洲原有部队驻扎，1984 年辟为旅游点，现为省级旅游度假区。有海滩游泳场、度假旅馆等。建有环岛水泥公路及 2 个突堤式客运码头，可停泊 50 吨以下船只。岛北部建有澳门机场的导航塔。

万山群岛 (Wànshān Qúndǎo)

北纬 21°48.6′—22°10.8′，东经 113°37.9′—114°19.2′。位于珠海市东南的珠江口海域。因群岛西南部之大万山岛而得名。原万山群岛指今万山列岛，即大万山岛、小万山岛、竹洲等岛之间的 39 个海岛。后万山群岛的范围逐步扩大，即将珠江口内外之岛屿统称为万山群岛。1985 年 5 月广东省人民政府确定万山群岛的地理划分范围是牛头岛至担杆、担杆至平洲、平洲至荷包、荷包至芒仔至南水、南水至三灶、三灶至横琴、横琴至水仔、凼仔至牛头岛之连线内所属岛屿。今万山群岛指珠江口东部的青洲水道、大西水道以东，香港大屿山、索罟群岛、蒲台岛以南岛礁，覆盖担杆列岛、佳蓬列岛、三门列岛、隘洲列岛、蜘洲列岛、万山列岛 6 个列岛，包括外伶仃岛、桂山岛、三角岛及其附近海岛等 147 个海岛，总面积 81.904 3 平方千米。担杆岛最大，面积 13.389 7 平方千米。群岛曾属于广东大陆的一部分，是粤东莲花山脉经香港的西向延伸。在地质历史上，更新世晚期时群岛还是陆地上的一座座山峰，到了全新世中期，由于海面上升，淹没了山间谷地和低洼地区，才与大陆分开，形成一个个岛屿。主要由晚侏罗纪燕山期花岗岩组成，有少量沉积岩、变质岩和火山岩。群岛地势高差较大，二洲岛最高，海拔 474 米。东部海岛以侵蚀为主，基岩裸露，坡度较大，植被稀少；西部海岛属堆积地貌，植被茂密，地形较缓。各岛古海蚀阶地和海蚀蘑菇等景观随处可见。

群岛中有居民海岛 5 个，即桂山岛、外伶仃岛、担杆岛、大万山岛和东澳岛，2011 年总人口 1 326 人。桂山岛设桂山镇，下辖 2 个渔业村委会和 1 个居委会，支柱产业是中转仓储、网箱养殖和海洋旅游业。牛头岛、中心洲岛附近深水港湾多，适合建造多泊位的深水港口，可停泊第五代、第六代集装箱船和 100 个 10 万～30 万吨散杂货船、油船泊位。桂山渔港是南海重点渔港之一，港池面积约 1.1 平方千米，供油、供水、供冰等配套设施齐全。桂山舰登陆点是珠海市爱国主义教育基地。外伶仃岛设担杆镇，下辖担杆村、外伶仃村、新村，主要产业是渔业和旅游业。获“广东省十佳滨海旅游景区”、珠海市首个“AAA 国家级旅游景区”、广东省首批国民旅游休闲计划“滨海旅游示范景区”称号。主要港湾有万山港、东澳湾、一湾、蜘洲湾、三门湾、担杆头湾、庙湾等，均建有码头。建有珠江口中华白海豚国家级自然保护区。担杆岛、二洲岛建有广东省猕猴自然保护区。佳蓬列岛有领海基点。

蜘洲列岛（Zhīzhōu Lièdǎo）

北纬 22°06.7′—22°07.7′，东经 113°51.9′—113°54.0′。位于珠海市万山群岛西北部，外伶仃岛与桂山岛之间。列岛主要由大蜘洲、小蜘洲组成，故名。亦称蜘蛛列岛。《中国海洋岛屿简况》（1980）、《广东省志·海洋与海岛志》（2000）称蜘蛛列岛，其他出版物多称为蜘洲列岛。由大蜘洲、小蜘洲、姐妹排、大蜘洲东岛 4 个无居民海岛组成，总面积 2.458 3 平方千米。大蜘洲最大且最高，面积 1.711 3 平方千米，最高点海拔 245 米。小蜘洲次之，面积 0.746 7 平方千米，最高点海拔 109 米。四岛均由花岗岩构成。长有灌木和金竹，淡水充足。周围海域水深 6～23 米，产大黄鱼和虾等。1958 年前，大、小蜘洲均有人居住，后他迁。大蜘洲建有“T”形码头 1 座，码头处有数间民房，有简易公路 14 千米及 1 座海事局灯塔。小蜘洲有 1 座海事局灯塔及几个废弃的航海标志。列岛周围有航道，北侧大濠水道是东来船只进入伶仃洋的捷径。

万山列岛（Wànshān Lièdǎo）

北纬 22°06.7′—22°07.7′，东经 113°51.9′—113°54.0′。位于珠海市万山群岛西南部，扼伶仃洋主航道入口。因主岛大万山岛而得名。原称万山群岛，后因万山群岛范围逐渐扩大，此处改称万山列岛，成为万山群岛的一部分。诸岛分布比较集中，以大万山岛为最大、最高，相传亦为最早发现的岛，故名。由大万山岛、东澳岛、竹洲仔岛、竹洲、珠海横洲、贵洲、白沥岛、白沥洲仔等 39 个大小海岛组成，总面积 29.312 8 平方千米。大万山岛最大，面积 8.246 2 平方千米，最高点海拔 433.1 米。各岛由燕山三期和四期花岗岩构成。较大海岛表层为黄沙土和砂砾土。植被以茅草和灌木为主。属南亚热带季风气候。年均气温 22.1℃，年均降水量 1 849 毫米。附近海域海底平坦，一般水深 10～30 米，是著名的万山渔场，产黄花鱼、带鱼、青鳞鱼等。

列岛中的大万山岛和东澳岛为有居民海岛。大万山岛为万山镇人民政府所在海岛，2011 年有户籍人口 563 人，常住人口 638 人。主要产业有捕捞业、养殖业和旅游业。有天后宫、浮石湾、渔人画廊、望鱼台等旅游景点。有交通、通信、供电、供水等基础设施，有蓄水塘，淡水丰富。东澳岛 2011 年有户籍人口 215 人，常住人口 249 人，主要集中在东澳村。有万山海洋开发试验区办公室、村委会、小学、信用社、邮电代办所等。是珠海市著名海洋旅游岛。1997 年珠海市人民政府在南沙湾山麓开发了东澳旅游度假村。有明朝末期守岛军民抵御外侮而构筑的铁城古堡铳城，已开发为旅游景点。另有海关遗址、石景长廊、摩崖石刻等人文景观。公路便捷，有一个客运码头。电力以火力发电为主，太阳能发电为辅。有一个储水厂解决水源问题。列岛主要港湾有万山港、东澳湾，均建有码头，小蒲台岛、竹洲有灯桩，大万山岛与香洲、唐家有班船来往。

隘洲列岛 (Àizhōu Lièdǎo)

北纬 22°02.0′—22°04.3′，东经 113°54.2′—113°56.5′。位于珠海市万山群岛中部，东临三门列岛。列岛因主岛隘洲而得名。由隘洲、隘洲仔、隘洲仔西岛等 14 个无居民海岛组成，东北—西南向排列，总面积 2.360 4 平方千米。隘洲、隘洲仔为主要岛屿，面积分别为 1.761 8 平方千米和 0.573 1 平方千米。最高点在隘洲主峰鹞婆山顶，海拔 215.8 米。两岛相距 0.14 千米，其间水域称隘洲门，可通行中型船只，主要港湾有铺头湾、东湾。附近水深 8～23 米，产大黄鱼、鲳鱼等。隘洲有数间平房，有 20 余人常住开展海水养殖。建有一座海事灯塔和一个国家大地控制点。淡水来自地下水，自主发电。隘洲仔上有一座海事灯塔和数间平房。

三门列岛 (Sānmén Lièdǎo)

北纬 22°01.7′—22°04.1′，东经 113°58.2′—114°01.3′。位于珠海市万山群岛中部，隘洲列岛与外伶仃岛之间。列岛中以三门岛最大，因之而得名。据《香山县志》载："距鞋洲东面二里半，三小岛自西北至东南分列三里又四分之一，三岛间各水道曰三门"，故名三门岛。由横岗岛、竹湾头岛、三门岛、三门洲、黑洲等 12 个无居民海岛组成，总面积 2.657 平方千米。三门岛最大，面积 0.859 6 平方千米。横岗岛最高，海拔 142 米。各岛均由花岗岩构成，表层为砂砾黄土。有港湾 4 个，三门湾是万山群岛最优良的港湾之一。周围海域水深 10～30 米，产青鳞鱼、真鲷等。列岛中三门岛、横岗岛、竹湾头岛有开发利用。1981 年珠海市与香港合资在三门办采石场，现有数间房屋，供上岛开采人员办公居住。海岛山体已严重破坏，周边海岸也已推平。横岗岛东北侧有简易码头，码头附近有旅游设施。竹湾头岛建有数个养殖鱼池，有数间平房供养殖人员暂居。

担杆列岛 (Dān'gǎn Lièdǎo)

北纬 21°57.8′—22°04.0′，东经 114°07.1′—114°19.2′。位于珠海市万山群岛东端。因主岛担杆岛而得名。担杆列岛是当地渔民惯称，列岛呈东北—西南走向，由七座山峰连成一线，既窄且长，形似扁担而得名。由担杆岛、细岗洲、二洲岛、直湾岛、细担岛等 10 个大小海岛组成，总面积 26.733 1 平方千米。担杆岛最大，面积 13.389 7 平方千米。二洲岛最高，海拔 474 米。各岛均由燕山二期花岗闪长岩、燕山三期花岗岩构成。较大海岛地势高耸，岛岸险峻，长有灌木、金竹、茅草。属南亚热带季风气候。年均温 22.1℃，年均降水量 2 000 毫米。附近水深 6～14 米，产青鳞鱼、海胆、紫菜等。担杆岛为有居民海岛，2011 年有户籍人口 185 人，外来常驻人口 100 余人。原居民以捕鱼为生，由于海洋鱼类资源减少，许多年轻人都迁往香洲。现有居民在开展海塘养殖、生禽养殖和农作物种植。电力主要来源于火力发电——柴油发电机，少量来源于风能、水能、太阳能。地下淡水不足，水源主要来自雨水及山坑水。有简易公路 51 千米，在担杆头湾、担杆中湾、一门湾建有 4 座小型钢筋混凝土码头，可泊 100 吨级船。1989 年 11 月，广东省人民政府批准建立珠海担杆岛猕猴自然保护区（省级），主要范围为担杆岛和二洲岛。2004 年 11 月，经广东省人民政府批准同意，珠海担杆岛猕猴自然保护区和珠海淇澳岛红树林市级自然保护区合并为"淇澳—

担杆岛自然保护区（省级）”。主要保护对象为红树林湿地、猕猴、鸟类及海岛生态环境。

佳蓬列岛 (Jiāpéng Lièdǎo)

北纬 21°48.6′—21°55.9′，东经 113°56.2′—114°05.0′。位于珠海市万山群岛东南端，广州至马尼拉航线从西南通过。清同治《香山县志》称鸡澎列岛，“珠江口外各岛帷鸡彭……”。因主岛北尖岛有蟹旁湾，原称蟹旁列岛，抗日战争时期改今名。据考证佳蓬列岛为正名，蟹旁列岛为副名。图上标注为佳蓬列岛沿用至今，但“佳蓬”之意不详。由北尖岛、牙鹰洲、大鸡头岛、小鸡头岛、海参岛、细岗岛、庙湾岛、白排岛等 37 个无居民海岛组成，总面积 5.710 8 平方千米。北尖岛最大且最高，面积 3.260 1 平方千米，最高点海拔 301 米。由燕山三期花岗岩构成。岛岸陡峭，部分海岛表层有泥土，植被多为低矮茅草和灌木。周围海域一般水深 30 米以上，产鱿鱼、墨鱼、紫菜等。蚊尾洲顶部建有直升机场。庙湾岛曾有部队驻岛，现开发海岛旅游，有沙滩和简易旅游设施。位于庙湾珊瑚自然保护区（市级）内。1996 年，中国政府发布关于领海范围的声明，佳蓬列岛是中国领海基点之一。

勒门列岛 (Lèmén Lièdǎo)

北纬 23°18.2′—23°21.5′，东经 117°04.7′—117°07.9′。位于南澳县南澳岛南。组成列岛的各海岛间形成数条水道，如同一个个门户，来往船只必须对“门”出入，故名勒门列岛。因列岛主要由 4 个大岛组成，又名四屿。由白颈屿、平屿、南澳乌屿、南澳三礁、南澳赤屿、赤屿东岛、白颈屿南岛、平屿东岛 8 个无居民海岛组成，总面积 0.196 8 平方千米。各岛面积均较小，平屿最大，面积 0.069 9 平方千米。南澳乌屿最高，海拔 36.8 米。各岛均为基岩岛。属亚热带季风气候。年均气温 21.5℃，年均降水量 1 331 毫米。6—9 月多台风。附近水深 9～30 米，为南澳县主要渔场之一，海产品主要有石斑鱼、龙虾、紫菜等。1990 年 10 月建立了南澳岛候鸟自然保护区（省级），核心区位于南澳乌屿，总面积 2.56 平方千米，主要保护候鸟及其栖息环境。除南澳赤屿、南澳乌屿上有灯桩外，其余海岛均未开发利用。

南澎列岛 (Nánpéng Lièdǎo)

北纬 23°12.3′—23°17.3′，东经 117°13.6′—117°18.8′。位于南澳县南澳岛东南约 20 千米。列岛以主岛南澎岛命名，意为“南方浪吼”。相传列岛于宋末大地震时形成，民间传说的“沉东京”就发生于此。传说南澎列岛是由一条青龙化成，南澎岛“又因一浪能盖全岛”而被人们称为“浪花岛”。列岛中的南澎岛、中澎岛、芹澎岛、顶澎岛四岛以澎字为名，故又称四澎、四澎列岛。由南澎岛、芹澎岛、北芹岛、中澎岛、顶澎岛、赤仔屿等 52 个无居民海岛组成，总面积 0.873 6 平方千米。各岛面积均较小，中澎岛最大，面积 0.411 6 平方千米。南澎岛最高，海拔 68.8 米。各岛地势多由东南向西北倾斜，东南为峭壁。主要由花岗片麻岩构成。多为岩石岸和砾石滩。南澎岛、中澎岛、顶澎岛长有茅草和木麻黄，有淡水源。属亚热带季风气候，年均气温 21.5℃，年均降水量 1 331 毫米。附近海域水深 20～35 米，水温较高，是鱿鱼栖殖场所，也是各种鱼类洄游的通道，盛产鱿鱼、马鲛、鲳鱼、石斑鱼等优质鱼类及紫菜，是南澳县主要渔场之一。列岛为粤东前沿海岛，闽粤交界濒海之屏障。南澎岛有淡水井，水源充足，电力采用风力发电。中澎岛、顶澎岛、芹澎有灯桩。有破旧房屋，渔汛期时有渔民暂居。2003 年广东省人民政府批准建立南澎列岛自然保护区，2009 年升为国家级自然保护区。建有两个中国领海基点，分别为南澎列岛（1）、南澎列岛（2）。

川山群岛 (Chuānshān Qúndǎo)

北纬 21°34.0′—21°46.7′，东经 112°25.9′—112°54.0′。位于台山市南，珠江口西侧，我国第三大群岛。群岛中的两个最大海岛上川岛、下川岛明代称为上川山、下川山，1988 年初将两岛及附近诸岛统一命名为川山群岛。由上川岛、下川岛、围夹岛、乌猪洲、王府洲、漭洲、琵琶洲、黄麖洲、坪洲等 224 个大小海岛组成，总面积 239.155 4 平方千米。上川岛是广东省最大海岛，面积 137.371 5 平方千米，最高点海拔 542 米。主要海岛均为山丘地，表层多为黄沙土。长有茅草、灌木和稀疏乔木。村庄附近和山谷间为水稻土，较肥沃。上川岛中部有一中型砂矿床，车骑顶和米筒湾有原始森林，栖息着猕猴。属南亚热带季风气候。年均气温 21.8℃，年均降水量 1 130 毫米。5—11 月多台风。附近海域水深 0.2～30 米，泥、泥沙底，为台山市重要渔场，产马鲛鱼、石斑鱼、鱿鱼、龙虾、蟹、紫菜、海带等。

群岛中有居民海岛 3 个，即上川岛、下川岛、漭洲，2011 年有户籍人口分别为 15 523 人、17 782 人和 712 人。居民以农业为主，兼营渔业。20 世纪 90 年代上川岛和下川岛开始发展海岛旅游业。上川岛有 4 800 米长飞沙滩、5 200 米长金沙滩和 800 米长银沙滩，飞沙滩已开发为海水浴场；著名的方济各·沙勿略墓园，占地约 1 000 平方米，建于明崇祯十二年（1639 年），1869 年英女王重建，现不对外开放；东北部设上川岛猕猴自然保护区（省级），允许少量游客进入参观。下川岛建立了王府洲旅游度假区，在南澳港有海水浴场，并有龙女宫、九龙宫、天后宫、金钱龟出洞、七星伴月、海洛女神、金坡石等游览点。上川岛和下川岛淡水充足，有多座水库，通过海底电缆由大陆供电。两岛共建成 157 座风力发电机。交通便利，公路和简易公路贯通南北，连接码头和主要居民点，与广海每日有客轮往返。漭洲居民以渔业为主，兼营农业，在周边海域开展养殖，有美籍华人投资兴建一个养牛场。2006 年建成漭洲码头，开通了海岛对外航线。有小型水库，供村民饮水，照明靠柴油发电。围夹岛为领海基点所在海岛，建有灯塔和领海基点方位碑。

港口列岛（Gǎngkǒu Lièdǎo）

北纬 22°39.3′—22°41.8′，东经 114°35.8′—114°39.0′。位于惠州市惠阳区南，大亚湾中部，南临中央列岛。因列岛为澳头港屏障，故名。《中国海域地名志》（1989）称港口列岛。由许洲、碇仔岛、亚洲、鸡心岛、锅盖洲、马鞭洲、芒洲等 20 个无居民海岛组成，总面积 1.582 3 平方千米。许洲最大且最高，面积 0.736 7 平方千米，最高点海拔 100.7 米。由砂页岩和少量珊瑚、贝壳物质构成。表层为赤红壤，植被以茅草为主，大岛有乔木和灌木生长。属南亚热带季风气候。年均气温 22℃，年均降水量 1 900 毫米。许洲与大陆虎头山之间水域称虎头门水道，为进出澳头港之咽喉。附近海域水深不均，西北水深 4～7 米，东南水深 8～10 米。地形复杂，多礁石。周围海域盛产真鲷、石斑鱼、鱿鱼、江珧、珍珠贝等。位于大亚湾水产资源自然保护区（省级）内。

中央列岛（Zhōngyāng Lièdǎo）

北纬 22°36.7′—22°38.4′，东经 114°37.5′—114°38.7′。位于惠州市惠阳区南，港口列岛与辣甲列岛之间。因地处大亚湾中部而得名。《中国海域地名志》（1989）称中央列岛。由惠阳赤洲、圆洲、小赤洲、蟾蜍洲、惠阳孖洲、穿洲、白头洲、小辣甲等13个无居民海岛组成，总面积0.428 2平方千米。惠阳赤洲最大，面积 0.157 8 平方千米。南部小辣甲最高，海拔 79.5 米。各岛均由基岩构成。表层多为沙土，植被以茅草为主。属南亚热带季风气候。年均气温 22℃，年均降水量 1 900 毫米。周围海域宽阔，水深 9～14 米。为大亚湾中部渔场，盛产青鳞、真鲷、石斑鱼、鱿鱼、虾等。澳头港至粤东沿海港口航线和澳头港至广州、香港航线分别从列岛东西两侧通过。惠阳赤洲上建有一座礁排王宫庙，供渔民出海祭拜之用；有简易房屋，渔汛季节供渔民暂居。白头洲、小赤洲、小辣甲等有灯塔。

辣甲列岛（Làjiǎ Lièdǎo）

北纬 22°33.8′—22°36.2′，东经 114°37.9′—114°39.5′。位于惠州市惠阳区南，中央列岛与沱泞列岛之间，当大亚湾口。1986 年命名为辣甲列岛，因主岛大辣甲而得名。大辣甲原称大六甲，取六岛相合之意，此处过往渔民多操潮语，因潮语中的“六”念成“辣”，于是习称为辣甲岛。由大辣甲、双篷洲、牛头洲，惠阳横洲、刷洲、双洲等 18 个无居民海岛组成，总面积 2.192 9 平方千米。大辣甲最大且最高，面积 1.794 2 平方千米，最高点海拔 111.6 米。各岛均由基岩构成，表层多为黄沙黏土，植被以茅草为主，有灌木和松树。属南亚热带季风气候。年均气温 22℃，年均降水量 1 900 毫米。周围海域水深一般为 13～17 米，盛产青鳞鱼、龙虾、鱿鱼、石斑鱼、鲍鱼、紫菜等。大辣甲曾是军事要地，改为民用后成为惠阳渔业局下属水产收购、加工基地，1998 年开发旅游。现设有边防工作站及风力发电设施。双蓬碇、芋头排、燕仔排等岛对船只来往有较大影响，东濒澳头港至粤东沿海港口航线，澳头港至广州、香港航线从西侧通过。大辣甲西侧之南湾为主要港湾，有码头 2 座。

沱泞列岛（Tuónìng Lièdǎo）

北纬22°24.2′—22°28.5′，东经114°36.3′—114°40.4′。位于惠州市惠阳区南，大亚湾口西南侧，为大亚湾重要关口，广州至汕头航线必经地。列岛因主岛大三门岛之副名沱泞岛而得名。大三门岛以前称为沱泞岛。“沱”作滂沱大雨解，“泞”是烂泥，即广州话的“湴（音同板）”。沱泞，原意是指经常下雨、土地湿烂的岛。鸦片战争后，因该岛附近有三条小水道，故将沱泞岛改称三门岛。沱泞岛连同其周围的大小岛屿则叫作“沱泞列岛”。由大三门岛、黄毛山、烂洲、洪圣公、小横洲、小三门岛等17个大小海岛组成，总面积6.519 3平方千米。大三门岛最大且最高，面积4.737平方千米，最高点海拔298米。各岛多为山丘。为上侏罗统凝灰质流纹斑岩和燕山三期花岗岩构成。表层为赤红壤。属南亚热带季风气候。年均气温22℃，年均降水量1 900毫米。周围海域水深15～26米。列岛岸线长，礁区大，洞穴多，海藻丛生，是大亚湾主要渔场之一，盛产龙虾、鱿鱼、石斑鱼、青衣、鲍鱼、海胆、响螺、紫菜等。

列岛中有大三门岛、小三门岛2个有居民海岛。2011年大三门岛户籍人口215人，常住人口167人。曾是重要的前沿军事禁地。1899年清朝政府在此设立由英国人管理的海关。岛北侧有沙滩，并有火山岩、彩石滩等多处旅游景点，建有酒店和别墅。2011年小三门岛户籍人口407人，常住人口306人，有村庄、学校，建有旅游设施，旅游业发展较大三门岛差。两岛均有码头和地下淡水，大三门岛有淡水湖。附近有三航道，北为大陆沿岸与大三门岛之间航道，中部有大三门岛与小三门岛之间航道，南是小三门岛与青洲、钓鱼公之间航道。有3个良好港湾锚地，大三门岛西侧妈湾锚地，水深3～6米，有码头1座，可避东北风；大三门岛北侧北扣锚地，水深4～16米，可避西南风；大三门岛与小三门岛之间水域称三门锚地，水深10～20米，可避东北风。

南鹏列岛（Nánpéng Lièdǎo）

北纬21°31.6′—21°38.8′，东经112°05.8′—112°12.1′。位于阳江市海陵岛东南。1988年7月命名，因主岛南鹏岛而得名。由南鹏岛、大镬岛、二镬岛、阳江鸡心石、虎仔、黄程山等15个无居民海岛组成，总面积3.173 1平方千米。

南鹏岛最大且最高，面积 1.639 8 平方千米，最高点海拔 210 米。各岛岸壁陡峭，多由砂页岩构成。附近海域水深 10～21 米，产黄花鱼、鲳鱼、马鲛鱼、龙虾等。南鹏岛、大镬岛、二镬岛有泉水。南鹏岛有钨矿，已开发旅游，东北部南鹏湾建有 1 座钢筋水泥渔船码头，湾内沙滩上建有若干简易房屋，游客可在此休憩。最高处建有高 191.5 米的通信发射塔，并有 1 座灯塔。位于南鹏列岛自然保护区（省级）内。保护区建于 2004 年 3 月，总面积 200 平方千米，主要保护国家级、省级重点保护水生野生动物、渔业资源及海洋生物多样性。

第二章　海　岛

七星礁（Qīxīng Jiāo）

北纬 23°29.1′，东经 117°14.2′。位于广东省大埕湾东南方，南澳岛东部，距大陆最近点 12.99 千米，距南澳岛 9.89 千米。又名七点礁、七星礁（一）。原七星礁由七块礁石组成，第二次全国海域地名普查时将其中最北者定为七星礁，其余单独命名。《中国海洋岛屿简况》（1980）、《广东省志·海洋与海岛志》（2000）记为七星礁。《广东省海域地名志》（1989）记为七点礁。《广东省海岛、礁、沙洲名录表》（1993）、《全国海岛名称与代码》（2008）记为七星礁（一）。面积约 2 平方米。基岩岛。

七星礁一岛（Qīxīngjiāo Yīdǎo）

北纬 23°29.0′，东经 117°14.2′。位于广东省大埕湾东南方，南澳岛东部，七星礁西南侧，距大陆最近点 13.62 千米，距南澳岛 9.92 千米，距七星礁 178 米。原与七星礁、七星礁二岛、七星礁三岛、七星礁四岛、七星礁五岛及一个低潮高地统称为“七星礁”，由北向南位于第一个，第二次全国海域地名普查时命今名。岸线长 61 米，面积 269 平方米。基岩岛。

七星礁二岛（Qīxīngjiāo Èrdǎo）

北纬 23°28.8′，东经 117°14.2′。位于广东省大埕湾东南方，南澳岛东部，七星礁南侧，距大陆最近点 13.65 千米，距南澳岛 9.6 千米，距七星礁 620 米。原与七星礁、七星礁一岛、七星礁三岛、七星礁四岛、七星礁五岛及一个低潮高地统称为“七星礁”，由北向南位于第二个，第二次全国海域地名普查时命今名。岸线长 55 米，面积 212 平方米。基岩岛。

七星礁三岛（Qīxīngjiāo Sāndǎo）

北纬 23°28.8′，东经 117°14.2′。位于广东省大埕湾东南方，南澳岛东部，七星礁南侧，距大陆最近点 13.61 千米，距南澳岛 9.58 千米，距七星礁 660 米。

又名 4711、七星礁（二）。原与七星礁、七星礁一岛、七星礁二岛、七星礁四岛、七星礁五岛及一个低潮高地统称为“七星礁”，由北向南位于第三个，第二次全国海域地名普查时命今名。《中国海洋岛屿简况》（1980）记为 4711。《广东省海岛、礁、沙洲名录表》（1993）、《全国海岛名称与代码》（2008）记为七星礁（二）。岸线长 72 米，面积 382 平方米。基岩岛。

七星礁四岛（Qīxīngjiāo Sìdǎo）

北纬 23°28.8′，东经 117°14.2′。位于广东省大埕湾东南方，南澳岛东部，七星礁东南侧，距大陆最近点 13.9 千米，距南澳岛 9.6 千米，距七星礁 710 米。又名 4712、七星礁（三）。原与七星礁、七星礁一岛、七星礁二岛、七星礁三岛、七星礁五岛及一个低潮高地统称为七星礁，由北向南位于第四个，第二次全国海域地名普查时命今名。《中国海洋岛屿简况》（1980）记为 4712。《广东省海岛、礁、沙洲名录表》（1993）、《全国海岛名称与代码》（2008）记为七星礁（三）。面积约 2 平方米。基岩岛。

七星礁五岛（Qīxīngjiāo Wǔdǎo）

北纬 23°28.6′，东经 117°14.2′。位于广东省大埕湾东南，南澳岛东部，七星礁南侧，距大陆最近点 13.14 千米，距南澳岛 9.55 千米，距七星礁 910 米。原与七星礁、七星礁一岛、七星礁二岛、七星礁三岛、七星礁四岛及一个低潮高地统称为七星礁，由北向南位于第五个，第二次全国海域地名普查时命今名。面积约 4 平方米。基岩岛。

赤鼻岛（Chìbí Dǎo）

北纬 22°05.8′，东经 113°04.8′。位于广东省崖门口南部，崖门渔港东南侧，距大陆最近点 2.35 千米。岛露出海面，形似雄虎鼻，故名。《中国海洋岛屿简况》（1980）、1984 年登记的《广东省新会县海域海岛地名卡片》、《广东省海域地名志》（1989）、《广东省海岛、礁、沙洲名录表》（1993）、《广东省志·海洋与海岛志》（2000）、《全国海岛名称与代码》（2008）均记为赤鼻岛。岸线长 529 米，面积 0.017 6 平方千米，高 25.9 米。基岩岛。建有 1 座灯塔，1 座码头，有石阶从码头通往灯塔。建有房屋，但无人居住。

大吉沙 (Dàjí Shā)

北纬 23°05.0′，东经 113°27.0′。距广州市黄埔区东部 170 米。该岛原由大吉沙、洪圣沙、白兔沙、鲨鱼洲和剑草围相连而成，现已连成一体，其中大吉沙为有居民海岛，故以大吉沙为其名。中国人民解放军海军司令部航海保证部海图《铁桩水道及黄埔水道》（图号 15457）记为大吉沙、洪圣沙、白兔沙、鲨鱼洲、剑草围。沙泥岛。岸线长 8.22 千米，面积 1.959 5 平方千米。隶属于广州市黄埔区，2011 年有户籍人口 400 人，常住人口 450 人。岛上建有修船厂、散煤堆场、煤码头、人渡码头、居民房、道路等。水电来自大陆。大面积种植香蕉，建有养虾塘。

金锁排 (Jīnsuǒ Pái)

北纬 22°47.7′，东经 113°36.7′。位于广州市南沙区东侧，距大陆最近点 2.09 千米。位于上、下横挡以东，虎门水道主航道边缘。鸦片战争中，虎门要塞又称为金锁铜关，因其地理位置重要，故名。1985 年登记的《广东省广州市海域海岛地名卡片》、《广东省海域地名志》（1989）、《广东省海岛、礁、沙洲名录表》（1993）均记为金锁排。基岩岛。岸线长 204 米，面积 3 030 平方米。长有草丛。岛上建有虎门大桥主跨桥墩和 1 个灯塔。

上横挡岛 (Shànghéngdǎng Dǎo)

北纬 22°47.7′，东经 113°36.5′。位于广州市南沙区东侧，距大陆最近点 1.48 千米。又名上横挡。因上、下横挡横贯于虎门水道中央，可对上游洪水和下游潮汐起阻挡作用，该岛偏北，按上北下南的习惯叫法，故名。1985 年登记的《广东省番禺县海域海岛地名卡片》、《广东省海域地名志》（1989）和《广东省海岛、礁、沙洲名表》（1993）均记为上横挡。《全国海岛名称与代码》（2008）记为上横挡岛。岸线长 2 千米，面积 0.184 2 平方千米，高 27.4 米。沙泥岛。岛呈南北走向，周边水深 0.4～18 米。鸦片战争时期，林则徐、关天培在该岛筑“永安”炮台，架拦江铁索东连威远岛，与下横档岛形成著名的金锁铜关。现炮台遗址尚存，并有清光绪年间的火药库、兵房等历史文物遗迹，被列为广州市南沙区爱国主义教育基地及全国重点文物保护单位。2013 年南沙区政府对岛上文物进行修复，暂未对外开放。岛上有废弃水井 2 口，为光绪年间岛上官兵唯一水源。建有码头 1 个、虎门大桥桥墩 1 个。

下横挡岛 (Xiàhéngdǎng Dǎo)

北纬 22°47.3′，东经 113°36.5′。位于广州市南沙区东侧 1.19 千米。又名下横挡。因上、下横挡横贯于虎门水道中央，对上游洪水及下游潮汐起阻挡作用，该岛偏南，按上北下南的习惯叫法，故名。1985 年登记的《广东省番禺县海域海岛地名卡片》、《广东省海域地名志》（1989）和《广东省海岛、礁、沙洲名录表》（1993）均记为下横挡，《全国海岛名称与代码》（2008）记为下横挡岛。岸线长 1.2 千米，面积 0.068 7 平方千米，高 25.3 米。基岩岛。2011 年常住人口 20 人。该岛战略地位重要，是虎门进入广州港的屏障。1839 年 6 月林则徐于岛上筑炮台，现炮台遗址尚存。该岛主要开发旅游娱乐，建有旅店及过山车、沙滩车、赛车等小型娱乐设施。有码头和道路。有水井 1 口，水源主要来自水井及雨水，电由发电机供给。

凫洲 (Fú Zhōu)

北纬 22°44.7′，东经 113°37.1′。位于广州市南沙区东侧，龙穴岛北侧，西北距南沙区 500 米。又名乌洲。该岛早先形成时，因外形有如古代“凫鸟”模样，故名。《中国海洋岛屿简况》（1980）记为乌洲。1985 年登记的《广东省番禺县海域海岛地名卡片》、《广东省海域地名志》（1989）、《广东省海岛、礁、沙洲名录表》（1993）和《全国海岛名称与代码》（2008）均记为凫洲。岸线长 579 米，面积 11 781 平方米，高 23.9 米。基岩岛。岛上长有草丛和灌木。

沙堆岛 (Shāduī Dǎo)

北纬 22°43.2′，东经 113°39.2′。位于广州市南沙区东侧，龙穴岛东北侧，西距南沙区 3.02 千米。又名沙堆、孖洲。该岛地势低矮形似石堆，周围为沙泥滩，故名。《中国海洋岛屿简况》（1980）记为孖洲。1985 年登记的《广东省番禺县海域海岛地名卡片》、《广东省海域地名志》（1989）和《广东省海岛、礁、沙洲名录表》（1993）均记为沙堆。《全国海岛名称与代码》（2008）记为沙堆岛。岸线长 614 米，面积 10 017 平方米，高 6 米。基岩岛。岛上长有草丛和灌木。

舢舨洲 (Shānbǎn Zhōu)

北纬 22°43.0′，东经 113°39.5′。位于广州市南沙区东侧，龙穴岛东北侧，西距南沙区 3.18 千米。又名舢板洲。因四块巨礁自西向南排列，远望似漂泊于海中的小舢舨船，故名。1985 年登记的《广东省番禺县海域海岛地名卡片》、《广东省海域地名志》（1989）、《广东省海岛、礁、沙洲名录表》（1993）均记为舢舨洲。《全国海岛名称与代码》（2008）记为舢板洲。基岩岛。岸线长 334 米，面积 4 883 平方米，高 31.5 米。长有草丛和灌木。有规模较大的航标站，由 1840 年 6 月英军所建灯塔改建而成，上有灯桩，高 15.8 米，设有时钟式水位计。建有水文观测站和水功能区界碑，为中国海事局爱岗敬业教育基地。岛东面建有小型码头。

龙穴岛 (Lóngxué Dǎo)

北纬 22°40.0′，东经 113°39.4′。位于广州市南沙区东侧 840 米。该岛在“文革”期间曾名红岛，1978 年改名为龙穴岛。传说岛南面有一洞穴为海龙王所居，故名。1985 年登记的《广东省番禺县海域海岛地名卡片》、《广东省海域地名志》（1989）、《广东省海岛、礁、沙洲名录表》（1993）和《全国海岛名称与代码》（2008）均记为龙穴岛。岸线长 42.42 千米，面积 40.054 7 平方千米，高 61.2 米。基岩岛。

有居民海岛，隶属于广州市南沙区。岛上有 1 个自然村，名为龙穴村，2011 年有户籍人口 639 人，常住人口 2 900 人。该岛是亚洲最大的造船基地，主要有龙穴造船厂、黄埔造船厂、广州船务，共 60 多个 10 万吨级泊位，员工约 3 万人。开发旅游娱乐业，建有沙滩游泳场、龙宫门楼、度假村、电子游乐场、铁索桥、观日亭、风浴亭、穿山洞、海鲜餐厅等配套设施。设有卫生所。有约 2 000 公顷养殖基地，建有国际粮食码头。岛上交通便利，北面是凫洲大桥，西南面是新龙特大桥，海港大道贯穿全岛，并建有环岛公路。隔日有班船往来广州市区。岛上有水井，水、电都来自大陆。因填海连岛，该岛已与鸡抱沙岛等岛相连。

屎船沙（Shǐchuán Shā）

北纬 22°39.9′，东经 113°32.1′。位于广州市南沙区西部，距大陆最近点 240 米。当地群众惯称。广东省国土资源厅 1∶10000 地形图（1995）标注为屎船沙。岸线长 2.66 千米，面积 0.368 3 平方千米。沙泥岛。长有草丛和灌木。2011 年岛上有常住人口 3 人，建有房屋供耕作人员居住，主要种植香蕉、莲藕。岛西面建有码头。水、电来自大陆。

红树林岛（Hóngshùlín Dǎo）

北纬 22°31.7′，东经 113°59.9′。位于深圳市福田区，距大陆最近点 30 米。因位于深圳红树林公园内，第二次全国海域地名普查时命名为红树林岛。岸线长 59 米，面积 239 平方米。沙泥岛。岛上长满红树林。

大铲岛（Dàchǎn Dǎo）

北纬 22°30.8′，东经 113°50.6′。位于深圳市南山区，伶仃岛北，东距南山区最近点 1.11 千米。曾名大伞、大山。形似铁铲，故名。《中国海洋岛屿简况》（1980）、1985 年登记的《广东省深圳市海域海岛地名卡片》、《广东省海域地名志》（1989）、《广东省海岛、礁、沙洲名录表》（1993）和《全国海岛名称与代码》（2008）均记为大铲岛。该岛略呈长方形，西北—东南走向，东南高西北低。东南向西北地形呈“脊背”形，中间高两侧陡，坡度约 59%。岸线长 4.89 千米，面积 0.971 3 平方千米，高 117.8 米。基岩岛。地表由较浅的基岩风化层覆盖，大部分为花岗岩，表层为赤红壤，有泉水一处。属南亚热带季风气候，岛上植被覆盖率较高，主要分布有林区（以台湾相思林、紫玉盘、蒲桃树、荔枝、布渣叶、苹婆等为主）、灌草丛（以九节、马缨丹、鬼画符、乌桕等为主）和草丛（以红毛草、牛筋草、五节芒、芦苇、类芦、马唐等为主）。在环岛路周围分布人工园林，种植芭蕉树、簕杜鹃、椰子树、荔枝树等。

岛上原设有一个村落名“大铲村”，位于现大铲海关东南侧，原有村民 150 多人，早年以捕捞养殖为主。1979 年，大部分村民已迁往蛇口区域，现已无有户籍人口。建有深圳前湾燃机电厂、大铲海关和中石油西二线门站。建有数个登岛码头，饮用水来自南山区市政自来水管网，电力供应一部分由外部接入，一部分由前湾燃机电厂供应。

小矾石 (Xiǎofán Shí)

北纬 22°29.5′，东经 113°48.2′。位于深圳市南山区，处矾石浅滩中，距矾石水道 1.3 千米，东距南山区最近点 6.19 千米。该岛靠近大矾石，比大矾石小，故名。又名白石。《中国海洋岛屿简况》（1980）记为白石。1985 年登记的《广东省深圳市海域海岛地名卡片》、《广东省海域地名志》（1989）、《广东省海岛、礁、沙洲名录表》（1993）和《全国海岛名称与代码》（2008）均记为小矾石。岸线长 83 米，面积 473 平方米，高 8.2 米。基岩岛。由棕红色砂质岩组成，表层光秃，长有几株灌木。周围海域水深 4.1～4.5 米。

大矾石 (Dàfán Shí)

北纬 22°29.4′，东经 113°48.5′。位于深圳市南山区，东距南山区最近点 5.73 千米。处矾石浅滩中，距矾石水道 1 千米。又名矾石屿。该岛悬崖峭壁，要攀登上顶很麻烦，当地人把烦读作矾，故名。《中国海洋岛屿简况》（1980）记为矾石屿。1985 年登记的《广东省深圳市海域海岛地名卡片》、《广东省海域地名志》（1989）、《广东省海岛、礁、沙洲名录表》（1993）和《全国海岛名称与代码》（2008）均记为大矾石。岸线长 100 米，面积 600 平方米，高 17.8 米。基岩岛。由棕红色砂质砾石岩组成，砾石大小不平，稀疏分布，磨圆度较好。表层为红黏土。有小棕树、东风桔、杂草和小灌树。周围海域水深 4.1～4.5 米。

内伶仃岛 (Nèilíngdīng Dǎo)

北纬 22°24.8′，东经 113°48.0′。位于深圳市南山区，深圳湾口，东距南山区最近点 8.21 千米。曾名零丁山，又名伶仃山。该岛孤悬在伶仃洋海中，又与珠海伶仃有别，以内外之分，故名。1985 年登记的《广东省深圳市海域海岛地名卡片》、《广东省海岛、礁、沙洲名录表》（1993）、《全国海岛名称与代码》（2008）均记为内伶仃岛。岛体呈西北—东南走向。岸线长 12.09 千米，面积 4.803 5 平方千米，高 340.9 米。基岩岛，由砂页岩和花岗闪长岩构成。表层为黄褐色泥沙土及黑土。沿岸多为沙岸、砾石岸，近岸多礁。岛上大部为丘陵地，东南高，西北低，悬崖峭壁，怪石嵯峨，多岩洞。山下焦坑有马骝潭。岛上淡水充足。属亚热带海洋性季风气候，主要植被类型为乔灌丛林、马尾松和台湾相思树等，植被覆盖率达93%。1983年列为广东省自然保护区，有猕猴8群约200只，还有水獭、穿山甲、黑耳鸢、蟒蛇和虎纹蛙等重点保护动物。南侧建有部队营房及1座航标灯、1座水文站。岛南侧海域布满用于养蚝的蚝桩，岸上建有房屋，为渔民看护蚝桩的临时住所。周边有5个小海湾，北湾有"T"形码头1座，南岸墨沙湾有钛铁矿。

内伶仃南岛 (Nèilíngdīng Nándǎo)

北纬22°24.3′，东经113°48.0′。位于深圳市南山区，东距南山区最近点10.04千米。因位于内伶仃岛南56米处，第二次全国海域地名普查时命今名。岸线长40米，面积113平方米。基岩岛。

内伶仃东岛 (Nèilíngdīng Dōngdǎo)

北纬22°25.1′，东经113°48.7′。位于深圳市南山区，东距南山区最近点8.27千米。因位于内伶仃岛东36米处，第二次全国海域地名普查时命今名。岸线长45米，面积133平方米。基岩岛。

小沉排 (Xiǎochén Pái)

北纬22°33.1′，东经113°50.5′。位于深圳市宝安区，小铲岛东北面，距宝安区最近点860米。曾名沉排。涨潮时大部分礁石沉没海中，只露出小部分，航行船只常触礁，故名。1985年登记的《广东省深圳市海域海岛地名卡片》、《广东省海岛、礁、沙洲名录表》（1993）记为小沉排。呈北西—东南走向，面积约34平方米。基岩岛，由中细粒花岗岩组成。建有1座灯塔。

小铲岛 (Xiǎochǎn Dǎo)

北纬22°32.9′，东经113°50.1′。位于深圳市宝安区新安街道西南，东北距大陆最近点1.16千米。因位于大铲岛北约2.75千米处，面积比大铲岛小，故名。《中国海洋岛屿简况》（1980）、1985年登记的《广东省深圳市海域海岛地名卡片》、《广东省海域地名志》（1989）、《广东省海岛、礁、沙洲名录表》（1993）和《全国海岛名称与代码》（2008）均记为小铲岛。岸线长 2.45 千米，面积 0.202 7 平方千米，高 78.7 米。基岩岛，岛体由花岗岩构成。中部高，东和西北向海突出部较平坦，沿岸多砾石滩。表层植被多样。岛上有淡水。建有 1 座码头。

细丫岛 (Xìyā Dǎo)

北纬 22°32.8′，东经 113°49.1′。位于深圳市宝安区宝安县新安街道西南，距大铲岛西北 3.5 千米，距宝安区最近点 2.88 千米。又名细丫、丫仔山。因形似“亚”字，面积小，又与丫字同音，故名。《中国海洋岛屿简况》（1980）、1985 年登记的《广东省深圳市海域海岛地名卡片》记为细丫。《广东省海域地名志》（1989）、《广东省海岛、礁、沙洲名录表》（1993）和《全国海岛名称与代码》（2008）记为细丫岛。岸线长 286 米，面积 6 200 平方米，高 25.8 米。基岩岛，由花岗岩构成。表层长有草丛和灌木丛，沿岸为干出石滩。岛上建有 1 座码头和 1 座灯塔，灯塔附近有 1 座自动气象站。北侧为检疫锚地。

细丫西岛 (Xìyā Xīdǎo)

北纬 22°32.8′，东经 113°49.0′。位于深圳市宝安区，距宝安区最近点 3.1 千米。原与细丫岛统称为“细丫岛”，因位于细丫岛西侧，第二次全国海域地名普查时命今名。岸线长 72 米，面积 310 平方米。基岩岛。

大产排 (Dàchǎn Pái)

北纬 22°39.2′，东经 114°33.2′。位于深圳市大鹏新区田寮下村西北面，坳仔下村东北面，距大鹏新区葵涌街道最近点 130 米。当地群众惯称。1985 年登记的《广东省深圳市海域海岛地名卡片》、《广东省海域地名志》（1989）和《广东省海岛、礁、沙洲名录表》（1993）均记为大产排。礁石呈枣红、米黄色。面积约 59 平方米。基岩岛，由硅质砂岩组成。周围海域水深 1～9 米。

沙林岛 (Shālín Dǎo)

北纬 22°39.1′，东经 114°32.2′。位于深圳市大鹏新区，大亚湾西北之澳头湾南部，距大鹏新区葵涌街道最近点 10 米。由砂岩组成，岛上有茂密的灌木林，故名。又名大洲头、沙林头。《中国海洋岛屿简况》（1980）记为大洲头。1985 年登记的《广东省深圳市海域海岛地名卡片》、《广东省海域地名志》

（1989）、《广东省海岛、礁、沙洲名录表》（1993）和《全国海岛名称与代码》（2008）均记为沙林岛。岸线长 572 米，面积 12 186 平方米，高 1.9 米。基岩岛，由硅质砂岩构成，北部沿岸为岩石滩。南岸外干出砾石沙滩与大陆相连。岛上长有草丛和灌木。附近海域水深 1.7～3.7 米。

崖伏石 (Yáfú Shí)

北纬 22°35.4′，东经 114°31.8′。位于深圳市大鹏新区，距大鹏半岛大鹏街道最近点 110 米。形似老鹰伏在岩石上，当地人称鹰叫崖，故名。1985 年登记的《广东省深圳市海域海岛地名卡片》、《广东省海域地名志》（1989）和《广东省海岛、礁、沙洲名录表》（1993）均记为崖伏石。面积约 44 平方米。基岩岛。

崖伏石南岛 (Yáfúshí Nándǎo)

北纬 22°35.3′，东经 114°31.9′。位于深圳市大鹏新区，距大鹏半岛大鹏街道最近点 170 米。原与崖伏石统称为崖伏石，因位于崖伏石南侧，第二次全国海域地名普查时命今名。面积约 37 平方米。基岩岛。

鸡啼石 (Jītí Shí)

北纬 22°34.2′，东经 114°30.1′。位于深圳市大鹏新区，距大鹏半岛南澳街道最近点 70 米。形似啼叫的雄鸡，故名。1984 年登记的《广东省台山市海域海岛地名卡片》、《广东省海域地名志》（1989）、《广东省海岛、礁、沙洲名录表》（1993）均记为鸡啼石。面积约 50 平方米。基岩岛。

北排 (Běi Pái)

北纬 22°34.2′，东经 114°30.1′。位于深圳市大鹏新区，距大鹏半岛大鹏街道最近点 100 米。位于龙屿排群礁体中心的北面，故名。1985 年登记的《广东省深圳市海域海岛地名卡片》、《广东省海域地名志》（1989）和《广东省海岛、礁、沙洲名录表》（1993）均记为北排。面积约 48 平方米。基岩岛。岛上有 1 座雕像。

虎头排 (Hǔtóu Pái)

北纬 22°33.6′，东经 114°31.4′。位于深圳市大鹏新区，距大鹏半岛南澳街道最近点 130 米。形似虎头，故名。1984 年登记的《广东省台山市海域海岛地名卡片》、《广东省海域地名志》（1989）、《广东省海岛、礁、沙洲名录表》

（1993）均记为虎头排。岸线长 187 米，面积 1 140 平方米。基岩岛。

小虎头排 (Xiǎohǔtóu Pái)

北纬 22°33.6′，东经 114°31.5′。位于深圳市大鹏新区，距大鹏半岛南澳街道最近点 110 米。原与虎头排统称为“虎头排”，因该岛较小，第二次全国海域地名普查时命今名。岸线长 64 米，面积 193 平方米。基岩岛。

洲仔头 (Zhōuzǎitóu)

北纬 22°33.5′，东经 114°27.6′。位于深圳市大鹏半岛西北，距大鹏新区大鹏街道最近点 80 米。又名洲仔头岛。该岛周围有许多明、暗礁，东面连接陆地，该岛最大，大的称头，故名洲仔头。《中国海洋岛屿简况》（1980）、1985 年登记的《广东省深圳市海域海岛地名卡片》、《广东省海域地名志》（1989）和《广东省海岛、礁、沙洲名录表》（1993）均记为洲仔头。《全国海岛名称与代码》（2008）记为洲仔头岛。岸线长 566 米，面积 0.010 5 平方千米，高 15.2 米。基岩岛，由花岗岩构成。表层长有杂草和小树。东侧干出砾石滩与大陆相连，余为岩石滩。附近海域水深 1.8～9.4 米。

小洲仔头岛 (Xiǎozhōuzǎitóu Dǎo)

北纬 22°33.5′，东经 114°27.7′。位于深圳市大鹏新区，距大鹏半岛大鹏街道最近点 110 米，距洲仔头 109 米。原与洲仔头统称为“洲仔头”，因该岛较小，第二次全国海域地名普查时命今名。岸线长 66 米，面积 314 平方米。基岩岛。

白石仔 (Báishízǎi)

北纬 22°33.5′，东经 114°31.2′。位于深圳市大鹏新区，距大鹏半岛南澳街道最近点 100 米。该岛岩石风化后呈白色，与白石排东西遥遥相对，但比其矮小，故名。1985 年登记的《广东省深圳市海域海岛地名卡片》、《广东省海域地名志》（1989）和《广东省海岛、礁、沙洲名录表》（1993）均记为白石仔。岸线长 50 米，面积 129 平方米。基岩岛。

白石仔北岛 (Báishízǎi Běidǎo)

北纬 22°33.5′，东经 114°31.2′。位于深圳市大鹏新区，距大鹏半岛南澳街道最近点 100 米。原与白石仔、白石仔南岛统称为“白石仔”，因该岛位置较北，第二次全国海域地名普查时命今名。岸线长 54 米，面积 172 平方米。基岩岛。

白石仔南岛 (Báishízǎi Nándǎo)

北纬 22°33.5′，东经 114°31.2′。位于深圳市大鹏新区，距大鹏半岛南澳街道最近点 100 米。原与白石仔、白石仔北岛统称为“白石仔”，因该岛位置较南，第二次全国海域地名普查时命今名。岸线长 68 米，面积 157 平方米。基岩岛。

白石排 (Báishí Pái)

北纬 22°33.4′，东经 114°30.8′。位于深圳市大鹏新区，距大鹏半岛南澳街道最近点 390 米。岛石色白，故名。1985 年登记的《广东省深圳市海域海岛地名卡片》、《广东省海域地名志》（1989）和《广东省海岛、礁、沙洲名录表》（1993）均记为白石排。岸线长 79 米，面积 474 平方米。基岩岛。

排仔 (Páizǎi)

北纬 22°33.4′，东经 114°30.4′。位于深圳市大鹏新区，距大鹏半岛南澳街道最近点 180 米。因该岛附近的几个明礁中以它最小，故名。又名蟹眼。1984 年登记的《广东省台山市海域海岛地名卡片》、《广东省海域地名志》（1989）、《广东省海岛、礁、沙洲名录表》（1993）均记为排仔。岸线长 81 米，面积 425 平方米。基岩岛。

新大岛 (Xīndà Dǎo)

北纬 22°33.2′，东经 114°30.7′。位于深圳市大鹏新区，距大鹏半岛南澳街道最近点 10 米。因位于新大村的前面而得名。又名新大咀。岸线长 140 米，面积 274 平方米，高 3.2 米。基岩岛。位于养殖塘中央，岛上有多种草本植物。

排仔石 (Páizǎi Shí)

北纬 22°32.0′，东经 114°29.1′。位于深圳市大鹏新区，距大鹏半岛南澳街道最近点 10 米。该岛是火烧排以东较小的岛，故名排仔石。1985 年登记的《广东省深圳市海域海岛地名卡片》、《广东省海域地名志》（1989）和《广东省海岛、礁、沙洲名录表》（1993）均记为排仔石。岸线长 71 米，面积 134 平方米。基岩岛。

海柴岛（Hǎichái Dǎo）

北纬 22°30.8′，东经 114°37.4′。位于深圳市大鹏新区，距大鹏半岛南澳街道最近点 20 米。《广东省海岛、礁、沙洲名录表》（1993）记为 D28。因位于海柴角边上，第二次全国海域地名普查时更名为海柴岛。岸线长 52 米，面积 182 平方米。基岩岛。

高排坑西岛（Gāopáikēng Xīdǎo）

北纬 22°29.7′，东经 114°36.0′。位于深圳市大鹏新区，距大鹏半岛南澳街道最近点 80 米。《广东省海岛、礁、沙洲名录表》（1993）记为 D29。第二次全国海域地名普查时更为今名。岸线长 129 米，面积 1 148 平方米。基岩岛。

大排礁（Dàpái Jiāo）

北纬 22°29.2′，东经 114°34.9′。位于深圳市大鹏新区，距大鹏半岛南澳街道最近点 40 米。该岛在附近的礁石中最大，故名。1984 年登记的《广东省台山市海域海岛地名卡片》、《广东省海域地名志》（1989）均记为大排礁。岸线长 169 米，面积 1 939 平方米。基岩岛。

大排礁一岛（Dàpáijiāo Yīdǎo）

北纬 22°29.1′，东经 114°34.2′。位于深圳市大鹏新区，距大鹏半岛南澳街道最近点 40 米。《广东省海岛、礁、沙洲名录表》（1993）记为 D31。因位于大排礁附近，按其距离远近排第一，第二次全国海域地名普查时更为今名。岸线长 48 米，面积 164 平方米。基岩岛。

大排礁二岛（Dàpáijiāo Èrdǎo）

北纬 22°29.0′，东经 114°34.1′。位于深圳市大鹏新区，距大鹏半岛南澳街道最近点 30 米。《广东省海岛、礁、沙洲名录表》（1993）记为 D32。因位于大排礁附近，按其距离远近排第二，第二次全国海域地名普查时更为今名。岸线长 44 米，面积 140 平方米。基岩岛。

赖氏洲（Làishì Zhōu）

北纬 22°28.0′，东经 114°32.1′。位于深圳市大鹏半岛南端东侧，距大鹏新区南澳街道最近点480米。该岛原称拉屎洲，又称赖屎洲。又“拉”和“赖”谐音，

“屎”和“氏”谐音，故美名赖氏洲。《中国海洋岛屿简况》（1980）记为赖屎洲。1985年登记的《广东省深圳市海域海岛地名卡片》、《广东省海域地名志》（1989）、《广东省海岛、礁、沙洲名录表》（1993）和《全国海岛名称与代码》（2008）均记为赖氏洲。岛长240米，宽200米，面积42 482平方米，岸线长1.12千米，高62.5米。基岩岛，由石英砂岩构成，表层长有杂草和灌木。石质陡岸，沿岸多干出石滩。水下礁盘向东北延伸500米。附近海域水深2.2～8.8米。2011年常住人口50人，已开发为旅游岛，建有码头和多幢楼房。

赖氏洲北岛（Làishìzhōu Běidǎo）

北纬22°28.1′，东经114°32.2′。位于深圳市大鹏新区，距大鹏半岛南澳街道最近点780米，距赖氏洲52米。《广东省海岛、礁、沙洲名录表》（1993）记为D35。因位于赖氏洲北面，第二次全国海域地名普查时更为今名。岸线长93米，面积377平方米。基岩岛。

赖氏洲南岛（Làishìzhōu Nándǎo）

北纬22°27.9′，东经114°32.2′。位于深圳市大鹏新区，距大鹏半岛南澳街道最近点730米，距赖氏洲52米。《广东省海岛、礁、沙洲名录表》（1993）记为D36。因位于赖氏洲南面，第二次全国海域地名普查时更为今名。岸线长72米，面积277平方米。基岩岛。

赖氏洲西岛（Làishìzhōu Xīdǎo）

北纬22°27.9′，东经114°32.1′。位于深圳市大鹏新区，距大鹏半岛南澳街道最近点470米，位于赖氏洲西26米处。原与赖氏洲、赖氏洲东岛统称为“赖氏洲”，因该岛位置较西，第二次全国海域地名普查时命今名。岸线长52米，面积166平方米。基岩岛。

赖氏洲东岛（Làishìzhōu Dōngdǎo）

北纬22°28.0′，东经114°32.2′。位于深圳市大鹏新区，距大鹏半岛南澳街道最近点740米，距赖氏洲36米。原与赖氏洲、赖氏洲西岛统称为“赖氏洲”，因该岛位置较东，第二次全国海域地名普查时命今名。岸线长57米，面积167平方米。基岩岛。

牛仔排 (Niúzǎi Pái)

北纬 22°27.2′，东经 114°31.2′。位于深圳市大鹏新区，距大鹏半岛南澳街道最近点 40 米。因在牛奶排附近，比牛奶排小，故名。岸线长 60 米，面积 188 平方米。基岩岛。

牛奶排 (Niúnǎi Pái)

北纬 22°27.1′，东经 114°31.2′。位于深圳市大鹏半岛南端近岸，赖氏洲西南 2.1 千米处，距大鹏新区南澳街道最近点 290 米。该岛由几块岩石组成，退潮时远望形似母牛牵着小牛，故名。《中国海洋岛屿简况》（1980）、1985 年登记的《广东省深圳市海域海岛地名卡片》、《广东省海域地名志》（1989）、《广东省海岛、礁、沙洲名录表》（1993）和《全国海岛名称与代码》（2008）均记为牛奶排。长 200 米，宽 60 米，面积 686 平方米，岸线长 116 米，高 4.8 米。基岩岛，由花岗岩构成。附近海域水深 2.1～6.6 米。

牛奶一岛 (Niúnǎi Yīdǎo)

北纬 22°27.1′，东经 114°31.2′。位于深圳市大鹏新区，距大鹏半岛南澳街道最近点 320 米。原与牛奶排、牛奶二岛、牛奶西岛统称为“牛奶排”，据自北向南顺序，第二次全国海域地名普查时命今名。面积约 65 平方米。基岩岛。

牛奶二岛 (Niúnǎi Èrdǎo)

北纬 22°27.1′，东经 114°31.2′。位于深圳市大鹏新区，距大鹏半岛南澳街道最近点 330 米。原与牛奶排、牛奶一岛、牛奶西岛统称为“牛奶排”，据自北向南顺序，第二次全国海域地名普查时命今名。岸线长 49 米，面积 142 平方米。基岩岛。

牛奶西岛 (Niúnǎi Xīdǎo)

北纬 22°27.1′，东经 114°30.7′。位于深圳市大鹏新区，距大鹏半岛南澳街道最近点 70 米。原与牛奶排、牛奶一岛、牛奶二岛统称为“牛奶排”，因该岛位置较西，第二次全国海域地名普查时命今名。岸线长 58 米，面积 195 平方米。基岩岛。

怪岩 (Guài Yán)

北纬 22°27.0′，东经 114°30.2′。位于深圳市宝安县大鹏半岛西南端干出石滩上，北距黑岩角 50 米，距大鹏新区南澳街道最近点 60 米。该岛被海水侵蚀和冲刷，形成奇形怪状，故名。又名一堆泥。《中国海洋岛屿简况》（1980）、1985 年登记的《广东省深圳市海域海岛地名卡片》、《广东省海域地名志》（1989）、《广东省海岛、礁、沙洲名录表》（1993）和《全国海岛名称与代码》（2008）均记为怪岩。岛呈东西走向，岸线长 247 米，面积 4 088 平方米，高 19.5 米。基岩岛，由石英砂岩构成。岛岸陡峭，表层凹凸不平。岛上长有草丛。附近海域水深 4.6～16.4 米。

怪岩东岛 (Guàiyán Dōngdǎo)

北纬 22°27.0′，东经 114°30.4′。位于深圳市大鹏新区，距大鹏半岛最近点 60 米。原与怪岩统称为“怪岩”，因该岛位置靠东，第二次全国海域地名普查时命今名。岸线长 55 米，面积 197 平方米。基岩岛。

小洲仔岛 (Xiǎozhōuzǎi Dǎo)

北纬 22°35.6′，东经 114°19.0′。位于深圳市盐田区，距大鹏半岛最近点 560 米。在洲仔岛附近，较洲仔岛小，第二次全国海域地名普查时命今名。面积约 45 平方米。基岩岛。

淇澳岛 (Qí’ào Dǎo)

北纬 22°24.9′，东经 113°38.1′。位于珠江口伶仃洋西部，珠海唐家东北，距铜鼓角 1.14 千米。曾名奇独澳、淇澳、其独澳、旗澳山、旗独山。宋朝称奇独澳，因其大于周围诸岛且湾多，故名。清末改“奇”为“淇”并去独成淇澳。又名淇澳山。因远望该岛如旗张于海外，故称旗澳山、旗独山。《中国海洋岛屿简况》（1980）、1984 年登记的《广东省珠海市海域海岛地名卡片》、《广东省海域地名志》（1989）、《广东省志 · 海洋与海岛志》（2000）、《全国海岛名称与代码》（2008）均记为淇澳岛。岛呈东北—西南走向，岸线长 23.81 千米，面积 18.343 3 平方千米，高 185 米。基岩岛，由花岗岩构成。地势起伏，东北、西南多山丘地，中部为冲积平地。表层为黄沙黏土。长有灌木、松树等，林木覆盖率达 90%。多为沙、砾岸，南部间有石质岸。淡水资源丰富。

有居民海岛，隶属于珠海市香洲区。岛上有淇澳村，2011 年有户籍人口 1 200 人，常住人口 1 790 人。建有卫生所、学校、加油站。有耕地。淇澳岛历史悠久，在后沙湾、东澳湾古遗址，考古工作者发掘了大量距今约 5 000～4 500 年的彩陶和白陶，东澳湾古遗址是珠江三角洲最典型、最完整的沙石遗址。岛上有 17 座庙宇，村东祖庙始建于宋代，文昌宫建于清同治年间。岛上淇澳村为中国共产党早期著名工人运动领导人苏兆征故里，村内百石街由花岗岩铺成，长约 2 千米，宽 1.7 米，为英国赔款所建。鸦片战争时，岛民于此大败英军。天后庙内有“淇澳大沦亡，拔剑请缨同杀敌。英军寻死路，丢盔弃甲败兵逃”对联一副，以志其事。岛南面岸边有船厂，建有突堤式岸壁码头和“T”形码头各 1 座，可泊 300 吨级船。岛上有少量沙滩、旅游点，淇澳八景（鹿岭朝露、金星波涛、夹洲烟雨、蚧珠夜月、赤岭观日、松间流水、鸡山夕照、婆湾晚渡）是热门景点。岛上有一灯塔。周边海域有很多养殖、捕捞设施。沿岸生长大量乔木、红树林等植物，建有淇澳岛红树林自然保护区。该岛是广州至沿海港口航线要冲，西南侧有跨海大桥及公路与陆地连接。每日有船来往唐家。

马山洲 (Mǎshān Zhōu)

北纬 22°24.3′，东经 113°38.9′。位于珠海市香洲区淇澳岛东侧东澳湾内，西距淇澳岛 170 米。因该岛极小，闽语群众惯称洲仔，粤语称其为东澳洲。两名省内重名，据该岛位于淇澳岛马山下，定名马山洲。《中国海洋岛屿简况》（1980）记为洲仔。1984 年登记的《广东省珠海市海域海岛地名卡片》、《广东省海域地名志》（1989）、《广东省海岛、礁、沙洲名录表》（1993）、《广东省志·海洋与海岛志》（2000）、《全国海岛名称与代码》（2008）均记为马山洲。岸线长 440 米，面积 8 534 平方米，高 7.9 米。基岩岛，由花岗岩构成，表层为岩石和砂砾。建有 1 座装有摄像头的铁塔。

北打礁 (Běidǎ Jiāo)

北纬 22°20.2′，东经 113°35.9′。位于珠海市香洲区唐家湾内，西距大陆 500 米。因与南打礁位于蚝田中间，分处一南一北，北风吹时，浪打北边，故名。1984 年登记的《广东省珠海市海域海岛地名卡片》、《广东省海域地名志》（1989）、《广东省海岛、礁、沙洲名录表》（1993）均记为北打礁。岸线长 44 米，面积 131 平方米，高 2.2 米。基岩岛。

南打礁 (Nándǎ Jiāo)

北纬 22°20.1′，东经 113°35.9′。位于珠海市香洲区唐家湾内，西距大陆 410 米。因与北打礁位于蚝田中间，分处一南一北，南边收蚝称南打，位于南侧，故名。1984 年登记的《广东省珠海市海域海岛地名卡片》、《广东省海域地名志》（1989）、《广东省海岛、礁、沙洲名录表》（1993）均记为南打礁。岸线长 51 米，面积 127 平方米，高 4.1 米。基岩岛。

蛇洲 (Shé Zhōu)

北纬 22°19.9′，东经 113°36.3′。位于珠海市香洲区唐家湾南部，西距大陆 630 米。岛呈长条形，岛上起伏，形似长蛇在水中游动，故名。《中国海洋岛屿简况》（1980）、1984 年登记的《广东省珠海市海域海岛地名卡片》、《广东省海域地名志》（1989）、《广东省海岛、礁、沙洲名录表》（1993）、《广东省志·海洋与海岛志》（2000）、《全国海岛名称与代码》（2008）均记为蛇洲。岛呈西北—东南走向。岸线长 1.41 千米，面积 0.043 平方千米，高 30.8 米。基岩岛，由花岗岩构成，表层为风化石及黄沙黏土，长有稀疏茅草。岛上及四周建有简易养殖设施，主要养殖牡蛎。

蛇洲北一岛 (Shézhōu Běiyī Dǎo)

北纬 22°20.1′，东经 113°36.1′。位于珠海市香洲区唐家湾内，蛇洲北面，西距大陆 730 米。位于蛇洲北面，因北有二岛，按自北向南的顺序，第二次全国海域地名普查时命名为蛇洲北一岛。面积约 17 平方米。基岩岛。

蛇洲北二岛 (Shézhōu Běi'èr Dǎo)

北纬 22°20.1′，东经 113°36.0′。位于珠海市香洲区唐家湾内，蛇洲西北面，西距大陆 610 米。位于蛇洲北面，因北有二岛，按自北向南的顺序，第二次全国海域地名普查时命名为蛇洲北二岛。面积约 36 平方米。基岩岛。

蛇洲南一岛 (Shézhōu Nányī Dǎo)

北纬22°19.8′，东经113°36.3′。位于珠海市香洲区唐家湾南部，蛇洲南40米，西距大陆710米。《广东省海岛、礁、沙洲名录表》（1993）记为ZH34。位于蛇洲南面，因南有二岛，按自北向南的顺序，第二次全国海域地名普查时更名为蛇洲南一岛。面积约25平方米。基岩岛。

蛇洲南二岛 (Shézhōu Nán'èr Dǎo)

北纬22°19.7′，东经113°36.0′。位于珠海市香洲区唐家湾南部，蛇洲西南面，西距大陆120米。位于蛇洲南面，因南有二岛，按自北向南的顺序，第二次全国海域地名普查时命名为蛇洲南二岛。面积约17平方米。基岩岛。

蛇洲东岛 (Shézhōu Dōngdǎo)

北纬22°19.8′，东经113°36.5′。位于珠海市香洲区唐家湾南部，蛇洲东南50米，西距大陆980米。《广东省海岛、礁、沙洲名录表》（1993）记为ZH35。因位于蛇洲东面，第二次全国海域地名普查时更名为蛇洲东岛。面积约26平方米。基岩岛。

蚝田岛 (Háotián Dǎo)

北纬22°19.7′，东经113°36.6′。位于珠海市唐家湾南部，蛇洲东南180米，西距大陆970米。又名蠔田、横洲、龟洲。该岛周围开辟养蚝田，且蚝肉肥美，驰名中外，故名。蠔田的“蠔”应为“蚝”字笔误。该岛东西走向，横截向南流水，故原名横洲。因其形状像龟背，少数渔民也称为龟洲。《中国海洋岛屿简况》（1980）记为蠔田。1984年登记的《广东省珠海市海域海岛地名卡片》、《广东省海域地名志》（1989）、《广东省海岛、礁、沙洲名录表》（1993）、《广东省志·海洋与海岛志》（2000）、《全国海岛名称与代码》（2008）均记为蚝田岛。岸线长971米，面积42 281平方米，高44.4米。基岩岛，由花岗岩构成，表层为黄沙黏土。南面有一间牡蛎养殖管理房。

石林洲 (Shílín Zhōu)

北纬22°19.1′，东经113°36.5′。位于珠海市唐家湾南端，西距大陆50米。又名石磊洲。该岛全部由大石头组成，像人工将一块块石头堆在一起，故称石磊洲。因粤语“磊”和“林”字音相似，后来人称石林洲。1984年登记的《广东省珠海市海域海岛地名卡片》《广东省海域地名志》（1989）、《广东省海岛、礁、沙洲名录表》（1993）、《广东省志·海洋与海岛志》（2000）、《全国海岛名称与代码》（2008）均记为石林洲。岸线长80米，面积431平方米，高8米。基岩岛。岛呈椭圆形，由花岗岩构成。

三石礁 (Sānshí Jiāo)

北纬22°18.9′，东经113°35.5′。位于珠海市香洲区香洲湾北端，北距大陆180米。曾名大头洲、三权撑。两名称含义不清且不标准，1984年12月地名普查时更名为三石礁。因该岛群中三块最大的明礁，高潮时仍露水面，故名。1984年登记的《广东省珠海市海域海岛地名卡片》、《广东省海域地名志》（1989）、《广东省海岛、礁、沙洲名录表》（1993）均记为三石礁。面积约27平方米。基岩岛。

三石礁北岛 (Sānshíjiāo Běidǎo)

北纬22°18.9′，东经113°35.5′。位于珠海市香洲区香洲湾北端，三石礁北27米，北距大陆180米。因处三石礁北面，第二次全国海域地名普查时命今名。面积约9平方米。基岩岛。

三石礁西岛 (Sānshíjiāo Xīdǎo)

北纬22°18.9′，东经113°35.5′。位于珠海市香洲区香洲湾北端，三石礁西北280米，西距大陆240米。因处三石礁西面，第二次全国海域地名普查时命今名。面积约69平方米。基岩岛。

三石礁东岛 (Sānshíjiāo Dōngdǎo)

北纬22°18.9′，东经113°35.7′。位于珠海市香洲区香洲湾北端，三石礁东240米，北距大陆60米。《广东省海岛、礁、沙洲名录表》（1993）记为ZH37。因位于三石礁东边，第二次全国海域地名普查时更为今名。岸线长84米，面积471平方米，高约2.1米。基岩岛。

三石东小岛 (Sānshí Dōngxiǎo Dǎo)

北纬22°18.9′，东经113°35.6′。位于珠海市香洲区香洲湾北端，三石礁东北 180 米，北距大陆 20 米。《广东省海岛、礁、沙洲名录表》（1993）记为 ZH38。因位于三石礁东面，且该处有两岛，该岛较小，第二次全国海域地名普查时更为今名。面积约 12 平方米。基岩岛。

观音洲 (Guānyīn Zhōu)

北纬 22°18.9′，东经 113°36.2′。位于珠海市香洲湾北端，北距大陆 110 米。相传明代有 30 余人在大陆银坑采矿，海面上有一艘船来回行驶，船上有一位美女，形似观音。待众人出洞观看，洞即塌方，“观音”消失，小船变为岛。众人认为是得到观音搭救，因此称为观音洲。1984 年登记的《广东省珠海市海域海岛地名卡片》、《广东省海域地名志》（1989）、《广东省海岛、礁、沙洲名录表》（1993）、《广东省志·海洋与海岛志》（2000）、《全国海岛名称与代码》（2008）均记为观音洲。岛略呈长形。岸线长 175 米，面积 1 230 平方米，高 12.9 米。基岩岛，由花岗岩构成，北部有数块巨石，南部平坦。北与大陆间多礁。岛上长有灌木。

榕树洲 (Róngshù Zhōu)

北纬 22°18.8′，东经 113°35.9′。位于珠海市香洲区香洲湾北端，北距大陆 70 米。岛上过去长有很多小榕树，故名。《中国海洋岛屿简况》（1980）、1984 年登记的《广东省珠海市海域海岛地名卡片》、《广东省海域地名志》（1989）、《广东省海岛、礁、沙洲名录表》（1993）、《广东省志·海洋与海岛志》（2000）、《全国海岛名称与代码》（2008）均记为榕树洲。岸线长 338 米，面积 3 420 平方米，高 11.2 米。基岩岛，由花岗岩构成。表层为黑黏土，长有 1 棵大榕树，多灌木。岛上有养殖牡蛎、捕鱼设施，及养鸡、养鸭场。岛北侧有数间房屋、凉亭等建筑，及仅容一人上下的竹木结构简易码头。

乌纱排 (Wūshā Pái)

北纬 22°18.7′，东经 113°36.0′。位于珠海市香洲区香洲湾北端，北距大陆 280 米。该岛呈长形，表面为黑色，远望好似一条乌纱漂在海面，故名。1984 年登记的《广东省珠海市海域海岛地名卡片》、《广东省海域地名志》（1989）、《广东省海岛、礁、沙洲名录表》（1993）均记为乌纱排。面积约 6 平方米，高 2.8

米。基岩岛。

小白排岛 (Xiǎobáipái Dǎo)

北纬 22°17.2′，东经 113°37.1′。位于珠海市香洲区香洲湾东，西距大陆 3.48 千米。岸线长 205 米，面积 1 386 平方米。基岩岛。岛南侧建有航标，有石阶通往航标。

野狸岛 (Yělí Dǎo)

北纬 22°16.9′，东经 113°35.1′。位于珠海市香洲区香洲湾内，西距大陆 300 米。又名野狸山。相传很早以前狮子追野狸，野狸跳海游到岛上，幸免被吃掉而生存下来，故称野狸山。因其四面环海水，又称野狸岛。《中国海洋岛屿简况》（1980）、1984 年登记的《广东省珠海市海域海岛地名卡片》、《广东省海域地名志》（1989）、《广东省志·海洋与海岛志》（2000）称为野狸山。《广东省海岛、礁、沙洲名录表》（1993）、《全国海岛名称与代码》（2008）均记为野狸岛。岸线长 3.01 千米，面积 0.420 3 平方千米，高 66.7 米。基岩岛，由花岗岩构成。表层为黄黏土，沿岸多干出石滩。现为珠海市野狸岛公园，有桥与陆地连接，并有海堤、栏杆、上山阶梯、石刻、凉亭、绿地等旅游设施，建有环岛公路及通往山顶的石阶路。西北侧有人工岛和“得月舫”饭店。岛北端防浪堤是香洲渔港防浪堤的一部分。

野狸东岛 (Yělí Dōngdǎo)

北纬 22°16.7′，东经 113°35.3′。位于珠海市香洲区香洲湾内，野狸岛东 310 米，西距大陆 1.22 千米。《广东省海岛、礁、沙洲名录表》（1993）记为 ZH39。因位于野狸岛东面，第二次全国海域地名普查时更为今名。面积约 14 平方米。基岩岛。

大打礁 (Dàdǎ Jiāo)

北纬 22°16.5′，东经 113°35.5′。位于珠海市香洲区香洲湾内，野狸岛东南 590 米，西距大陆 1.21 千米。野狸岛南侧有两块大明礁，大的称大打礁，小的称二打礁，该岛较大，故名。1984 年登记的《广东省珠海市海域海岛地名卡片》、《广东省海域地名志》（1989）、《广东省海岛、礁、沙洲名录表》（1993）

均记为大打礁。岸线长 77 米，面积 189 平方米，高 2.2 米。基岩岛。

二打礁 (Èrdǎ Jiāo)

北纬 22°16.7′，东经 113°35.3′。位于珠海市香洲区香洲湾内，野狸岛东南 250 米，西距大陆 1.18 千米。野狸岛南侧有两块大明礁，大的称大打礁，小的称二打礁，该岛较小，故名。1984 年登记的《广东省珠海市海域海岛地名卡片》《广东省海域地名志》（1989）、《广东省海岛、礁、沙洲名录表》（1993）均记为二打礁。岸线长 76 米，面积 384 平方米，高 2.8 米。基岩岛。

珠海渔女岛 (Zhūhǎi Yúnǚ Dǎo)

北纬 22°15.9′，东经 113°35.0′。位于珠海市香洲区香洲湾内，西距大陆 40 米。因岛上有珠海市标志性雕塑“珠海渔女”，第二次全国海域地名普查时命今名。岸线长 86 米，面积 244 平方米。基岩岛。岛顶建有珠海渔女雕塑。

渔女一岛 (Yúnǚ Yīdǎo)

北纬 22°16.0′，东经 113°35.0′。位于珠海市香洲区香洲湾南部，珠海渔女岛东南 94 米，西距大陆 160 米。该岛为珠海渔女岛周围诸多海岛之一，据自北向南顺序，第二次全国海域地名普查时命今名。面积约 7 平方米。基岩岛。

渔女二岛 (Yúnǚ Èrdǎo)

北纬 22°16.0′，东经 113°35.1′。位于珠海市香洲区香洲湾南部，珠海渔女岛东南 150 米，南距大陆 150 米。该岛为珠海渔女岛周围诸多海岛之一，据自北向南顺序，第二次全国海域地名普查时命今名。面积约 53 平方米。基岩岛。

渔女三岛 (Yúnǚ Sāndǎo)

北纬 22°15.9′，东经 113°35.1′。位于珠海市香洲区香洲湾南部，珠海渔女岛东南 250 米，南距大陆 50 米。《广东省海岛、礁、沙洲名录表》（1993）记为 ZH41。该岛为珠海渔女岛周围诸多海岛之一，据自北向南顺序，第二次全国海域地名普查时更名为渔女三岛。岸线长 82 米，面积 356 平方米，高约 2.1 米。基岩岛。

渔女四岛 (Yúnǚ Sìdǎo)

北纬 22°15.9′，东经 113°35.2′。位于珠海市香洲区香洲湾南部，珠海渔女岛东南 650 米，西南距大陆 70 米。该岛为珠海渔女岛周围诸多海岛之一，据自北向南顺序，第二次全国海域地名普查时命今名。岸线长 70 米，面积 103 平方米。基岩岛。

鸡笼岛 (Jīlóng Dǎo)

北纬 22°15.4′，东经 113°37.0′。位于珠海市九洲列岛北部，大九洲北 1.06 千米，西距大陆 2.68 千米。岛呈圆形，多岩洞，形似鸡笼，故名鸡笼岛。又称鸡笼山。因该岛为一圆顶小山岗，别名圆岗。《中国海洋岛屿简况》（1980）、1984 年登记的《广东省珠海市海域海岛地名卡片》记为鸡笼山。《广东省海域地名志》（1989）、《广东省海岛、礁、沙洲名录表》（1993）、《广东省志·海洋与海岛志》（2000）、《全国海岛名称与代码》（2008）均记为鸡笼岛。岸线长 429 米，面积 0.013 9 平方千米，高 39.5 米。基岩岛。

横山岛 (Héngshān Dǎo)

北纬 22°15.0′，东经 113°35.9′。位于珠海市九洲列岛中部，大九洲西北 1.3 千米，九洲港西 540 米。曾名横洲。东西走向，头尖尾齐，形似一只船横于水面，故称横洲。因重名，改为横山岛。《中国海洋岛屿简况》（1980）记为横洲。1984 年登记的《广东省珠海市海域海岛地名卡片》、《广东省海域地名志》（1989）、《广东省海岛、礁、沙洲名录表》（1993）、《广东省志·海洋与海岛志》（2000）、《全国海岛名称与代码》（2008）均记为横山岛。岸线长 834 米，面积 0.041 5 平方千米，海拔 44.3 米。基岩岛，由花岗岩构成，东高西低。表层为黄沙黏土，长有稀疏茅草及灌木，有泉水。多为石质岸，西北、西南岸外多干出礁。2011 年岛上常住人口 10 人。现开发为旅游区，岛西侧小港湾停泊小渔船和快艇等，并有临时住棚。

海獭洲 (Hǎitǎ Zhōu)

北纬 22°14.7′，东经 113°36.0′。位于珠海市九洲列岛西南部，大九洲西 1.16 千米，西距大陆 920 米。又名檫洲、细岗。以前有很多海獭在此生息，故名。因该岛为一圆形小山岗，又称细岗。《中国海洋岛屿简况》（1980）称为檫洲。1984 年登记的《广东省珠海市海域海岛地名卡片》、《广东省海域地名志》

（1989）、《广东省海岛、礁、沙洲名录表》（1993）、《广东省志·海洋与海岛志》（2000）、《全国海岛名称与代码》（2008）均记为海獭洲。岸线长216米，面积3 361平方米，高20.4米。基岩岛。长有草丛和灌木。有一废弃民房。

镬盖石（Huògài Shí）

北纬22°14.6′，东经113°37.2′。位于珠海市香洲区九洲列岛中部，大九洲东590米，西距大陆2.91千米。呈圆形，似镬盖，故名。1984年登记的《广东省珠海市海域海岛地名卡片》记为镬盖石。岸线长62米，面积287平方米，高3.7米。基岩岛。

西大排岛（Xīdàpái Dǎo）

北纬22°14.6′，东经113°37.2′。位于珠海市香洲区九洲列岛东部，大九洲东680米，西距大陆2.99千米。又名西大排、大排。由许多礁石组成，且位置较西，故名。因岛上乱石杂乱无序，曾名乱石堆。1984年登记的《广东省珠海市海域海岛地名卡片》记为西大排。《广东省海域地名志》（1989）、《广东省海岛、礁、沙洲名录表》（1993）、《广东省志·海洋与海岛志》（2000）、《全国海岛名称与代码》（2008）记为西大排岛。岸线长237米，面积3 300平方米，高6.1米。基岩岛。长有草丛。

磨盘礁（Mòpán Jiāo）

北纬22°14.6′，东经113°36.6′。位于珠海市香洲区九洲列岛中部，大九洲西70米，西距大陆2.03千米。又名豆腐磨。岛上最大一块礁石形似磨石，故名。1984年登记的《广东省珠海市海域海岛地名卡片》记为豆腐磨。《广东省海域地名志》（1989）、《广东省海岛、礁、沙洲名录表》（1993）称为磨盘礁。岸线长40米，面积115平方米，高1.8米。基岩岛。

磨盘礁西岛（Mòpánjiāo Xīdǎo）

北纬22°14.5′，东经113°36.6′。位于珠海市香洲区九洲列岛中部，磨盘礁西160米，西距大陆1.99千米。因处磨盘礁西面，第二次全国海域地名普查时命今名。面积约6平方米。基岩岛。

大九洲 (Dàjiǔ Zhōu)

北纬 22°14.5′，东经 113°36.8′。位于珠海市香洲区九洲列岛中部，九洲港以东 2.08 千米。位于九洲列岛中心，面积最大，山峰最高，是九洲列岛主岛，故名大九洲。又名九洲、九洲岛。《中国海洋岛屿简况》（1980）称为九洲。1984 年登记的《广东省珠海市海域海岛地名卡片》、《广东省海域地名志》（1989）、《广东省海岛、礁、沙洲名录表》（1993）、《广东省志·海洋与海岛志》（2000）、《全国海岛名称与代码》（2008）均记为大九洲。岸线长 2.41 千米，面积 0.167 5 平方千米，高 55.6 米。基岩岛。2011 年岛上常住人口 8 人。原驻军离岛后，开发旅游业。建有几处观光亭，东侧沙滩旁有烧烤场地，山间有石阶路通达山顶及沿岛环绕，有运送旅客的码头。北端山峰建有澳门机场导航塔，塔周边有一些建筑设施及多间住房。该岛是国家公布的第一批开发利用无居民海岛，主要用途为旅游娱乐用岛。

大九洲西岛 (Dàjiǔzhōu Xīdǎo)

北纬 22°14.4′，东经 113°36.6′。位于珠海市香洲区九洲列岛中部，大九洲西 4 米，西距大陆 2.21 千米。因位于大九洲西面，第二次全国海域地名普查时命今名。面积约 61 平方米。基岩岛。

龙眼洲 (Lóngyǎn Zhōu)

北纬 22°14.4′，东经 113°37.0′。位于珠海市香洲区九洲列岛南部，大九洲东南 240 米，西距大陆 2.71 千米。当地群众惯称。《中国海洋岛屿简况》（1980）、1984 年登记的《广东省珠海市海域海岛地名卡片》、《广东省海域地名志》（1989）、《广东省海岛、礁、沙洲名录表》（1993）、《广东省志·海洋与海岛志》（2000）、《全国海岛名称与代码》（2008）均记为龙眼洲。岸线长 568 米，面积 18 535 平方米，高 37.6 米。基岩岛。长有草丛和灌木。

榕树头岛 (Róngshùtóu Dǎo)

北纬 22°10.8′，东经 113°47.8′。位于珠海市香洲区大濠水道西侧，牛头岛西北 100 米，西北距大陆 22.28 千米。当地群众惯称。又名榕树头、青州仔。香山县志记载：“榕树头又称青州仔。”《中国海洋岛屿简况》（1980）称为榕树头。1984年登记的《广东省珠海市海域海岛地名卡片》、《广东省海域地名志》（1989）、《广东省海岛、礁、沙洲名录表》（1993）、《广东省志·海洋与海岛志》（2000）、《全国海岛名称与代码》（2008）均记为榕树头岛。岸线长981米，面积0.043 6平方千米，高47.9米。基岩岛，由花岗岩构成。北高南低，表层为褐色砂砾土，沿岸为岩石滩。植被茂密。岛顶有灯塔，并有简易石阶。

牛头岛 (Niútóu Dǎo)

北纬22°10.2′，东经113°48.2′。位于珠海市香洲区大濠水道西侧，桂山岛西北650米，西北距大陆最近点22.56千米。岛形似牛头，故名。《中国海洋岛屿简况》（1980）、1984年登记的《广东省珠海市海域海岛地名卡片》、《广东省海域地名志》（1989）、《广东省海岛、礁、沙洲名录表》（1993）、《广东省志·海洋与海岛志》（2000）、《全国海岛名称与代码》（2008）均记为牛头岛。岛呈西北—东南走向，岸线长8.1千米，面积1.387 1平方千米，高139.9米。基岩岛，由花岗闪长岩构成，西北部地势高，面积大。东南部狭长而平缓，多露岩，表层为砂砾土，长有茅草和灌木丛。岛岸曲折多湾，沿岸岩石滩和砾石滩相间，近岸多礁。有泉水6处。2011年岛上常住人口50人，现有修船厂。岛上建有灯塔。港珠澳大桥岛隧工程将其作为大型预制件基地。

牛角岛 (Niújiǎo Dǎo)

北纬22°09.8′，东经113°48.7′。位于珠海市香洲区大濠水道西侧，牛头岛东南260米，西北距大陆24.58千米。因形似牛角，第二次全国海域地名普查时命今名。基岩岛。岸线长53米，面积166平方米。

三角岛 (Sānjiǎo Dǎo)

北纬22°08.5′，东经113°42.6′。位于珠海市香洲区，青洲水道东侧，西北距大陆15.65千米。从桂山和西面两个方向看，可见三个尖形小山成鼎状耸立，故名三角岛。又名三角山岛。《中国海洋岛屿简况》（1980）记为三角山岛。1984年登记的《广东省珠海市海域海岛地名卡片》、《广东省海域地名志》（1989）、《广东省海岛、礁、沙洲名录表》（1993）、《广东省志·海洋与海岛志》（2000）、《全国海岛名称与代码》（2008）均记为三角岛。岛呈东西走向，岸线长4.71千米，面积0.847 3平方千米，高112米。基岩岛，由花岗岩构成。西部高且宽大，东部低缓狭窄，表层为黄沙土，长有灌木和低矮杂草。沿岸北部为岩石滩，余为砾石滩。香港惠记公司在岛上建采石场已20余年，进行环岛开发，建有1个运输砂石码头，并有数间以前采砂人员居住的民房。该岛是国家公布的第一批开发利用无居民海岛，主导用途为旅游与交通用岛。

百足排 (Bǎizú Pái)

北纬22°08.2′，东经113°42.4′。位于珠海市香洲区，青洲水道东侧，三角岛南120米，西北距大陆16.41千米。该岛正北方三角岛近岸有一巨石，其上有一自然形成的蜈蚣图样，因该岛靠近此石，故名百足排。1984年登记的《广东省珠海市海域海岛地名卡片》、《广东省海域地名志》（1989）、《广东省海岛、礁、沙洲名录表》（1993）均记为百足排。岸线长42米，面积98平方米，高2.9米。基岩岛。

鸡士藤岛 (Jīshìténg Dǎo)

北纬22°07.8′，东经113°42.6′。位于珠海市香洲区，青洲水道东侧，三角岛南820米，西北距大陆16.9千米。又名鸡屎藤排、鸡士令排。据说过去该岛生长许多鸡屎藤，故名鸡屎藤排，后因名称不雅，改为鸡士藤岛。《中国海洋岛屿简况》（1980）记为鸡士令排。1984年登记的《广东省珠海市海域海岛地名卡片》记为鸡屎藤排。《广东省海域地名志》（1989）、《广东省海岛、礁、沙洲名录表》（1993）、《广东省志·海洋与海岛志》（2000）、《全国海岛名称与代码》（2008）均记为鸡士藤岛。岛呈椭圆形，西北—东南走向，岸线长156米，面积1 732平方米，高15.1米。基岩岛，由花岗岩构成。表层有少量黄沙黏土，长有草丛和灌木。沿岸为岩石岸。南侧为细碌门，水流甚急，涌浪较大。

大碌岛 (Dàlù Dǎo)

北纬22°07.0′，东经113°41.9′。位于珠海市香洲区，青洲水道东侧，大头洲北650米，西北距大陆16.29千米。碌是当地人用石头制作的圆柱形农具，因大碌与细碌岛邻近都有许多大石成碌状，该岛较大，故名大碌岛。《中国海洋岛屿简况》（1980）、1984年登记的《广东省珠海市海域海岛地名卡片》、《广东省海域地名志》（1989）、《广东省海岛、礁、沙洲名录表》（1993）、《广东省志·海洋与海岛志》（2000）、《全国海岛名称与代码》（2008）均记为大碌岛。岸线长1.79千米，面积0.146 1平方千米，高88.7米。基岩岛，由花岗岩构成，北高南低，表层为黄沙黏土。周边大石中有小型阶梯。

大碌礁 (Dàlù Jiāo)

北纬22°07.5′，东经113°42.0′。位于珠海市香洲区，青洲水道东侧，大碌岛北620米，西北距大陆16.33千米。处在大碌岛旁边，且面积比大碌岛小，故名。1984年登记的《广东省珠海市海域海岛地名卡片》、《广东省海域地名志》（1989）、《广东省海岛、礁、沙洲名录表》（1993）均记为大碌礁。岸线长134米，面积519平方米，海拔8.3米。基岩岛。

细碌岛 (Xìlù Dǎo)

北纬22°07.9′，东经113°42.3′。位于珠海市香洲区，青洲水道东侧，三角岛南630米，西北距大陆16.41千米。该岛与其南侧相距较近的大碌岛均略呈长形，当地方言称条为“碌”，该岛较小，而称细碌。另有一说“碌”是当地人用石头制作的圆柱形农具，用作辗未脱谷之用，因大碌与细碌岛邻近都有许多大石成碌状，两岛相距较近，故以其大小取名。《中国海洋岛屿简况》（1980）、1984年登记的《广东省珠海市海域海岛地名卡片》记为细碌。《广东省海域地名志》（1989）、《广东省海岛、礁、沙洲名录表》（1993）、《广东省志·海洋与海岛志》（2000）、《全国海岛名称与代码》（2008）均记为细碌岛。岸线长625米，面积0.023平方千米，高45.5米。基岩岛，由花岗岩构成。岛东北—西南走向，东北高，西南低，表层为黄黏土。岛上长有草丛和灌木。

大头洲 (Dàtóu Zhōu)

北纬22°06.0′，东经113°42.0′。位于珠海市香洲区，青洲水道东侧，大碌岛南650米，西北距大陆17.16千米。大头洲为当地惯称。因北侧大碌门潮流甚急，涌浪较大，又称大流洲。《中国海洋岛屿简况》（1980）、1984年登记的《广东省珠海市海域海岛地名卡片》、《广东省海域地名志》（1989）、《广东省海岛、礁、沙洲名录表》（1993）、《广东省志·海洋与海岛志》（2000）、《全国海岛名称与代码》（2008）均记为大头洲。岸线长3.94千米，面积0.640 2平方千米，海拔57.6米。基岩岛。建有1个小型码头和海事灯塔。

桂山岛（Guìshān Dǎo）

北纬22°08.1′，东经113°49.4′。位于珠海市万山群岛西北部，珠江口东部，大濠水道西侧，西北距大陆25.06千米。曾名十合堂、垃圾尾、由甲（yuēyóu）尾。清乾隆年间有10户人家从大陆移居至此，遂称十合堂。又因每遇台风或北风时，大陆和香港的杂物随风飘至此，堆满海滩，故又名垃圾尾，亦称由甲尾。1950年5月，中国人民解放军“桂山”号炮艇全体官兵在此岛登陆光荣殉国，为纪念桂山号，1954年该岛更名为桂山岛。《中国海洋岛屿简况》（1980）、1984年登记的《广东省珠海市海域海岛地名卡片》、《广东省海域地名志》（1989）、《广东省海岛、礁、沙洲名录表》（1993）、《广东省志·海洋与海岛志》（2000）、《全国海岛名称与代码》（2008）均记为“桂山”岛。岛呈南北走向，岸线长12.69千米，面积4.754 9平方千米，海拔233.5米。基岩岛，由花岗岩构成，中部高，四周低缓较平坦。有淡水资源，以基岩裂隙水为主，建有桂山水库。

该岛为桂山镇人民政府驻地，2011年有户籍人口1 347人。桂山岛群地处港、澳、深、珠之间的近海海域，大西、大濠等六条国际航道贯穿其中，深水港湾多，有小海湾15个，适于建多泊位深水港口，珠江口国际锚地设在其间。岛西侧锚地可停泊各类舰艇，利于守备。1986年该岛被列为珠海市文物保护单位，文天祥雕像凭海而立，“桂山”舰烈士纪念碑记录了20世纪50年代初在此发生的解放万山群岛战役首次海战事迹。已开发海岛渔村民俗风情游。是广东省最大海水网箱养殖基地之一，主要养殖品种有石斑鱼、鳢白等。现正试验可升降式深水大网箱养殖。岛西北部的中华白海豚保护区是国家四大自然保护区之一。

大堆岛（Dàduī Dǎo）

北纬22°07.7′，东经113°50.1′。位于珠海市香洲区万山群岛西北部，珠江口东部，大濠水道西侧，桂山岛东南 610 米，西北距大陆 27.59 千米。又名大堆、枕箱尾排。大堆岛为当地群众惯称，因邻近枕箱岛（亦名枕箱尾），又称枕箱尾排。《中国海洋岛屿简况》（1980）记为 5249。1984 年登记的《广东省珠海市海域海岛地名卡片》记为大堆、枕箱尾排。《广东省海域地名志》（1989）、《广东省海岛、礁、沙洲名录表》（1993）、《广东省志·海洋与海岛志》（2000）、《全国海岛名称与代码》（2008）称为大堆岛。岸线长 450 米，面积 5 228 平方米，高 15 米。基岩岛。岛上有一废弃航海标志。

小堆岛 (Xiǎoduī Dǎo)

北纬 22°07.8′，东经 113°50.1′。位于珠海市香洲区万山群岛西北部，珠江口东部，大濠水道西侧，桂山岛东南 570 米，西北距大陆 27.59 千米。附近有 2 个岛，相距 30 米，分处东西，似乱石堆积而成，该岛较小，故名。《广东省海域地名志》（1989）、《广东省海岛、礁、沙洲名录表》（1993）、《广东省志·海洋与海岛志》（2000）、《全国海岛名称与代码》（2008）均记为小堆岛。岸线长 55 米，面积 151 平方米，海拔 12 米。基岩岛。

枕箱岛 (Zhěnxiāng Dǎo)

北纬 22°07.4′，东经 113°50.1′。位于珠海市香洲区万山群岛西北部，珠江口东部，大濠水道西侧，桂山岛东南 520 米，西北距大陆 27.82 千米。又名枕箱尾、枕箱排。该岛形似枕头，四周整齐狭长，故名。《中国海洋岛屿简况》（1980）、1984 年登记的《广东省珠海市海域海岛地名卡片》记为枕箱尾。《广东省海域地名志》（1989）、《广东省海岛、礁、沙洲名录表》（1993）、《广东省志·海洋与海岛志》（2000）、《全国海岛名称与代码》（2008）均记为枕箱岛。岛南北走向。岸线长 2.06 千米，面积 0.118 1 平方千米，高 59.5 米。基岩岛，由花岗岩构成。表层为黄沙土，顶部较平坦，岛岸陡峭，沿岸为砾石滩。长有草丛和灌木。岛上建有海事局灯塔。附近海域有海水养殖。

大蜘洲 (Dàzhī Zhōu)

北纬 22°07.2′，东经 113°53.3′。位于珠海市香洲区蜘洲列岛东部，西北距大陆 26.05 千米，为其主岛。曾名大梳洲、大蜘蛛岛。岛呈圆形，东侧有一略呈圆形的小突岔咀，从南北方向看去，像蜘蛛浮于水面，故名。从西向北望去，该岛形似一把老式木梳，亦称为大梳洲。《中国海洋岛屿简况》（1980）称为大蜘蛛岛。1984年登记的《广东省珠海市海域海岛地名卡片》、《广东省海域地名志》（1989）、《广东省海岛、礁、沙洲名录表》（1993）、《广东省志·海洋与海岛志》（2000）、《全国海岛名称与代码》（2008）均记为大蜘洲。岸线长5.75千米，面积1.711 3平方千米，高245米。基岩岛，由花岗岩和花岗闪长岩构成。表层为黄沙土，石质岸、砾石岸相间。主要港湾为蜘洲湾、庙湾，附近海域盛产虾、大黄鱼等。2011年岛上常住人口15人。蜘洲湾内建有"T"形码头一座，码头处有数间民房，建有简易公路。岛上还有旧营房和码头，建有海事局灯塔。

大蜘洲东岛（Dàzhīzhōu Dōngdǎo）

北纬22°07.3′，东经113°54.0′。位于珠海市香洲区蜘洲列岛东部，大蜘洲东2米，西北距大陆26.62千米。因位于大蜘洲东边，第二次全国海域地名普查时命今名。面积约70平方米。基岩岛。

小蜘洲（Xiǎozhī Zhōu）

北纬22°07.0′，东经113°52.3′。位于珠海市香洲区蜘洲列岛西部，大蜘洲西320米，西北距大陆27.33千米。该岛紧靠大蜘洲，比大蜘洲小，故名。又名蜘洲仔、细洲、小蜘蛛岛。《中国海洋岛屿简况》（1980）称为小蜘蛛岛。1984年登记的《广东省珠海市海域海岛地名卡片》、《广东省海域地名志》（1989）、《广东省海岛、礁、沙洲名录表》（1993）、《广东省志·海洋与海岛志》（2000）、《全国海岛名称与代码》（2008）均记为小蜘洲。岸线长4.93千米，面积0.746 7平方千米，高109.3米。基岩岛，由花岗岩构成，地势东部高，西部较平缓。表多露岩，土层较薄，岛岸曲折陡峭，沿岸有砾石滩。2011年岛上常住人口10人。香港人曾承包开采碎石20余年，现已停产，岛东侧几乎被推平。现有海事局灯塔及多处废弃的航海标志。该岛是国家公布的第一批开发利用无居民海岛，主导用途为旅游与交通用岛。

姐妹排 (Jiěmèi Pái)

北纬 22°07.7′，东经 113°53.4′。位于珠海市香洲区蜘洲列岛东部，大蜘洲北 50 米，西北距大陆 25.99 千米。该岛由形状相似、大小不一的岩石组成，形似姐妹俩，故名。1984 年登记的《广东省珠海市海域海岛地名卡片》、《广东省海域地名志》（1989）、《广东省海岛、礁、沙洲名录表》（1993）均记为姐妹排。岸线长 64 米，面积 249 平方米。基岩岛。

赤滩岛 (Chìtān Dǎo)

北纬 22°07.1′，东经 113°45.5′。位于珠海市香洲区，桂山岛西 5.7 千米，西北距大陆 21.77 千米。又名石滩、赤滩、赤洲。因该岛巨石甚多，临岸及岛上乱石成堆，过去惯称石滩，“赤滩”是“赤”“石”近音之字误。《中国海洋岛屿简况》（1980）、1984 年登记的《广东省珠海市海域海岛地名卡片》记为赤滩。《广东省海域地名志》（1989）、《广东省海岛、礁、沙洲名录表》（1993）、《广东省志·海洋与海岛志》（2000）、《全国海岛名称与代码》（2008）均记为赤滩岛。东北—西南走向，岸线长 2.53 千米，面积 0.192 6 平方千米，高 70.2 米。基岩岛，由花岗岩构成。中部高，两端低缓，表层为黄沙土。东北岸陡峭，其余沿岸为砾石滩。建有海事局航海灯塔。

铜锣礁 (Tóngluó Jiāo)

北纬 22°06.9′，东经 114°03.3′。位于珠海市香洲区万山群岛中部东北端，三门列岛东北部，外伶仃岛东北 1.36 千米，西北距大陆 22.79 千米。该岛近铜锣角，原称铜锣排，又称大排。因与三灶大排重名，20 世纪 80 年代更名为铜锣礁。基岩岛。面积约 24 平方米。

外伶仃岛 (Wàilíngdīng Dǎo)

北纬 22°06.1′，东经 114°02.2′。位于珠海市万山群岛中部东北端，三门列岛东北部，珠江口东侧，香港岛南面，西北距大陆 23.73 千米，是珠三角地区进出南太平洋国际航线必经之地。该岛在内伶仃岛外海域，周围没有其他岛屿，故名外伶仃岛。《中国海洋岛屿简况》（1980）、1984 年登记的《广东省珠海市海域海岛地名卡片》、《广东省海域地名志》（1989）、《广东省海岛、礁、沙洲名录表》（1993）、《广东省志·海洋与海岛志》（2000）、《全国海岛名称与代码》（2008）均记为外伶仃岛。岸线长 12.09 千米，面积 4.309 2 平方千米，岛上主峰伶仃峰高 311.8 米。基岩岛，由花岗岩构成，东西高中间稍低。表层为褐色黏土，多露岩。岛上长有乔木和灌木。附近海域产公鱼、蓝圆鲹、横泽、青鳞、海河等。

该岛为担杆镇人民政府所在地，隶属于珠海市香洲区，2011 年有户籍人口 510 人。居民以捕鱼为主，兼网箱养鱼。有耕地约 6 700 平方米，种植蔬菜。岛上开发旅游业，主要景点有大东湾沙滩游乐场、石头公园风景区、摩岩石刻、香江海市、北帝晨钟、伶峰揽胜。天晴时可看到香港岛、桂山岛等岛。岛上有码头、商店、酒店，水电供应充足，开通微波电话和网络系统。该岛有两个港湾可避 6～7 级东北风。建有简易公路两条，有定期运输船只来往香洲、担杆岛等地。

外伶仃西一岛 (Wàilíngdīng Xīyī Dǎo)

北纬 22°06.4′，东经 114°01.3′。位于珠海市香洲区万山群岛中部东北端，三门列岛东北部，外伶仃岛西 39 米，西北距大陆 25.34 千米。外伶仃岛西面有 2 个海岛，按自北向南的顺序排列，该岛处第一，第二次全国海域地名普查时命今名。岸线长 71 米，面积 327 平方米。基岩岛。

外伶仃西二岛 (Wàilíngdīng Xī'èr Dǎo)

北纬 22°06.4′，东经 114°01.3′。位于珠海市香洲区万山群岛中部东北端，三门列岛东北部，外伶仃岛西北 6 米，西北距大陆 25.39 千米。《广东省海岛、礁、沙洲名录表》（1993）记为 ZH13。外伶仃岛西面有 2 个海岛，按自北向南顺序排列，该岛处第二，第二次全国海域地名普查时更为今名。面积约 43 平方米。基岩岛。

外伶仃南岛 (Wàilíngdīng Nándǎo)

北纬 22°05.5′，东经 114°02.3′。位于珠海市香洲区万山群岛中部东北端，三门列岛东北部，外伶仃岛南 15 米，西北距大陆 25.89 千米。因位于外伶仃岛南面，第二次全国海域地名普查时命今名。面积约 53 平方米。基岩岛。

外伶仃东一岛（Wàilíngdīng Dōngyī Dǎo）

北纬 22°06.3′，东经 114°02.8′。位于珠海市香洲区万山群岛中部东北端，三门列岛东北部，外伶仃岛东北 21 米，西北距大陆 24.12 千米。《广东省海岛、礁、沙洲名录表》（1993）记为 ZH10。外伶仃岛东面有 4 个海岛，按自北向南顺序排列，该岛处第一，第二次全国海域地名普查时更为今名。面积约 69 平方米。基岩岛。

外伶仃东二岛（Wàilíngdīng Dōng'èr Dǎo）

北纬 22°06.3′，东经 114°02.9′。位于珠海市香洲区万山群岛中部东北端，三门列岛东北部，外伶仃岛东北 18 米，西北距大陆 24.12 千米。外伶仃岛东面有 4 个海岛，按自北向南顺序排列，该岛处第二，第二次全国海域地名普查时命今名。面积约 23 平方米。基岩岛。

外伶仃东三岛（Wàilíngdīng Dōngsān Dǎo）

北纬 22°06.1′，东经 114°03.0′。位于珠海市香洲区万山群岛中部东北端，三门列岛东北部，外伶仃岛东 13 米，西北距大陆 24.44 千米。《广东省海岛、礁、沙洲名录表》（1993）记为 ZH11。外伶仃岛东面有 4 个海岛，按自北向南顺序排列，该岛处第三，第二次全国海域地名普查时更为今名。面积约 130 平方米。基岩岛。

外伶仃东四岛（Wàilíngdīng Dōngsì Dǎo）

北纬 22°05.8′，东经 114°03.1′。位于珠海市香洲区万山群岛中部东北端，三门列岛东北部，外伶仃岛东 28 米，西北距大陆 24.84 千米。《广东省海岛、礁、沙洲名录表》（1993）记为 ZH12。外伶仃岛东面有 4 个海岛，按自北向南顺序排列，该岛处第四，第二次全国海域地名普查时更为今名。面积约 53 平方米。基岩岛。

东石礁（Dōngshí Jiāo）

北纬 22°06.9′，东经 113°27.2′。位于珠海市香洲区横琴镇西，横琴岛西 400 米，东北距大陆 4.43 千米。因与西石礁东西相对，故名。1984 年登记的《广东省珠海市海域海岛地名卡片》、《广东省海域地名志》（1989）、《广东省海岛、礁、沙洲名录表》（1993）均记为东石礁。岸线长 53 米，面积 198 平方米，高 2.5 米。基岩岛。建有航标。

横琴岛 (Héngqín Dǎo)

北纬 22°06.9′，东经 113°30.6′。位于珠海市香洲西南，伶仃洋西南侧，东北与澳门相望，北距大陆 430 米。珠海市最大的海岛。岛上有横琴镇，岛因镇得名；另有一说，该岛就像横在南海碧波上的古琴，故名。曾名仙女澳、横琴山、大横琴、小横琴、大横琴岛、小横琴岛。宋景炎二年（1277 年）少帝乘舟入海至仙女澳即此。《明一统志》称其横琴山。《香山县志》曾记载该岛为大横琴和小横琴。原为南北二岛，北岛小，南岛大，且南岛南部有山似横琴，二岛统称横琴岛。后南岛改称大横琴岛，北岛遂称小横琴岛。1969—1972 年珠海县与顺德县合作于二岛间围垦造田，筑成东西大堤，二岛连为一体，1986 年统称横琴岛。《中国海洋岛屿简况》（1980）记为大横琴、小横琴。1984 年登记的《广东省珠海市海域海岛地名卡片》、《广东省海域地名志》（1989）、《广东省海岛、礁、沙洲名录表》（1993）、《广东省志·海洋与海岛志》（2000）、《全国海岛名称与代码》（2008）均记为横琴岛。岸线长 48.55 千米，面积 84.143 5 平方千米，高 457.7 米。基岩岛，由花岗岩构成。地势南部高，北部较低，中部低平。南部为山丘地貌，北部为东西向狭长型丘陵地，中部围垦成田。处于北回归线以南，气候温和，属南亚热带季风气候区。岛上长有乔木和灌木，原始植被保存完好。

该岛为横琴镇人民政府所在海岛，隶属于珠海市香洲区。有 3 个社区，12 个自然村，2011 年有户籍人口 4 229 人。居民以农为主，兼营渔业。主要港湾有横琴湾、二横琴湾、深井湾，水深较浅，与澳门一水之隔。该岛有“十步一瀑布，百步万棵树”“雨后处处是瀑布，块块奇石都是景”的自然景观，素有“山不奇水奇、树不奇石奇、地不奇岛奇”之美称。岛上有新石器时代晚期的赤沙湾遗址、“南海前哨钢八连”营地、南宋古战场遗迹和许多美丽传说，有天湖景区、三叠泉、海洋乐园、石博园等旅游景点。盛产鲜蚝，有“一大、二肥、三白、四嫩、五脆”之特色。1992 年，广东省人民政府批准成立省级横琴经济开发区，

1998 年底确定为珠海五大经济功能区之一。现已建成连接市区的横琴大桥、与澳门相连的莲花大桥和国家一类口岸横琴口岸，实现了桥通、路通、水通、电通、邮通和口岸通。横琴大桥和莲花大桥相继通车，使该岛与珠海市区和澳门连成一体，成为内地通往澳门的第二个陆路通道。

长方礁 (Chángfāng Jiāo)

北纬 22°05.5′，东经 113°33.5′。位于珠海市香洲区横琴岛东南 430 米，北距大陆 9.51 千米。形似棺材，惯称棺材石，因此名不雅，改为长方礁。1984 年登记的《广东省珠海市海域海岛地名卡片》、《广东省海域地名志》（1989）、《广东省海岛、礁、沙洲名录表》（1993）均记为长方礁。岸线长 44 米，面积 130 平方米，高 5 米。基岩岛。

大三洲 (Dàsān Zhōu)

北纬 22°05.4′，东经 113°33.4′。位于珠海市香洲区横琴岛东南 81 米，北距大陆9.53千米。在此水域中有相邻三岛统称为三洲，该岛较大，定名大三洲。《中国海洋岛屿简况》（1980）记为三洲。1984 年登记的《广东省珠海市海域海岛地名卡片》、《广东省海域地名志》（1989）、《广东省海岛、礁、沙洲名录表》（1993）、《广东省志·海洋与海岛志》（2000）、《全国海岛名称与代码》（2008）均记为大三洲。岸线长 538 米，面积 0.011 9 平方千米，高 32.3 米。基岩岛，东西走向，由花岗岩构成，表层为黄沙土。长有灌木。该岛是国家公布的第一批开发利用无居民海岛，主导用途为旅游娱乐用岛。

小三洲 (Xiǎosān Zhōu)

北纬 22°05.5′，东经 113°33.4′。位于珠海市香洲区横琴岛东南 330 米，北距大陆 9.46 千米。曾名 5328、三洲。在此水域中有相近的三岛统称为三洲，该岛面积较小，定名小三洲。《中国海洋岛屿简况》（1980）记为 5328。1984 年登记的《广东省珠海市海域海岛地名卡片》、《广东省海域地名志》（1989）、《广东省海岛、礁、沙洲名录表》（1993）、《广东省志·海洋与海岛志》（2000）、《全国海岛名称与代码》（2008）均记为小三洲。岸线长 497 米，面积 0.013 4 平方千米，高 24.4 米。基岩岛，呈三角形，由花岗岩构成，表层为黄沙土。有一大地控制点。该岛是国家公布的第一批开发利用无居民海岛，主导用途为旅游娱乐用岛。

大牙排北岛 (Dàyápái Běidǎo)

北纬 22°04.8′，东经 113°48.1′。位于珠海市香洲区万山群岛西北部，西北距大陆 27.9 千米。第二次全国海域地名普查时命今名。面积约 69 平方米。基岩岛。

山排岛 (Shānpái Dǎo)

北纬 22°04.6′，东经 113°48.0′。位于珠海市香洲区万山群岛西北部，西北距大陆 27.78 千米。曾名三排、山排。因在三牙排岛群中面积排第三而得名，惯称三排，后改为音近字异的“山排”。1984 年登记的《广东省珠海市海域海岛地名卡片》记为山排。《广东省海域地名志》（1989）、《广东省海岛、礁、沙洲名录表》（1993）、《广东省志·海洋与海岛志》（2000）、《全国海岛名称与代码》（2008）均记为山排岛。岸线长 160 米，面积 1 708 平方米，高 7 米。基岩岛。

头鲈洲 (Tóulú Zhōu)

北纬 22°04.2′，东经 113°56.4′。位于珠海市香洲区隘洲列岛东北端，隘洲东北 640 米，西北距大陆 31.9 千米。因该岛附近水域盛产头鲈鱼，当地惯称头鲈排，图上一直沿用头鲈洲。又名头颅洲、头颅排。“头颅”为“头鲈”的字误。《中国海洋岛屿简况》（1980）、1984 年登记的《广东省珠海市海域海岛地名卡片》记为头颅洲。《广东省海域地名志》（1989）、《广东省海岛、礁、沙洲名录表》（1993）、《广东省志·海洋与海岛志》（2000）、《全国海岛名称与代码》（2008）均记为头鲈洲。岸线长 627 米，面积 0.019 9 平方千米，高 34 米。基岩岛。岛上长有草丛和灌木。

头鲈洲仔 (Tóulú Zhōuzǎi)

北纬 22°04.2′，东经 113°56.5′。位于珠海市香洲区隘洲列岛东北部，头鲈洲东 40 米，西北距大陆 31.94 千米。该岛面积小于西侧头鲈洲，故名头鲈洲仔。亦名头颅洲仔，属于字误。1984 年登记的《广东省珠海市海域海岛地名卡片》

记为头颅洲仔。《广东省海域地名志》（1989）、《广东省海岛、礁、沙洲名录表》（1993）、《广东省志·海洋与海岛志》（2000）、《全国海岛名称与代码》（2008）均记为头鲈洲仔。岸线长279米，面积4 118平方米，高14.4米。基岩岛。建有海事灯塔1座。

头鲈洲西岛（Tóulúzhōu Xīdǎo）

北纬22°04.2′，东经113°56.3′。位于珠海市香洲区隘洲列岛东北部，头鲈洲西13米，西北距大陆31.97千米。因位于头鲈洲西面，第二次全国海域地名普查时命今名。面积约41平方米。基岩岛。

头鲈石岛（Tóulúshí Dǎo）

北纬22°04.1′，东经113°56.4′。位于珠海市香洲区隘洲列岛东北部，头鲈洲南320米，西北距大陆32.31千米。因该岛邻近头鲈洲，面积较小，且全部由岩石组成，无土壤无植被，如一巨石立于水中，故名头鲈石岛。亦名头颅石岛，“颅”属于字误。1984年登记的《广东省珠海市海域海岛地名卡片》记为头颅石岛。《广东省海域地名志》（1989）、《广东省海岛、礁、沙洲名录表》（1993）、《广东省志·海洋与海岛志》（2000）、《全国海岛名称与代码》（2008）均记为头鲈石岛。岸线长102米，面积483平方米，高17.9米。基岩岛。

头鲈石北岛（Tóulúshí Běidǎo）

北纬22°04.1′，东经113°56.4′。位于珠海市香洲区隘洲列岛东北部，头鲈石岛西北190米，西北距大陆32.25千米。因在头鲈石岛北面，第二次全国海域地名普查时命今名。岸线长55米，面积176平方米，高约3米。基岩岛。

头鲈内岛（Tóulú Nèidǎo）

北纬22°04.0′，东经113°56.4′。位于珠海市香洲区隘洲列岛东北部，头鲈石岛东南19米，西北距大陆32.36千米。头鲈洲附近有2个海岛，该岛距头鲈洲较近，第二次全国海域地名普查时命今名。岸线长45米，面积129平方米，高约3米。基岩岛。

头鲈外岛（Tóulú Wàidǎo）

北纬22°04.0′，东经113°56.4′。位于珠海市香洲区隘洲列岛东北部，头鲈石岛东南 93 米，西北距大陆 32.43 千米。头鲈洲附近有 2 个海岛，该岛距头鲈洲较远，第二次全国海域地名普查时命今名。岸线长 43 米，面积 114 平方米，高约 3 米。基岩岛。

圆岗岛 (Yuángǎng Dǎo)

北纬 22°04.1′，东经 113°58.3′。位于珠海市香洲区三门列岛西北端，黑洲西北 690 米，西北距大陆 31.75 千米。又名圆岗、大岗。该岛形状似圆形，得名圆岗，又称圆岗岛。因该岛和小岗（马岗）相近且面积较大，惯称大岗。《中国海洋岛屿简况》（1980）、1984 年登记的《广东省珠海市海域海岛地名卡片》记为圆岗。《广东省海域地名志》（1989）、《广东省海岛、礁、沙洲名录表》（1993）、《广东省志·海洋与海岛志》（2000）、《全国海岛名称与代码》（2008）均记为圆岗岛。岸线长 593 米，面积 0.024 8 平方千米，高 45.5 米。基岩岛，由花岗岩构成。地势中部高，四周低，植被稀少。

圆岗南岛 (Yuángǎng Nándǎo)

北纬 22°04.0′，东经 113°58.3′。位于珠海市香洲区三门列岛西北端，黑洲西北 350 米，圆岗岛西南 360 米，西北距大陆 31.95 千米。《广东省海岛、礁、沙洲名录表》（1993）记为 ZH19。因位于圆岗岛南面，第二次全国海域地名普查时更为今名。面积约 6 平方米。基岩岛。

马岗岛 (Mǎgǎng Dǎo)

北纬 22°03.9′，东经 113°58.3′。位于珠海市香洲区三门列岛西北部，黑洲西北 200 米，西北距大陆 32.11 千米。又名马岗、小岗。该岛和大岗相近且面积小，称小岗，后改名马岗、马岗岛。《中国海洋岛屿简况》（1980）、1984 年登记的《广东省珠海市海域海岛地名卡片》记为马岗。《广东省海域地名志》（1989）、《广东省海岛、礁、沙洲名录表》（1993）、《广东省志·海洋与海岛志》（2000）、《全国海岛名称与代码》（2008）均记为马岗岛。岸线长 101 米，面积 714 平方米，高 26.3 米。基岩岛。岛呈椭圆形，中间高，周围低，植被稀疏。

马岗北岛 (Măgăng Běidăo)

北纬 22°04.0′，东经 113°58.2′。位于珠海市香洲区三门列岛西北部，黑洲西北 270 米，马岗岛北 160 米，西北距大陆 32.09 千米。因位于马岗岛北面，第二次全国海域地名普查时命今名。面积约 52 平方米。基岩岛。

黑洲 (Hēi Zhōu)

北纬 22°03.7′，东经 113°58.5′。位于珠海市香洲区三门列岛西北部，三门岛西北 1.05 千米，西北距大陆 31.85 千米。该岛有黑色沙黏土，故名。又称北洲、ZH18。《中国海洋岛屿简况》（1980）、1984 年登记的《广东省珠海市海域海岛地名卡片》、《广东省海域地名志》（1989）、《广东省海岛、礁、沙洲名录表》（1993）、《广东省志·海洋与海岛志》（2000）、《全国海岛名称与代码》（2008）均记为黑洲。呈西北—东南走向，岸线长 4.28 千米，面积 0.593 6 平方千米，高 97.9 米。基岩岛，由花岗岩构成。茅草茂密，东部有灌木丛。

海豚头岛 (Hăitúntóu Dăo)

北纬 22°03.1′，东经 113°59.6′。位于珠海市香洲区三门列岛中部，三门岛北 43 米，西北距大陆 32 千米。《广东省海岛、礁、沙洲名录表》（1993）记为 ZH17。由北向南看，该岛形似海豚头，第二次全国海域地名普查时更为今名。面积约 39 平方米。基岩岛。

高排礁 (Gāopái Jiāo)

北纬 22°02.9′，东经 114°01.0′。位于珠海市香洲区三门列岛东部，竹湾头岛北 270 米，西北距大陆 31.14 千米。该岛在三门列岛礁石中最高，故名高排礁。1984 年登记的《广东省珠海市海域海岛地名卡片》、《广东省海岛、礁、沙洲名录表》（1993）、《广东省志·海洋与海岛志》（2000）、《全国海岛名称与代码》（2008）均记为高排礁。岸线长 191 米，面积 2 528 平方米，高 10.9 米。基岩岛。

三门岛 (Sānmén Dăo)

北纬 22°02.8′，东经 113°59.8′。位于珠海市香洲区三门列岛中央，西北距大陆 31.8 千米，为其主岛。列岛中各岛相距有三条水道，渔民叫三门，因位于三门水道中，惯称三门岛。据《香山县志》记载，“距鞋洲东面二里半三小岛自西北至东南分列三里又四分之一三岛间各水道曰三门”，故名。《中国海洋岛屿简况》（1980）、1984年登记的《广东省珠海市海域海岛地名卡片》、《广东省海域地名志》（1989）、《广东省海岛、礁、沙洲名录表》（1993）、《广东省志·海洋与海岛志》（2000）、《全国海岛名称与代码》（2008）均记为三门岛。岸线长5.28千米，面积0.859 6平方千米，高94.4米。岛呈南北走向，北部宽且高，南部窄而低，形似鱼钩。基岩岛，由花岗岩构成。表层为砂砾黄土，南部和东侧土层较厚，有茂密的茅草和灌木丛；西南部土层很薄，杂草稀少。2011年岛上常住人口20人。1981年担杆区与港商合办石矿场，所采碎石运往香港、珠海等地。该岛开采后，山体已严重破坏，中部和周边海岸也被推平。现岛上有数间房屋，为开采人员办公居住用。三门湾为该岛主要港湾，可泊渔船30余艘，可避7级以下北风和东南风。岛东北离岸约250米处有干出礁，对航行船只影响较大。

三门洲 (Sānmén Zhōu)

北纬22°03.3′，东经114°00.5′。位于珠海市香洲区三门列岛中部，三门岛东北850米，西北距大陆30.91千米。该岛在三门水道内，比南面三门岛小，故名。1984年登记的《广东省珠海市海域海岛地名卡片》、《广东省海域地名志》（1989）、《广东省海岛、礁、沙洲名录表》（1993）、《广东省志·海洋与海岛志》（2000）、《全国海岛名称与代码》（2008）均记为三门洲。岸线长876米，面积0.046 9平方千米，高62.4米。基岩岛。岛上长有草丛和灌木。

竹湾头岛 (Zhúwāntóu Dǎo)

北纬22°02.6′，东经114°00.9′。位于珠海市香洲区三门列岛东部，三门岛东1.28千米，西北距大陆31.32千米。该岛北半部较大且有弯形，南半部较小，整岛形状像一棵竹头（竹子的根部），故名。1984年登记的《广东省珠海市海域海岛地名卡片》、《广东省海域地名志》（1989）、《广东省海岛、礁、沙洲名录表》（1993）、《广东省志·海洋与海岛志》（2000）、《全国海岛名称与代码》（2008）均记为竹湾头岛。岸线长3.33千米，面积0.375 3平方千米，高 72.5 米。基岩岛。岛岸曲折，北部较平坦，主要港湾有沙湾和细湾，均为沙底。水源较少。2011 年岛上常住人口 10 人。岛及周边海域主要进行养殖，建有数个养殖鱼池、数间民房。该岛适宜中小船只靠岸，可避 5～6 级东北风和东南风。

担杆岛 (Dàngān Dǎo)

北纬 22°02.6′，东经 114°16.1′。位于珠海市东南，珠江口外担杆列岛东北端，香港特别行政区南面，东南距大陆 21.52 千米。太平洋国际航道从该岛旁边经过。是担杆列岛中的最大岛。因岛屿由 7 座山峰连成一线，既窄又长，形似扁担，故名担杆岛。又名担杆山、担竿洲。《中国海洋岛屿简况》（1980）、1984 年登记的《广东省珠海市海域海岛地名卡片》、《广东省海域地名志》（1989）、《广东省海岛、礁、沙洲名录表》（1993）、《广东省志·海洋与海岛志》（2000）、《全国海岛名称与代码》（2008）均记为担杆岛。岸线长 32.24 千米，面积 13.389 7 平方千米，高 322 米。基岩岛，由花岗岩和花岗闪长岩构成。东北至西南走向，地势中间高两端低。岛中有大小石洞 9 个，表层为黄沙黏土，土层较厚，露岩甚多，淡水充足。周围海域产公鱼、蓝圆鲹、紫菜等。

有居民海岛，隶属于珠海市香洲区。2011 年有户籍人口 80 人，常住人口 100 人，主要分布在担杆头及担杆中，其中户籍人口主要居住在担杆头处，担杆中均为外来常住人口。有村庄、小学、幼儿园、水产站、粮店、供销社、邮电所、卫生所、火力发电站等。淡水主要来源于雨水及山坑水，电力主要来源于火力发电、柴油发电机，少量来源于风能、水能、太阳能。畜牧及农田均为居民养殖、种植自给自足。岛上有很多遗弃的旧营房和坑道。有港湾 12 个，担杆头湾、担杆中湾、一门湾建有小型钢筋混凝土码头共 4 座，可泊 100 吨级船。岛上有简易公路，通往各主要港湾。周围有多处水域进行围海养殖。属淇澳 - 担杆岛自然保护区，主要保护岛上的猕猴、鸟类及海岛生态环境。岛西南部有野生猕猴 1 300 多只，1978 年划为广东省濒危动物保护区。

担杆南岛 (Dàngān Nándǎo)

北纬 22°02.3′，东经 114°17.5′。位于珠海市香洲区担杆列岛东北端，担杆岛南 12 米，西北距大陆 24.59 千米。因位于担杆岛南面，第二次全国海域地名普查时命今名。岸线长 144 米，面积 496 平方米，高约 5 米。基岩岛。

南洋湾岛 (Nányángwān Dǎo)

北纬 22°01.6′，东经 114°14.4′。位于珠海市香洲区担杆列岛东北端，担杆岛南 16 米，西北距大陆 26.39 千米。因位于南洋湾，第二次全国海域地名普查时命今名。岸线长 92 米，面积 476 平方米，高约 5 米。基岩岛。

隘洲 (Ài Zhōu)

北纬 22°02.6′，东经 113°55.4′。位于珠海市香洲区隘洲列岛东部，为其主岛，西北距大陆 34.1 千米。附近有东西两岛，该岛靠东，面积较大，岛岸陡峭，其间水域狭窄，形若关隘，故名隘洲。《中国海洋岛屿简况》（1980）、1984 年登记的《广东省珠海市海域海岛地名卡片》、《广东省海域地名志》（1989）、《广东省海岛、礁、沙洲名录表》（1993）、《广东省志·海洋与海岛志》（2000）、《全国海岛名称与代码》（2008）均记为隘洲。岸线长 7 千米，面积 1.761 8 平方千米，高 215.8 米。基岩岛，由花岗岩构成。东北高，西南低，东北—西南排列，顶部巨岩外露。表层为黄沙土，长有灌木丛，淡水充足。砾石岸，间有石质岸，沿岸多礁。主要港湾有铺头湾和东湾，常有船只在此避风。2011 年岛上常住人口 20 人。西面海域有养殖场和数间平房，有简易公路和码头。岛上淡水来自地下水。照明靠发电供应。岛上建有海事灯塔和国家大地控制点。

隘洲西一岛 (Àizhōu Xīyī Dǎo)

北纬 22°02.6′，东经 113°54.9′。位于珠海市香洲区隘洲列岛东部，隘洲西 59 米，西北距大陆 35.17 千米。隘洲西面有两海岛，按自北向南顺序排第一，第二次全国海域地名普查时命今名。面积约 17 平方米。基岩岛。

隘洲西二岛 (Àizhōu Xī'èr Dǎo)

北纬 22°02.6′，东经 113°54.9′。位于珠海市香洲区隘洲列岛东部，隘洲西 54 米，西北距大陆 35.18 千米。隘洲西面有两海岛，按自北向南顺序排第二，第二次全国海域地名普查时命今名。面积约 11 平方米。基岩岛。

隘洲南一岛 (Àizhōu Nányī Dǎo)

北纬 22°02.3′，东经 113°56.0′。位于珠海市香洲区隘洲列岛东部，隘洲南

230 米，西北距大陆 35.48 千米。隘洲东南面有两海岛，该岛按自南向北顺序排第一，第二次全国海域地名普查时命今名。岸线长 49 米，面积 159 平方米。基岩岛。

隘洲南二岛 (Àizhōu Nán'èr Dǎo)

北纬 22°02.4′，东经 113°56.0′。位于珠海市香洲区隘洲列岛东部，隘洲东南 22 米，西北距大陆 35.45 千米。隘洲东南面有两海岛，该岛按自南向北顺序排第二，第二次全国海域地名普查时命今名。岸线长 70 米，面积 290 平方米。基岩岛。

隘洲仔 (Àizhōuzǎi)

北纬 22°02.3′，东经 113°54.5′。位于珠海市香洲区隘洲列岛西部，隘洲西 620 米，西北距大陆 35.08 千米。在隘洲列岛西面有两岛，分处东西，东者大，名隘洲；该岛在西，面积小，故名隘洲仔。《中国海洋岛屿简况》（1980）、1984 年登记的《广东省珠海市海域海岛地名卡片》、《广东省海域地名志》（1989）、《广东省海岛、礁、沙洲名录表》（1993）、《广东省志·海洋与海岛志》（2000）、《全国海岛名称与代码》（2008）均记为隘洲仔。岸线长 3.28 千米，面积 0.573 1 平方千米，高 154.7 米。基岩岛。2011 年岛上常住人口 10 人。岛东北面曾辟为采石场，现已废弃。建有海事灯塔和民房。

隘洲仔西岛 (Àizhōuzǎi Xīdǎo)

北纬 22°02.0′，东经 113°54.3′。位于珠海市香洲区隘洲列岛西部，隘洲西 1.13 千米，隘洲仔西南 11 米，西北距大陆 36.18 千米。《广东省海岛、礁、沙洲名录表》（1993）记为 ZH24。因位于隘洲仔西面，第二次全国海域地名普查时更为今名。岸线长 50 米，面积 160 平方米，高约 3 米。基岩岛。

黄白岛 (Huángbái Dǎo)

北纬 22°02.2′，东经 113°39.4′。位于珠海市香洲区万山列岛西北端，珠海黄茅岛西 10 米，西北距大陆 19.68 千米。曾名黄茅排，又名白排。该岛为光秃岩石，表面因受海洋气候影响而呈现黄白色，故名。《中国海洋岛屿简况》（1980）记为白排。1984 年登记的《广东省珠海市海域海岛地名卡片》、《广东省海域地名志》（1989）、《广东省海岛、礁、沙洲名录表》（1993）、《广东省志·海洋与海岛志》（2000）、《全国海岛名称与代码》（2008）均记为黄白岛。岸线长 250 米，面积 3 898 平方米，高 9.5 米。基岩岛。

黄白一岛 (Huángbái Yīdǎo)

北纬 22°02.2′，东经 113°39.3′。位于珠海市香洲区万山列岛西北端，黄白岛西南 99 米，西北距大陆 19.69 千米。该岛为黄白岛邻近海岛之一，按离黄白岛从近到远的顺序命名为黄白一岛。岸线长 146 米，面积 1 205 平方米，高约 2.2 米。基岩岛。

黄白二岛 (Huángbái Èrdǎo)

北纬 22°02.2′，东经 113°39.3′。位于珠海市香洲区万山列岛西北端，黄白岛南 140 米，西北距大陆 19.67 千米。该岛为黄白岛邻近海岛之一，按离黄白岛从近到远的顺序命名为黄白二岛。岸线长 174 米，面积 1 868 平方米，高约 10 米。基岩岛。

横岗岛 (Hénggǎng Dǎo)

北纬 22°02.1′，东经 114°00.6′。位于珠海市香洲区三门列岛东南部，三门岛东南 1.08 千米，西北距大陆 32.32 千米。该岛横排在竹湾头岛和三门岛中间，故名。1984 年登记的《广东省珠海市海域海岛地名卡片》、《广东省海域地名志》（1989）、《广东省海岛、礁、沙洲名录表》（1993）、《广东省志·海洋与海岛志》（2000）、《全国海岛名称与代码》（2008）均记为横岗岛。岛呈三角形，东北—西南走向。岸线长 4.06 千米，面积 0.753 4 平方千米，高 141.8 米。基岩岛，由花岗岩构成。南部高陡，表土很薄，岩石外露。北部低平，土层较厚，长有茅草；间有荒地，多为石质岸。长有灌木。2011 年岛上常住人口 2 人。有码头，已废弃。码头附近岸边有临时建筑及养殖、旅游设施，已停用。岛上有泉水 1 处，东北侧有简易码头。

横岗东岛 (Hénggǎng Dōngdǎo)

北纬 22°02.1′，东经 114°00.9′。位于珠海市香洲区三门列岛东南部，横岗岛东 110 米，西北距大陆 32.76 千米。因位于横岗岛东面，第二次全国海域地名普查时命今名。岸线长 35 米，面积 92 平方米，高约 2.7 米。基岩岛。

东澳排（Dōng'ào Pái）

北纬 22°01.8′，东经 113°42.1′。位于珠海市香洲区万山列岛西北部，东澳岛北 120 米，西北距大陆 22.97 千米。该岛面积较大，当地群众惯称大排，为避免重名，改为东澳排。1984 年登记的《广东省珠海市海域海岛地名卡片》、《广东省海域地名志》（1989）、《广东省海岛、礁、沙洲名录表》（1993）均记为东澳排。基岩岛。岸线长 154 米，面积 1 156 平方米，高约 2.5 米。有一小房屋。

小蒲台仔岛（Xiǎopútáizǎi Dǎo）

北纬 22°01.8′，东经 113°37.9′。位于珠海市香洲区万山列岛西北端，西北距大陆 19.08 千米。第二次全国海域地名普查时命今名。岸线长 518 米，面积 0.011 6 平方千米。岛上长有草丛。基岩岛。

大烈岛（Dàliè Dǎo）

北纬 22°02.7′，东经 113°41.5′。位于珠海市香洲区万山列岛西北部，东澳岛西北 1.1 千米，西北距大陆 20.97 千米。因大、小烈岛相距很近，远看像一个岛中间断开一裂口，渔民统称两烈岛，该岛大，故名。《中国海洋岛屿简况》（1980）、1984 年登记的《广东省珠海市海域海岛地名卡片》、《广东省海域地名志》（1989）、《广东省海岛、礁、沙洲名录表》（1993）、《广东省志・海洋与海岛志》（2000）、《全国海岛名称与代码》（2008）均记为大烈岛。岸线长 2.98 千米，面积 0.379 1 平方千米，海拔 135.7 米。基岩岛。岛上有残旧房屋和废弃码头。

大烈东岛（Dàliè Dōngdǎo）

北纬 22°02.7′，东经 113°41.8′。位于珠海市香洲区万山列岛西北部，大烈岛东 44 米，西北距大陆 21.38 千米。因处在大烈岛东面，第二次全国海域地名普查时命今名。基岩岛。岸线长 63 米，面积 157 平方米。

小烈岛（Xiǎoliè Dǎo）

北纬 22°02.2′，东经 113°41.4′。位于珠海市香洲区万山列岛西北部，大烈岛南 190 米，西北距大陆 21.59 千米。因大、小烈岛相距很近，远看像一个岛中间断开一裂口，渔民统称两烈岛，该岛小，故名。《中国海洋岛屿简况》（1980）、1984 年登记的《广东省珠海市海域海岛地名卡片》、《广东省海域地名志》（1989）、《广东省海岛、礁、沙洲名录表》（1993）、《广东省志·海洋与海岛志》（2000）、《全国海岛名称与代码》（2008）均记为小烈岛。岸线长 1.28 千米，面积 0.1078 平方千米，高 121.5 米。基岩岛。岛上长有草丛和灌木。

烈尾礁 (Lièwěi Jiāo)

北纬 22°02.0′，东经 113°41.5′。位于珠海市香洲区万山列岛西北部，大烈岛南面，小烈岛南 26 米，西北距大陆 22.04 千米。原称小烈尾，因位于小烈岛最南端而得名烈尾礁。当地群众称大小烈岛为两烈岛，故又名两烈尾。1984 年登记的《广东省珠海市海域海岛地名卡片》记为小烈尾。《广东省海域地名志》（1989）、《广东省海岛、礁、沙洲名录表》（1993）均记为烈尾礁。岸线长 47 米，面积 146 平方米，高约 2.1 米。基岩岛。

三牙礁 (Sānyá Jiāo)

北纬 22°01.5′，东经 113°43.4′。位于珠海市香洲区万山列岛西北部，东澳岛东 58 米，西北距大陆 24.93 千米。因该岛由三块大小略相等、相距约 5 米、南北排列、形状极似牙齿的岩石组成，故名三牙礁。《中国海洋岛屿简况》（1980）、1984 年登记的《广东省珠海市海域海岛地名卡片》、《广东省海域地名志》（1989）、《广东省海岛、礁、沙洲名录表》（1993）、《广东省志·海洋与海岛志》（2000）、《全国海岛名称与代码》（2008）均记为三牙礁。岸线长 104 米，面积 696 平方米，海拔约 2.1 米。基岩岛。

东澳岛 (Dōng'ào Dǎo)

北纬 22°01.3′，东经 113°42.4′。位于珠海市万山列岛西北部，大万山岛北 3.3 千米，西北距大陆 22.58 千米。该岛东侧的东澳湾锲入中部约 1 500 米，形成一块大凹部，“凹”和“澳”发音相似，故名。《中国海洋岛屿简况》（1980）、1984 年登记的《广东省珠海市海域海岛地名卡片》、《广东省海域地名志》

（1989）、《广东省海岛、礁、沙洲名录表》（1993）、《广东省志·海洋与海岛志》（2000）、《全国海岛名称与代码》（2008）均记为东澳岛。岛呈“工”字形，岸线长15.45千米，面积4.725 4平方千米，海拔169米。基岩岛，由花岗岩构成。北部高，南部次之，中间低。东侧东澳湾和西侧南沙湾向中部锲入，形成此岛蜂腰部，宽700米。表层为黄沙土。植被茂盛，森林覆盖率80%。南、北坡茅草丛生，山谷间灌木茂密，间有相思树、苦楝树、马尾松等。淡水充足。周围海域产蓝圆鲹、带鱼、黄花鱼等。

有居民海岛，隶属于珠海市香洲区。岛上有东澳村，2011年有户籍人口215人，常住人口249人。居民以渔为主，种植蔬菜，养殖生禽。岛上有简易公路，多处有房屋、饭店及水产收购站、卫生服务站。有1个储水厂，电力来自太阳能发电及火力发电。岛东部有建于清乾隆年间的古堡铳城，设有炮台和烽火台，密林中有“万海平波”等石刻，中部有汉白玉送子观音像及求子泉。沿通天古道直上斧担山顶，可观日月海。南沙湾沙滩、东澳湾诸多景点可供游客游玩，岛四周海域主要旅游项目有冲浪、潜水、风帆等。有客运码头1座，可泊万吨级船，负责接送岛上人员及外来人员。码头附近海域用于养殖。

东澳一岛（Dōng'ào Yīdǎo）

北纬22°01.5′，东经113°41.5′。位于珠海市香洲区万山列岛西北部，东澳岛西11米，西北距大陆22.73千米。位于东澳岛周围，按自北向南顺序排第一，第二次全国海域地名普查时命今名。面积约57平方米。基岩岛。

东澳二岛（Dōng'ào Èrdǎo）

北纬22°00.7′，东经113°42.2′。位于珠海市香洲区万山列岛西北部，东澳岛南28米，西北距大陆24.73千米。位于东澳岛周围，按自北向南顺序排第二，第二次全国海域地名普查时命今名。岸线长44米，面积136平方米，高约3.8米。基岩岛。

东澳三岛（Dōng'ào Sāndǎo）

北纬22°01.0′，东经113°43.2′。位于珠海市香洲区万山列岛西北部，东澳岛东南96米，西北距大陆25.42千米。位于东澳岛周围，按自北向南顺序排第三，第二次全国海域地名普查时命今名。面积约 52 平方米。基岩岛。

东澳四岛 (Dōng'ào Sìdǎo)

北纬 22°01.1′，东经 113°43.5′。位于珠海市香洲区万山列岛西北部，东澳岛东 52 米，西北距大陆 25.49 千米。位于东澳岛周围，按自北向南顺序排第四，第二次全国海域地名普查时命今名。面积约 12 平方米。基岩岛。

东澳五岛 (Dōng'ào Wǔdǎo)

北纬 22°01.2′，东经 113°43.5′。位于珠海市香洲区万山列岛西北部，东澳岛东 40 米，西北距大陆 25.47 千米。位于东澳岛周围，按自北向南顺序排第五，第二次全国海域地名普查时命今名。岸线长 53 米，面积 146 平方米，高约 3.8 米。基岩岛。

东澳六岛 (Dōng'ào Liùdǎo)

北纬 22°01.5′，东经 113°43.4′。位于珠海市香洲区万山列岛西北部，东澳岛东 320 米，西北距大陆 24.95 千米。位于东澳岛周围，按自北向南顺序排第六，第二次全国海域地名普查时命今名。岸线长 99 米，面积 264 平方米，高约 2.1 米。基岩岛。

东澳七岛 (Dōng'ào Qīdǎo)

北纬 22°01.5′，东经 113°42.8′。位于珠海市香洲区万山列岛西北部，东澳岛东 44 米，西北距大陆 24.23 千米。位于东澳岛周围，按自北向南顺序排第七，第二次全国海域地名普查时命今名。岸线长 50 米，面积 115 平方米，高约 1.1 米。基岩岛。

白沥岛 (Báilì Dǎo)

北纬 21°59.0′，东经 113°45.3′。位于珠海市香洲区万山列岛中部，大万山岛东北 2.3 千米，东澳岛东南 3 千米，西北距大陆 28.38 千米。该岛在大万山岛北面，水沥之北，故称北沥，因谐音之故，谓之“白沥”。白沥岛之名古已有之。《香山县志》载：“距老万山东北偏北一里半有白沥岛。”《中国海洋岛屿简况》（1980）、1984 年登记的《广东省珠海市海域海岛地名卡片》、《广东省海岛、礁、沙洲名录表》（1993）、《广东省志・海洋与海岛志》（2000）、《全国海岛名称与代码》（2008）均记为白沥岛。岸线长 20.13 千米，面积 8.115 平方千米，海拔 299.3 米。基岩岛，由花岗岩构成。大部分为山丘地，表层为黄沙土。岛岸曲折，南部多岩石陡岸，北部为砾石岸，临岸多礁。2011 年岛上常住人口 15 人。建有数间民房、简易公路和 3 座灯塔。有多个码头。

白沥洲仔 (Báilì Zhōuzǎi)

北纬 22°00.3′，东经 113°46.2′。位于珠海市香洲区万山列岛中部，白沥岛北 350 米，西北距大陆 29.83 千米。紧靠白沥岛且面积小，故名。1984 年登记的《广东省珠海市海域海岛地名卡片》、《广东省海域地名志》（1989）、《广东省海岛、礁、沙洲名录表》（1993）、《广东省志·海洋与海岛志》（2000）、《全国海岛名称与代码》（2008）均记为白沥洲仔。岸线长 377 米，面积 10 490 平方米，海拔 31.3 米。基岩岛。岛上长有草丛和灌木。

白沥大排 (Báilì Dàpái)

北纬 21°60.0′，东经 113°45.8′。位于珠海市香洲区万山列岛中部，白沥岛北 13 米，西北距大陆 29.83 千米。在白沥岛北部，面积较大，故名。1984 年登记的《广东省珠海市海域海岛地名卡片》记为白沥大排。岸线长 80 米，面积 264 平方米，海拔 4.4 米。基岩岛。

白沥小排 (Báilì Xiǎopái)

北纬 22°00.1′，东经 113°46.1′。位于珠海市香洲区万山列岛中部，白沥岛北 140 米，西北距大陆 29.98 千米。在白沥岛旁，面积比白沥大排小，故名。《广东省海域地名志》（1989）记为白沥小排。岸线长 100 米，面积 610 平方米，海拔 4 米。基岩岛。

石排礁 (Shípái Jiāo)

北纬 21°59.0′，东经 113°44.6′。位于珠海市香洲区万山列岛中部，白沥岛西 92 米，西北距大陆 29.69 千米。位于石排湾口，故名。《中国海洋岛屿简况》（1980）、1984 年登记的《广东省珠海市海域海岛地名卡片》均记为石排礁。岸线长 305 米，面积 3 571 平方米。基岩岛。岛上长有草丛。有堤坝连接白沥岛。

二洲岛 (Èrzhōu Dǎo)

北纬 22°00.1′，东经 114°11.9′。位于珠海市香洲区担杆列岛中部，担杆岛西南 1.26 千米，西北距大陆 28.51 千米。该岛东北、西南两侧各有一岛，该岛居中，故名。因岛东北、西南各有一条水道，形似两个大门，当地群众惯称二门山。又名二洲。《中国海洋岛屿简况》（1980）记为二洲。1984 年登记的《广东省珠海市海域海岛地名卡片》、《广东省海域地名志》（1989）、《广东省海岛、礁、沙洲名录表》（1993）、《广东省志·海洋与海岛志》（2000）、《全国海岛名称与代码》（2008）均记为二洲岛。岛呈长方形，东西走向。岸线长 14.95 千米，面积 8.165 5 平方千米，海拔 473.7 米。基岩岛，由花岗岩构成，中间高，东南和西部低。表层多露岩，间为黄沙黏土。长有灌木、竹丛和少量松树、相思树。岛上淡水充足。有野生猕猴。1978 年该岛划为广东省濒危动物保护区。主要港湾有油柑湾、北槽湾，各湾有码头，可泊 100 吨级船。该岛是国家公布的第一批开发利用无居民海岛，主导用途为旅游娱乐用岛。

细岗洲 (Xìgǎng Zhōu)

北纬 22°00.9′，东经 114°12.8′。位于珠海市香洲区担杆列岛中部，二洲岛东北 260 米，西北距大陆 28.09 千米。该岛在担杆岛与二洲岛之间，因面积较小，故名。又名红冈洲。《中国海洋岛屿简况》（1980）记为红冈洲。1984 年登记的《广东省珠海市海域海岛地名卡片》、《广东省海域地名志》（1989）、《广东省海岛、礁、沙洲名录表》（1993）、《广东省志·海洋与海岛志》（2000）、《全国海岛名称与代码》（2008）均记为细岗洲。岸线长 780 米，面积 0.036 平方千米，海拔 40.5 米。基岩岛，由花岗岩构成，表层为黄沙、黑土。地势呈长形，南北走向，多陡岸。

竹洲 (Zhú Zhōu)

北纬 21°60.0′，东经 113°49.7′。位于珠海市香洲区万山列岛东部，白沥岛东 4.77 千米，西北距大陆 33.81 千米。相传以前岛上盛产金竹，现岛西侧还有一片金竹，故名。《中国海洋岛屿简况》（1980）、1984 年登记的《广东省珠海市海域海岛地名卡片》、《广东省海域地名志》（1989）、《广东省海岛、礁、沙洲名录表》（1993）、《广东省志·海洋与海岛志》（2000）、《全国海岛名称与代码》（2008）均记为竹洲。岛形似竹兜，岸线长 7.63 千米，面积 1.608 4 平方千米，高 165.8 米。基岩岛，由花岗岩构成，表层为黄沙、黑土。长有茂密茅草和灌木，西北坡有大片金竹。有淡水源，渔民常于此取水。多岩石陡岸。2011 年岛上常住人口 10 人。西侧湾内为养殖基地，有 1 栋两层楼和若干栋砖房，为养殖渔民所用。岛北部湾内建有小型油库和码头。有大路通往山顶。最高峰处有航海灯塔 1 座，是进出珠江口船只的重要助航标志。

竹洲南一岛 (Zhúzhōu Nányī Dǎo)

北纬 21°59.6′，东经 113°49.3′。位于珠海市香洲区万山列岛东部，竹洲西南 36 米，西北距大陆 34.75 千米。竹洲南面有二岛，按自北向南顺序排列，该岛处第一，第二次全国海域地名普查时命今名。岸线长 64 米，面积 146 平方米，高约 7 米。基岩岛。

竹洲南二岛 (Zhúzhōu Nán’èr Dǎo)

北纬 21°59.6′，东经 113°49.2′。位于珠海市香洲区万山列岛东端，竹洲西南 69 米，西北距大陆 34.73 千米。竹洲南面有二岛，按自北向南顺序排列，该岛处第二，第二次全国海域地名普查时命今名。岸线长 20 米，面积 26 平方米，高约 6 米。基岩岛。

直湾岛 (Zhíwān Dǎo)

北纬 21°59.4′，东经 114°09.0′。位于珠海市香洲区担杆列岛西南部，二洲岛西南 780 米，西北距大陆 31.05 千米。岛东西呈长形，山峰连成一线，较为平直，北岸有一突出海面岬角，略成 90 度，形状平角而湾，故名。又称直湾。《中国海洋岛屿简况》（1980）、《广东省海域地名志》（1989）、《广东省海岛、礁、沙洲名录表》（1993）、《广东省志·海洋与海岛志》（2000）、《全国海岛名称与代码》（2008）均记为直湾岛。1984 年登记的《广东省珠海市海域海岛地名卡片》记为直湾。岸线长 16.73 千米，面积 4.532 1 平方千米，高 373.7 米。基岩岛，由花岗岩构成。地势起伏，岛多露岩，间有黑沙黏土，长有灌木、金竹等。石质岸，多陡崖，岸线较平直。直湾为担杆列岛主要港湾，避风条件好，有供水设备。

2011 年岛上常住人口 5 人。见房屋几栋，有 5 人看场。淡水主要为裂隙水。电来自燃油发电，主要用于照明。该岛北侧湾内有大型石场，曾进行采石、筛沙等开发项目，已停产。有炸岛痕迹。附近海域产公鱼、蓝圆鲹、青鳞、海河等。

直湾西岛 (Zhíwān Xīdǎo)

北纬 21°59.4′，东经 114°07.7′。位于珠海市香洲区担杆列岛西南部，直湾岛西 45 米，西北距大陆 33.69 千米。《广东省海岛、礁、沙洲名录表》（1993）记为 ZH4。因位于直湾岛西侧，第二次全国海域地名普查时更为今名。面积约 21 平方米。基岩岛。

贵洲 (Guì Zhōu)

北纬 21°59.0′，东经 113°47.3′。位于珠海市香洲区万山列岛东部，白沥岛东 1.32 千米，西北距大陆 32.59 千米。曾名鬼洲，系历史和当地群众惯称，起源于封建迷信传说，中华人民共和国成立后依其谐音改为贵洲。《香山县志·卷四》载："白沥岛东偏北一里半有二岛，西面小者曰鬼洲。"《中国海洋岛屿简况》（1980）、1984 年登记的《广东省珠海市海域海岛地名卡片》、《广东省海域地名志》（1989）、《广东省海岛、礁、沙洲名录表》（1993）、《广东省志·海洋与海岛志》（2000）、《全国海岛名称与代码》（2008）均记为贵洲。岛略呈三角形，南北走向。岸线长 2.68 千米，面积 0.290 4 平方千米，高 97.1 米。基岩岛，由花岗岩构成。北部宽而高，南部窄而低。南部杂草茂密，间有灌木。四周多为石质陡岸，北岸外有礁石散布。岛上建有航海塔 1 座。

细担岛 (Xìdàn Dǎo)

北纬 21°58.2′，东经 114°08.0′。位于珠海市香洲区珠江口外，担杆列岛西南端，直湾岛西南 1.06 千米，西北距大陆 34.92 千米。该岛细而长，形似扁担，面积小于担杆岛，故名。《中国海洋岛屿简况》（1980）、1984 年登记的《广东省珠海市海域海岛地名卡片》、《广东省海域地名志》（1989）、《广东省海岛、礁、沙洲名录表》（1993）、《广东省志·海洋与海岛志》（2000）、《全国海岛名称与代码》（2008）均记为细担岛。东西走向，地势东北高，西南低。岸线长 6.47 千米，面积 0.608 1 平方千米，高 137.4 米。基岩岛，由花岗岩构成。

表层黄沙黏土，多露岩，生有稀疏矮茅草、灌木。

细担南岛 (Xìdàn Nándǎo)

北纬 21°58.1′，东经 114°08.3′。位于珠海市香洲区担杆列岛西南端，细担岛东南 26 米，西北距大陆 35.45 千米。因位于细担岛南面，第二次全国海域地名普查时命今名。岸线长 73 米，面积 285 平方米，高约 4.8 米。基岩岛。

缸瓦洲 (Gāngwǎ Zhōu)

北纬 21°57.5′，东经 113°43.4′。位于珠海市香洲区万山列岛中部，大万山岛北 80 米，西北距大陆 30.75 千米。据传以前渔民在此搭棚捕鱼，遗留下一些缸瓦碎片，故名。《中国海洋岛屿简况》（1980）、1984 年登记的《广东省珠海市海域海岛地名卡片》、《广东省海域地名志》（1989）、《广东省海岛、礁、沙洲名录表》（1993）、《广东省志・海洋与海岛志》（2000）、《全国海岛名称与代码》（2008）均记为缸瓦洲。岸线长 359 米，面积 8 051 平方米，高 16.2 米。基岩岛。岛上长有草丛和灌木。

大万山岛 (Dàwànshān Dǎo)

北纬 21°56.5′，东经 113°43.7′。位于珠海市万山列岛南端，西北距大陆 30.6 千米。曾名老万山。因第一个上岛的人姓万，故称老万山。清同治十二年（1873 年）《香山县志・卷四》曾记为老万山。渔民惯称万山或万山岛。中华人民共和国成立后，为和诸岛区分而改名大万山岛。《中国海洋岛屿简况》（1980）、1984 年登记的《广东省珠海市海域海岛地名卡片》、《广东省海域地名志》（1989）、《广东省海岛、礁、沙洲名录表》（1993）、《广东省志・海洋与海岛志》（2000）、《全国海岛名称与代码》（2008）均记为大万山岛。万山列岛主岛，亦是最大岛屿，花岗岩结构。岸线长 14.52 千米，面积 8.246 2 平方千米。岛上山势挺拔，丘陵起伏，有 5 座山峰。主峰高 443.1 米，是万山列岛最高峰，山顶呈圆锥形，常年被云雾笼罩。林木覆盖率达 60%。该岛地处万山渔场，是广东省六大渔场之一，有经济价值鱼类 200 多种，曾创造全国单网起鱼约 12 万千克的最高记录。

该岛为万山镇人民政府驻地，隶属于珠海市香洲区。2011 年有户籍人口

563 人，常住人口 638 人，居民大多以捕鱼为生。岛上建有蓄水塘，淡水充足。有水产站，1984 年发展网箱养殖，放养石斑鱼等。信用社、邮电所、卫生所、小学、派出所等服务机构齐全，建有发电厂。环岛有 5 港湾，主要港湾万山港建有钢筋水泥码头 2 座，可泊 500 吨级船。全岛有公路相通，水上交通有客货班船，定期来往香洲、唐家。岛上有保存完好已有 150 多年历史的天后宫，有被称为“亚洲第一湾”的浮石湾，有反映渔民风貌的瑜伽画廊等。1998 年 10 月被批准成立全国第一个海洋开发实验区。

小万山岛 (Xiǎowànshān Dǎo)

北纬 21°57.2′，东经 113°41.4′。位于珠海市香洲区万山列岛西南部，大万山岛西 690 米，西北距大陆 28.22 千米。该岛与大万山岛东西排列，相距较近，面积比大万山岛小，故名。《中国海洋岛屿简况》（1980）、1984 年登记的《广东省珠海市海域海岛地名卡片》、《广东省海域地名志》（1989）、《广东省海岛、礁、沙洲名录表》（1993）、《广东省志·海洋与海岛志》（2000）、《全国海岛名称与代码》（2008）均记为小万山岛。岸线长 11.65 千米，面积 4.266 4 平方千米，高 250.7 米。基岩岛，由花岗岩构成。大部分为丘陵地，西北陡峻，其余较平缓。表层为黄沙土和黑沙土，长有茂密草丛和灌木。岛多岩石陡岸，西北沿岸多砾石滩，东南近岸多礁，有沙滩。该岛已开发旅游业。有山羊畜牧场。养殖工程在建。有小码头、旧营房和道路，均已废弃。

小万山东岛 (Xiǎowànshān Dōngdǎo)

北纬 21°56.8′，东经 113°42.3′。位于珠海市香洲区万山列岛南部，小万山岛东 42 米，西北距大陆 30.82 千米。因位于小万山岛东面，第二次全国海域地名普查时命今名。面积约 6 平方米。基岩岛。

小万洲仔 (Xiǎowàn Zhōuzǎi)

北纬 21°57.5′，东经 113°42.3′。位于珠海市香洲区万山列岛南部，小万山岛东 7 米，西北距大陆 29.62 千米。又名洲仔岛、洲仔。位于小万山岛附近且比其他岛小，惯称洲仔，因同一县市内重名，20 世纪 80 年代更名为小万洲仔。《中国海洋岛屿简况》（1980）称为洲仔岛。1984 年登记的《广东省珠海市海域海岛地名卡片》、《广东省海域地名志》（1989）、《广东省海岛、礁、沙洲名录表》（1993）、《广东省志·海洋与海岛志》（2000）、《全国海岛名称与代码》（2008）均记为小万洲仔。岸线长 262 米，面积 4 867 平方米，高 17.4 米。基岩岛。岛上长有草丛和灌木。

马咀角岛 (Mǎzuǐjiǎo Dǎo)

北纬 21°55.6′，东经 113°43.0′。位于珠海市香洲区万山列岛南端，大万山岛西南 56 米，西北距大陆 33.3 千米。该岛地处马咀角，第二次全国海域地名普查时命今名。面积约 68 平方米。基岩岛。

岗塘岛 (Gǎngtáng Dǎo)

北纬 21°55.5′，东经 113°43.2′。位于珠海市香洲区万山列岛南端，大万山岛南 190 米，西北距大陆 33.62 千米。该岛与大万山岛之间水域形似山间水塘，故名。又名游泳岛。《中国海洋岛屿简况》（1980）称为游泳岛。1984 年登记的《广东省珠海市海域海岛地名卡片》、《广东省海域地名志》（1989）、《广东省海岛、礁、沙洲名录表》（1993）、《广东省志·海洋与海岛志》（2000）、《全国海岛名称与代码》（2008）均记为岗塘岛。岸线长 292 米，面积 5 545 平方米，高 35.8 米。基岩岛。

牙鹰洲 (Yáyīng Zhōu)

北纬 21°55.9′，东经 114°03.6′。位于珠海市香洲区佳蓬列岛北端，北尖岛北 1.93 千米，西北距大陆 41.52 千米。该岛北端宽大，南端尖窄，形似牙鹰（苍鹰）之躯，故名。又名栀咽石岛。《中国海洋岛屿简况》（1980）称为栀咽石岛。1984 年登记的《广东省珠海市海域海岛地名卡片》、《广东省海域地名志》（1989）、《广东省海岛、礁、沙洲名录表》（1993）、《广东省志·海洋与海岛志》（2000）、《全国海岛名称与代码》（2008）均记为牙鹰洲。岸线长 485 米，面积 14 054 平方米，高 41.7 米。基岩岛，由花岗岩构成。中间高，四周低，石质陡岸，多断崖。岛上长有草丛。

黑排礁 (Hēipái Jiāo)

北纬 21°54.9′，东经 114°03.5′。位于珠海市香洲区佳蓬列岛北端，北尖岛北 140 米，西北距大陆 43.38 千米。岛呈黑色，故名。1984 年登记的《广东省珠海市海域海岛地名卡片》、《广东省海域地名志》（1989）、《广东省海岛、礁、沙洲名录表》（1993）均记为黑排礁。岸线长 147 米，面积 996 平方米，高 4 米。基岩岛。位于珠海庙湾珊瑚自然保护区北尖片。

海参岛 (Hǎishēn Dǎo)

北纬 21°54.4′，东经 114°03.7′。位于珠海市香洲区佳蓬列岛东北部，北尖岛东北海鳅湾内，距北尖岛 110 米，西北距大陆 44.3 千米。原名大排。因该岛形似海参卧于海鳅口内，故名。1984 年登记的《广东省珠海市海域海岛地名卡片》、《广东省海域地名志》（1989）、《广东省海岛、礁、沙洲名录表》（1993）、《广东省志·海洋与海岛志》（2000）、《全国海岛名称与代码》（2008）均记为海参岛。岸线长 463 米，面积 3 956 平方米，高 10.1 米。基岩岛，由花岗岩构成，石质岸。位于珠海庙湾珊瑚自然保护区北尖片。

海鳅角岛 (Hǎiqiūjiǎo Dǎo)

北纬 21°54.3′，东经 114°04.2′。位于珠海市香洲区佳蓬列岛东北部，北尖岛东北海鳅湾口，距北尖岛 21 米，西北距大陆 44.23 千米。该岛处在海鳅角附近，第二次全国海域地名普查时命今名。面积约 9 平方米。基岩岛。位于珠海庙湾珊瑚自然保护区北尖片。

大鸡头岛 (Dàjītóu Dǎo)

北纬 21°54.2′，东经 114°05.1′。位于珠海市香洲区佳蓬列岛东北端，北尖岛东 1.31 千米，西北距大陆 44.01 千米。又名龟头排、鸡头排。由大小不等的两个形似鸡头的小岛组成，较大者定名为大鸡头岛。渔民误以两岛为礁，故得名鸡头排。海图上标注为“龟头排”，系“鸡”与“龟”译音之错。《中国海洋岛屿简况》（1980）称为龟头排。1984 年登记的《广东省珠海市海域海岛地名卡片》、《广东省海域地名志》（1989）、《广东省海岛、礁、沙洲名录表》（1993）、《广东省志·海洋与海岛志》（2000）、《全国海岛名称与代码》（2008）均记为大鸡头岛。岸线长 306 米，面积 5 846 平方米，高 35.2 米。基岩岛，由花岗岩构成，多断崖陡岸。

小鸡头岛 (Xiǎojītóu Dǎo)

北纬 21°54.2′，东经 114°05.0′。位于珠海市香洲区佳蓬列岛东北端，北尖岛东 1.26 千米，西北距大陆 44.13 千米。位于大鸡头岛附近，故名。又名鸡头排。1984 年登记的《广东省珠海市海域海岛地名卡片》、《广东省海域地名志》（1989）、《广东省海岛、礁、沙洲名录表》（1993）、《广东省志·海洋与海岛志》（2000）、《全国海岛名称与代码》（2008）均记为小鸡头岛。岸线长 275 米，面积 3 104 平方米，高 17.7 米。基岩岛，由花岗岩构成，石质岸。

北尖岛 (Běijiān Dǎo)

北纬 21°53.9′，东经 114°03.0′。位于珠海市香洲区佳蓬列岛东北部，为其主岛，西北距大陆 43.57 千米，扼守太平洋、印度洋进入珠江口两条国际航线的咽喉。该岛主峰北尖顶有一巨石耸立，形状尖削，向北倾斜，故名。当地也称北尖尾。《中国海洋岛屿简况》（1980）、1984 年登记的《广东省珠海市海域海岛地名卡片》、《广东省海域地名志》（1989）《广东省海岛、礁、沙洲名录表》（1993）、《广东省志·海洋与海岛志》（2000）、《全国海岛名称与代码》（2008）均记为北尖岛。岛呈“丫”形，东北—西南走向，岸线长 19.19 千米，面积 3.260 1 平方千米，高 301.2 米。基岩岛，由花岗岩构成，有云母矿和水银矿，日寇占据时曾有开采。地势西南高，东北低。岛上地形险要，俗有“自古北尖一条路”之说。东北部向北、东北各突出一呈“U”形岬角。表层为黄沙土，长有杂草、灌木丛和稀疏小树。淡水欠丰。岛岸曲折，多为岩石陡岸。2011 年岛上常住人口 20 人。淡水来自于蓄水，电源通过发电。是广东沿海边防前哨，有数个小型废弃码头及简易公路。周围海域产公鱼、海河、墨鱼、鱿鱼等。位于珠海庙湾珊瑚自然保护区北尖片。

北尖北岛 (Běijiān Běidǎo)

北纬 21°54.7′，东经 114°03.3′。位于珠海市香洲区佳蓬列岛东北部，北尖岛北 100 米，西北距大陆 43.84 千米。位于北尖岛北面，第二次全国海域地名普查时命今名。岸线长 158 米，面积 703 平方米。基岩岛。位于珠海庙湾珊瑚自然保护区北尖片。

北尖西岛 (Běijiān Xīdǎo)

北纬 21°53.4′，东经 114°01.8′。位于珠海市香洲区佳蓬列岛东北部，北尖岛西 6 米，西北距大陆 46.94 千米。位于北尖岛西面，第二次全国海域地名普查时命今名。岸线长 57 米，面积 156 平方米。基岩岛。位于珠海庙湾珊瑚自然保护区北尖片。

北尖西南岛 (Běijiān Xī'nán Dǎo)

北纬 21°53.0′，东经 114°02.1′。位于珠海市香洲区佳蓬列岛东北部，北尖岛西南 8 米，西北距大陆 47.42 千米。位于北尖岛西南面，第二次全国海域地名普查时命今名。岸线长 90 米，面积 481 平方米。基岩岛。位于珠海庙湾珊瑚自然保护区北尖片。

北尖南一岛 (Běijiān Nányī Dǎo)

北纬 21°53.1′，东经 114°02.7′。位于珠海市香洲区佳蓬列岛东北部，北尖岛南 220 米，西北距大陆 47.08 千米。北尖岛南面有 2 个岛，按自南向北顺序，该岛靠南，第二次全国海域地名普查时命今名。岸线长 101 米，面积 232 平方米。基岩岛。位于珠海庙湾珊瑚自然保护区北尖片。

北尖南二岛 (Běijiān Nán'èr Dǎo)

北纬 21°53.1′，东经 114°02.6′。位于珠海市香洲区佳蓬列岛东北部，北尖岛南 14 米，西北距大陆 47.05 千米。北尖岛南面有 2 个岛，按自南向北顺序，该岛靠北，第二次全国海域地名普查时命今名。岸线长 56 米，面积 215 平方米。基岩岛。位于珠海庙湾珊瑚自然保护区北尖片。

北尖东岛 (Běijiān Dōngdǎo)

北纬 21°54.4′，东经 114°03.8′。位于珠海市香洲区佳蓬列岛东北部，北尖岛海鳅湾内，距北尖岛 210 米，西北距大陆 44.23 千米。该岛地处北尖岛东面，得名北尖岛东。1984 年登记的《广东省珠海市海域海岛地名卡片》、《广东省海岛、礁、沙洲名录表》（1993）、《全国海岛名称与代码》（2008）均记为北尖岛东。第二次全国海域地名普查时加海岛通名更为今名。岸线长 70 米，面积 216 平方米，高约 5 米。基岩岛。位于珠海庙湾珊瑚自然保护区北尖片。

细岗岛 (Xìgǎng Dǎo)

北纬 21°53.0′，东经 114°02.2′。位于珠海市香洲区佳蓬列岛中部，北尖岛南 70 米，西北距大陆 47.4 千米。位于北尖岛附近，且比北尖岛小，粤语细即小，故名。《中国海洋岛屿简况》（1980）、1984 年登记的《广东省珠海市海域海岛地名卡片》、《广东省海域地名志》（1989）、《广东省海岛、礁、沙洲名录表》（1993）、《广东省志·海洋与海岛志》（2000）、《全国海岛名称与代码》（2008）均记为细岗岛。岸线长 464 米，面积 11 754 平方米，海拔 32.5 米。基岩岛，由花岗岩构成，石质陡岸。位于珠海庙湾珊瑚自然保护区北尖片。

滃崖礁 (Wēngyá Jiāo)

北纬 21°52.6′，东经 114°00.9′。位于珠海市香洲区佳蓬列岛中部，庙湾岛北 130 米，西北距大陆 48.8 千米。因该岛靠近庙湾岛的滃崖头岬角，故名。当地群众因其大又称为“大排”。1984 年登记的《广东省珠海市海域海岛地名卡片》、《广东省海域地名志》（1989）均记为滃崖礁。基岩岛。岸线长 249 米，面积 3 632 平方米，海拔约 2.8 米。位于珠海庙湾珊瑚自然保护区北尖片。

白排岛 (Báipái Dǎo)

北纬 21°52.1′，东经 113°59.0′。位于珠海市香洲区佳蓬列岛中部，庙湾岛西 2.08 千米，西北距大陆 50.82 千米。该岛崖石显露，呈白色，故以色取名白排岛，又称白排。《中国海洋岛屿简况》（1980）称为白排。1984 年登记的《广东省珠海市海域海岛地名卡片》、《广东省海域地名志》（1989）、《广东省海岛、礁、沙洲名录表》（1993）、《广东省志·海洋与海岛志》（2000）、《全国海岛名称与代码》（2008）均记为白排岛。岸线长 792 米，面积 0.018 7 平方千米，高 23.6 米。基岩岛，由花岗岩组成。地势险要，环岛多为陡石岸，沿岸多礁。建有灯标 1 座、测量控制点 1 个。

庙湾岛 (Miàowān Dǎo)

北纬 21°51.9′，东经 114°00.4′。位于珠海市香洲区佳蓬列岛中部，北尖岛西南 1.2 千米，西北距大陆 48.56 千米。一百多年前称滃崖，后来当地人在下风湾北侧（现居民处）修建天后庙、北帝庙两间庙宇，故称庙湾岛。《中国海洋岛屿简况》（1980）称为庙湾岛 5221。1984 年登记的《广东省珠海市海域海岛地名卡片》、《广东省海域地名志》（1989）、《广东省海岛、礁、沙洲名录表》（1993）、《广东省志 · 海洋与海岛志》（2000）、《全国海岛名称与代码》（2008）均记为庙湾岛。岛呈东北—西南走向，岸线长 11.7 千米，面积 1.429 6 平方千米，海拔 226.8 米。基岩岛，由花岗岩构成。露岩遍布山坡、谷地和岩缝间深度 1 米以下的黄沙土，地势东北高向西南渐低。岛上大部分地方光秃，植被为低草。该岛水源不足。属典型海洋性气候，夏季天气较为炎热，其他季节气候温和。海产丰富，有螃蟹、鱿鱼、墨鱼、紫菜、公鱼仔、海河等品种。位于珠海庙湾珊瑚自然保护区庙湾片。

2011 年岛上常住人口 150 人，居民以捕鱼为主。建有邮电所、供销社、水产站、医疗站、小学、发电站等。居民点附近有一段长约 200 米沙滩及旅游设施，沙滩附近山顶有国家大地测量控制点。岛西南侧湾内有部队废弃营房及码头。山顶有移动通信发射塔。1884 年英国人在临海山顶上修灯塔 1 座。1986 年我国海事部门重新维修，每到夜晚灯塔亮起，为过往船只指引航向。

庙湾南岛（Miàowān Nándǎo）

北纬 21°51.2′，东经 114°00.5′。位于珠海市香洲区佳蓬列岛中部，庙湾岛南 7 米，西北距大陆 51.57 千米。该岛在庙湾岛南边，第二次全国海域地名普查时命今名。面积约 50 平方米。基岩岛。位于珠海庙湾珊瑚自然保护区庙湾片。

庙湾东岛（Miàowān Dōngdǎo）

北纬 21°52.5′，东经 114°01.6′。位于珠海市香洲区佳蓬列岛中部，庙湾岛东 13 米，西北距大陆 48.61 千米。位于庙湾岛东面，第二次全国海域地名普查时命今名。岸线长 98 米，面积 150 平方米。基岩岛。位于珠海庙湾珊瑚自然保护区庙湾片。

葫芦颈岛（Húlújǐng Dǎo）

北纬 21°51.1′，东经 114°00.1′。位于珠海市香洲区佳蓬列岛中部，庙湾岛西南 98 米，西北距大陆 51.77 千米。该岛与雁兜底连起来看，形似葫芦，雁兜底像葫芦身，该岛像葫芦颈，故名葫芦颈岛。又名葫芦头，当地群众亦称葫芦颈尾。《中国海洋岛屿简况》（1980）记为葫芦头。1984 年登记的《广东省珠海市海域海岛地名卡片》、《广东省海域地名志》（1989）、《广东省海岛、礁、沙洲名录表》（1993）、《广东省志·海洋与海岛志》（2000）、《全国海岛名称与代码》（2008）均记为葫芦颈岛。岛略呈龟背状，岸线长 480 米，面积 0.010 6 平方千米，高 34 米。基岩岛，全岛由岩石组成，无植被。涨潮时该岛与庙湾岛分开，退潮时与庙湾岛相连。位于珠海庙湾珊瑚自然保护区庙湾片。

钳虫尾岛 (Qiánchóngwěi Dǎo)

北纬 21°51.0′，东经 114°00.5′。位于珠海市香洲区佳蓬列岛中部，庙湾岛南 110 米，西北距大陆 51.52 千米。俯视该岛与雁兜底和墨洲尾形似钳虫，该岛像钳虫之身躯，故名。又名穷穷尾。《中国海洋岛屿简况》（1980）记为穷穷尾。1984 年登记的《广东省珠海市海域海岛地名卡片》、《广东省海域地名志》（1989）、《广东省海岛、礁、沙洲名录表》（1993）、《广东省志·海洋与海岛志》（2000）、《全国海岛名称与代码》（2008）均记为钳虫尾岛。岸线长 2.37 千米，面积 0.158 6 平方千米，高 61.6 米。基岩岛。岛上长有草丛和灌木。

墨洲尾岛 (Mòzhōuwěi Dǎo)

北纬 21°50.7′，东经 114°00.4′。位于珠海市香洲区佳蓬列岛中部，庙湾岛南 790 米，西北距大陆 52.27 千米。该岛附近多产墨鱼，故名。又名滑洲尾。《中国海洋岛屿简况》（1980）称为滑洲尾。1984 年登记的《广东省珠海市海域海岛地名卡片》、《广东省海域地名志》（1989）、《广东省海岛、礁、沙洲名录表》（1993）、《广东省志·海洋与海岛志》（2000）、《全国海岛名称与代码》（2008）均记为墨洲尾岛。岸线长 884 米，面积 33 026 平方米，高 33.2 米。基岩岛。长有草丛。位于珠海庙湾珊瑚自然保护区庙湾片。

杉洲 (Shān Zhōu)

北纬 21°50.2′，东经 113°58.3′。位于珠海市香洲区佳蓬列岛西南部，西北距大陆 54.35 千米。因岛上生长杉树，故名。又名铲洲、衫洲。铲洲系“杉”与“铲”译音之误。《中国海洋岛屿简况》（1980）记为铲洲。1984 年登记的《广东省珠海市海域海岛地名卡片》、《广东省志·海洋与海岛志》（2000）。记为杉洲。

《广东省海域地名志》（1989）、《广东省海岛、礁、沙洲名录表》（1993）、《全国海岛名称与代码》（2008）称为衫洲。岸线长1.78千米，面积0.173 4平方千米，高90.9米。基岩岛，地层为花岗岩。顶部地势平坦，四周坡度较大。生长杉树、茂密的茅草及灌木丛。

小湾洲 (Xiǎowān Zhōu)

北纬21°49.5′，东经113°57.7′。位于珠海市香洲区佳蓬列岛西南部，西北距大陆56.02千米。当地群众认为该岛为礁，遂称大排。1984年登记的《广东省珠海市海域海岛地名卡片》记为大排。《广东省海域地名志》（1989）、《广东省海岛、礁、沙洲名录表》（1993）、《广东省志·海洋与海岛志》（2000）、《全国海岛名称与代码》（2008）均记为小湾洲。岸线长402米，面积8 701平方米，高11.8米。基岩岛，由花岗岩构成，无泥土。岛略呈长形，四周多岩缝。位于珠海庙湾珊瑚自然保护区坪洲片。

石洲北岛 (Shízhōu Běidǎo)

北纬21°49.5′，东经113°59.7′。位于珠海市香洲区佳蓬列岛西南部，西北距大陆54.89千米。第二次全国海域地名普查时命今名。基岩岛。岸线长52米，面积170平方米。

石洲南岛 (Shízhōu Nándǎo)

北纬21°49.4′，东经113°59.7′。位于珠海市香洲区佳蓬列岛西南部，西北距大陆55.11千米，第二次全国海域地名普查时命今名。基岩岛。岸线长47米，面积127平方米。

石洲东岛 (Shízhōu Dōngdǎo)

北纬21°49.5′，东经113°59.8′。位于珠海市香洲区佳蓬列岛西南部，西北距大陆54.94千米，第二次全国海域地名普查时命今名。基岩岛。岸线长61米，面积141平方米。

黄茅洲 (Huángmáo Zhōu)

北纬21°49.4′，东经113°57.4′。位于珠海市香洲区佳蓬列岛西南部，湾洲西南480米，处湾洲和蚊尾洲之间，西北距大陆56.34千米。岛上生长茂密的黄茅草，故名。《中国海洋岛屿简况》（1980）、1984 年登记的《广东省珠海市海域海岛地名卡片》、《广东省海域地名志》（1989）、《广东省海岛、礁、沙洲名录表》（1993）、《广东省志·海洋与海岛志》（2000）、《全国海岛名称与代码》（2008）均记为黄茅洲。岛略呈椭圆形，岸线长 1.35 千米，面积 0.114 3 平方千米，高 64.1 米。基岩岛，由花岗岩构成。顶部平坦，四周陡峭难登，沿岸为岩岸。长有灌木。岛东北和西侧各有 1 处礁石，船只不能沿岸航行。东北部岸边石缝中有小股泉水，可供 20 人饮用。位于珠海庙湾珊瑚自然保护区坪洲片。

红泥洲 (Hóngní Zhōu)

北纬 21°49.3′，东经 113°58.4′。位于珠海市香洲区佳蓬列岛西南部，湾洲东南 390 米，西北距大陆 55.84 千米。该岛表层岩石和泥土呈红色，故名。《中国海洋岛屿简况》（1980）、1984 年登记的《广东省珠海市海域海岛地名卡片》、《广东省海域地名志》（1989）、《广东省海岛、礁、沙洲名录表》（1993）、《广东省志·海洋与海岛志》（2000）、《全国海岛名称与代码》（2008）均记为红泥洲。岸线长 1.36 千米，面积 0.117 平方千米，高 68.5 米。基岩岛，地层为花岗岩。顶部有土层，长有茅草和灌木。东西走向，地势东高西低。位于珠海庙湾珊瑚自然保护区坪洲片。

蚊尾洲 (Wénwěi Zhōu)

北纬 21°48.8′，东经 113°56.3′。位于珠海市香洲区佳蓬列岛西南端，湾洲西南 2.84 千米，西北距大陆 57.12 千米，珠江口最南端岛屿。在佳蓬列岛最末尾，故名蚊尾洲（当地人认为“蚊尾”系“末尾”之意），又称蚊洲。《中国海洋岛屿简况》（1980）、1984 年登记的《广东省珠海市海域海岛地名卡片》、《广东省海域地名志》（1989）、《广东省海岛、礁、沙洲名录表》（1993）、《广东省志·海洋与海岛志》（2000）、《全国海岛名称与代码》（2008）均记为蚊尾洲。岸线长 561 米，面积 0.011 2 平方千米，高 27.7 米。基岩岛，岩峰独立，由花岗岩构成。地势南高北低，沿岸均为危崖岸，西侧有暗礁。岛上建有航标，顶部有直升机场和房屋。南面高地独立岩峰处建有灯塔，为进出广州、香港船只导航。西岸有抗战时期日军所建栈桥式钢筋水泥码头 2 座。

平洲 (Píng Zhōu)

北纬 21°48.8′，东经 113°58.1′。位于珠海市香洲区佳蓬列岛西南部，湾洲南 660 米，西北距大陆 56.86 千米。岛因地势平坦而得名。《中国海洋岛屿简况》（1980）、1984 年登记的《广东省珠海市海域海岛地名卡片》、《广东省海域地名志》（1989）、《广东省海岛、礁、沙洲名录表》（1993）、《广东省志·海洋与海岛志》（2000）、《全国海岛名称与代码》（2008）均记为平洲。岸线长 2.51 千米，面积 0.142 3 平方千米，高 28.4 米。基岩岛，由花岗岩构成。地势平坦，石质岸，沿岸陡峭多礁，仅沙湾、平洲湾可上岛。岛上长有灌木。西南部石缝中常年有水，略带咸味，尚可饮用。岛南端山峰顶部建有中华人民共和国领海基点方位碑，岛上有一国家大地控制点。位于珠海庙湾珊瑚自然保护区坪洲片。

平洲一岛 (Píngzhōu Yīdǎo)

北纬 21°48.7′，东经 113°58.0′。位于珠海市香洲区佳蓬列岛西南部，平洲西南 49 米，西北距大陆 57.26 千米。该岛为平洲周围分布的海岛之一，按从西到东逆时针排序，该岛排第一，第二次全国海域地名普查时命今名。岸线长 39 米，面积 103 平方米。基岩岛。位于珠海庙湾珊瑚自然保护区坪洲片。

平洲二岛 (Píngzhōu Èrdǎo)

北纬 21°48.7′，东经 113°58.0′。位于珠海市香洲区佳蓬列岛西南部，平洲西南 5 米，西北距大陆 57.28 千米。该岛为平洲周围分布的海岛之一，按从西到东逆时针排序，该岛排第二，第二次全国海域地名普查时命今名。面积约 70 平方米。基岩岛。位于珠海庙湾珊瑚自然保护区坪洲片。

平洲三岛 (Píngzhōu Sāndǎo)

北纬 21°48.7′，东经 113°58.1′。位于珠海市香洲区佳蓬列岛西南部，平洲南 230 米，西北距大陆 57.3 千米。该岛为平洲周围分布的海岛之一，按从西到东逆时针排序，该岛排第三，第二次全国海域地名普查时命今名。岸线长 57 米，面积 244 平方米。基岩岛。位于珠海庙湾珊瑚自然保护区坪洲片。

横沥岛（Hénglì Dǎo）

北纬 22°04.7′，东经 113°25.9′。位于珠海市金湾区三灶镇以东，磨刀门交杯滩西侧，西距大陆 1.19 千米。原名横洲。因岛呈狭长形，横于磨刀门水道出海处，渔船行至岛西北附近打鱼时，水流湍急，常被冲横至岸边，故名横洲。因县市内重名，20 世纪 80 年代改名横沥岛。《中国海洋岛屿简况》（1980）记为横洲。1984 年登记的《广东省珠海市海域海岛地名卡片》、《广东省海域地名志》（1989）、《广东省海岛、礁、沙洲名录表》（1993）、《广东省志・海洋与海岛志》（2000）、《全国海岛名称与代码》（2008）均记为横沥岛。岸线长 4.36 千米，面积 0.681 9 平方千米，高 130.2 米。基岩岛。岛上长有灌木。岛北侧有大面积围海养殖，山脚建有数栋简易民居。岛上建有中国移动信号发射塔。

洲仔岛北岛（Zhōuzǎidǎo Běidǎo）

北纬 22°04.3′，东经 113°25.6′。位于珠海市金湾区三灶镇以东，西距大陆 1.13 千米。第二次全国海域地名普查时命今名。面积约 68 平方米。基岩岛。

交杯岛（Jiāobēi Dǎo）

北纬 22°04.1′，东经 113°26.5′。位于珠海市金湾区三灶镇以东，磨刀门宽河口以西，西距大陆 1.32 千米，东北距横琴岛 2 千米。因该岛中两个沙丘形似交杯摆法而得名。《中国海洋岛屿简况》（1980）、1984 年登记的《广东省珠海市海域海岛地名卡片》、《广东省海域地名志》（1989）、《广东省海岛、礁、沙洲名录表》（1993）、《广东省志・海洋与海岛志》（2000）、《全国海岛名称与代码》（2008）均记为交杯岛。岸线长 11.5 千米，面积 5.706 2 平方千米，高 34.6 米。基岩岛。该岛西南部有 2 个沙丘，东部为沙体淤积形成，西南侧部分海岸筑有海堤。岛上建有木屋 1 栋，主要开展围垦和养殖。

云排礁（Yúnpái Jiāo）

北纬 22°04.1′，东经 113°24.9′。位于珠海市金湾区三灶镇以东，西距大陆 100 米。曾名排晕。该岛周围水流急，漩涡多且大，靠近该岛使人有晕转的感觉，故得名排晕。因排晕读起来拗口，意思又不确切，20 世纪 80 年代更名为云排礁。1984 年登记的《广东省珠海市海域海岛地名卡片》、《广东省海域地名志》（1989）、《广东省海岛、礁、沙洲名录表》（1993）均记为云排礁。岸线长 49 米，面积 146 平方米。基岩岛。

白鹤排（Báihè Pái）

北纬 22°02.5′，东经 113°24.1′。位于珠海市金湾区，西距大陆 120 米。该岛常有鹤栖息，故名。1984 年登记的《广东省珠海市海域海岛地名卡片》、《广东省海域地名志》（1989）、《广东省海岛、礁、沙洲名录表》（1993）均记为白鹤排。岸线长 55 米，面积 158 平方米。基岩岛。

白鹤排北岛（Báihèpái Běidǎo）

北纬 22°02.5′，东经 113°24.1′。位于珠海市金湾区，白鹤排北面，西距大陆 140 米。因处白鹤排北面，第二次全国海域地名普查时命今名。面积约 9 平方米。基岩岛。

宽河口沙岛（Kuānhékǒu Shādǎo）

北纬 22°01.9′，东经 113°28.0′。位于珠海市金湾区三灶镇东南，磨刀门宽河口西南，交杯岛南 1.93 千米，西北距大陆 6.05 千米。因位于珠海宽河口出海处，第二次全国海域地名普查时命今名。岸线长 2.84 千米，面积 0.283 2 平方千米。沙泥岛。岛上长有草丛和乔木。

穿窿岛（Chuānlóng Dǎo）

北纬 22°01.8′，东经 113°25.9′。位于珠海市金湾区三灶镇东南 3.31 千米，西邻马鬃岛。因该岛与马鬃相连很近，岛与岛之间如石缝穿了一个洞，故名。1984 年登记的《广东省珠海市海域海岛地名卡片》、《广东省海域地名志》（1989）、《广东省海岛、礁、沙洲名录表》（1993）、《广东省志·海洋与海岛志》（2000）、《全国海岛名称与代码》（2008）均记为穿窿岛。岸线长 471 米，面积 0.011 4 平方千米，高 36.6 米。基岩岛。东面有 1 座航标。

东排（Dōng Pái）

北纬 22°01.8′，东经 113°26.0′。位于珠海市金湾区三灶镇东南，西邻马鬃岛，西北距大陆 3.41 千米。东排为当地群众惯称，含义不详。岸线长 166 米，面积 1 758 平方米。基岩岛。

马鬃岛 (Mǎzōng Dǎo)

北纬 22°01.8′，东经 113°25.6′。位于珠海市金湾区三灶镇东南 2.6 千米。该岛狭长略似马形，两侧岩石形似枣红马的鬃毛，故名。《中国海洋岛屿简况》（1980）、1984 年登记的《广东省珠海市海域海岛地名卡片》、《广东省海域地名志》（1989）、《广东省海岛、礁、沙洲名录表》（1993）、《广东省志・海洋与海岛志》（2000）、《全国海岛名称与代码》（2008）均记为马鬃岛。岸线长 1.76 千米，面积 0.067 8 平方千米，高 47 米。基岩岛。岛周建有许多蚝桩，渔业养殖户在岛东面及北面建有临时房屋。

马鬃南岛 (Mǎzōng Nándǎo)

北纬 22°01.7′，东经 113°25.5′。位于珠海市金湾区三灶镇东南，马鬃岛南 100 米，西北距大陆 2.66 千米。因处马鬃岛南面，第二次全国海域地名普查时命今名。岸线长 145 米，面积 567 平方米。基岩岛。

大岗岛 (Dàgǎng Dǎo)

北纬 22°01.0′，东经 113°25.0′。位于珠海市金湾区三灶镇东南 820 米。该岛与东面相距很近的一岛远看犹如同一山岗组成，该岛较大，故名大岗。因该岛西侧有一小湾，三灶区人称其为湾仔。又因该岛生长有竹，当地群众亦称竹洲。《中国海洋岛屿简况》（1980）、1984 年登记的《广东省珠海市海域海岛地名卡片》记为大岗。《广东省海域地名志》（1989）、《广东省海岛、礁、沙洲名录表》（1993）、《广东省志・海洋与海岛志》（2000）、《全国海岛名称与代码》（2008）均记为大岗岛。岸线长 2.29 千米，面积 0.301 2 平方千米，高 102.9 米。基岩岛。岛西面及北面有养蚝用临时建筑，西南面有房屋。南端有航标 1 座。

二岗岛 (Èrgǎng Dǎo)

北纬 22°01.1′，东经 113°25.4′。位于珠海市金湾区三灶镇东南 1.8 千米，大岗岛东 210 米。该岛与西面相距很近的一岛远看犹如同一山岗组成，该岛稍小取名二岗。因岛东面水流回旋打转，当地群众亦称该岛为转洲。《中国海洋岛屿简况》（1980）、1984 年登记的《广东省珠海市海域海岛地名卡片》记为二岗。《广东省海域地名志》（1989）、《广东省海岛、礁、沙洲名录表》（1993）、《广东省志·海洋与海岛志》（2000）、《全国海岛名称与代码》（2008）均记为二岗岛。岸线长 1.3 千米，面积 0.104 7 平方千米，高 105.9 米。基岩岛。岛上长有灌木。东面有航标 1 座。

大立石岛 (Dàlìshí Dǎo)

北纬 22°00.2′，东经 113°18.8′。位于珠海市金湾区三灶镇西，东北距大陆 10 米。因该岛较大，故名大立石岛。又称大立石。1984 年登记的《广东省珠海市海域海岛地名卡片》记为大立石。《广东省海域地名志》（1989）、《广东省海岛、礁、沙洲名录表》（1993）、《广东省志·海洋与海岛志》（2000）、《全国海岛名称与代码》（2008）均记为大立石岛。岸线长 228 米，面积 1 580 平方米，海拔 7.7 米。基岩岛。岛上长有灌木。

黄麻洲 (Huángmá Zhōu)

北纬 22°00.1′，东经 113°24.8′。位于珠海市金湾区三灶镇东南，西北距大陆 910 米。岛上生长有黄麻树，故名。因该岛和其西侧岛形似一对草鞋，统称为草鞋洲，又因位于草鞋洲东面而得名东洲。《中国海洋岛屿简况》（1980）记为东洲。1984 年登记的《广东省珠海市海域海岛地名卡片》、《广东省海域地名志》（1989）、《广东省海岛、礁、沙洲名录表》（1993）、《广东省志·海洋与海岛志》（2000）、《全国海岛名称与代码》（2008）均记黄麻洲。岸线长 502 米，面积 0.015 2 平方千米，海拔 27.5 米。基岩岛。岛上长有灌木。有航标 1 座。

小黄麻洲 (Xiǎohuángmá Zhōu)

北纬 22°00.2′，东经 113°24.6′。位于珠海市金湾区三灶镇东南 670 米，黄麻洲西北 93 米。因该岛上长有黄麻树，靠近黄麻洲，且较小，故名。该岛和东侧岛形似一对草鞋，统称为草鞋洲。位于西面，流动渔民也称该岛为西洲。《中国海洋岛屿简况》（1980）记为西洲。1984 年登记的《广东省珠海市海域海岛地名卡片》、《广东省海域地名志》（1989）、《广东省海岛、礁、沙洲名录表》

（1993）、《广东省志·海洋与海岛志》（2000）、《全国海岛名称与代码》（2008）均记小黄麻洲。岸线长396米，面积9 465平方米，海拔19.4米。基岩岛。长有灌木。有航标及测量控制点。

马鞍排岛（Mǎ'ānpái Dǎo）

北纬22°00.1′，东经113°18.4′。位于珠海市金湾区三灶镇西南，东北距大陆200米。该岛形似马鞍，故名。又称马鞍排。1984年登记的《广东省珠海市海域海岛地名卡片》、《广东省海域地名志》（1989）、《广东省海岛、礁、沙洲名录表》（1993）、《广东省志·海洋与海岛志》（2000）均记为马鞍排岛。《全国海岛名称与代码》（2008）记为马鞍排。岸线长80米，面积284平方米，海拔5.7米。基岩岛。有木板桥与陆地连接。

沉排礁（Chénpái Jiāo）

北纬22°00.1′，东经113°18.4′。位于珠海市金湾区三灶镇西南，东北距大陆230米。该岛大部分礁石在高潮时淹没，似沉入水中，故名。1984年登记的《广东省珠海市海域海岛地名卡片》、《广东省海域地名志》（1989）、《广东省海岛、礁、沙洲名录表》（1993）均记为沉排礁。岸线长68米，面积288平方米，海拔5.3米。基岩岛。

草鞋排岛（Cǎoxiépái Dǎo）

北纬21°59.7′，东经113°15.9′。位于珠海市金湾区高栏列岛东北端，高栏岛北1.54千米，北距大陆1.67千米。该岛形似草鞋，故名，也称草鞋排。因像母鸭浮于水面，故又名鸭乸（nǎ）排。《中国海洋岛屿简况》（1980）、1984年登记的《广东省珠海市海域海岛地名卡片》、《全国海岛名称与代码》（2008）记为草鞋排。《广东省海域地名志》（1989）、《广东省海岛、礁、沙洲名录表》（1993）、《广东省志·海洋与海岛志》（2000）均记为草鞋排岛。岸线长561米，面积18 000平方米，海拔3.9米。基岩岛。岛周边海域养殖牡蛎，北面有房屋。

小青洲（Xiǎoqīng Zhōu）

北纬21°58.5′，东经113°17.4′。位于珠海市金湾区高栏列岛东北端，高栏岛东北3.04千米，北距大陆3.21千米。原名青州。因岛上灌木、杂草丛生，四季常青，故名青洲。因与珠海市内海岛重名，且面积较小，20 世纪 80 年代改名为小青州。《中国海洋岛屿简况》（1980）记为青洲。1984 年登记的《广东省珠海市海域海岛地名卡片》、《广东省海域地名志》（1989）、《广东省海岛、礁、沙洲名录表》（1993）、《广东省志·海洋与海岛志》（2000）、《全国海岛名称与代码》（2008）均记为小青洲。岸线长 1.7 千米，面积 0.134 9 平方千米，海拔 70.6 米。基岩岛。岛上长有草丛和灌木。岛西面有养殖设施、临时建筑等，建有石块垒成的简易码头。有航标及测量控制点。

三牙石岛 (Sānyáshí Dǎo)

北纬 21°58.5′，东经 113°16.5′。位于珠海市金湾区高栏列岛东北端，高栏岛北 2.73 千米，北距大陆 4 千米。岛上有三巨石，形似三颗牙，故名。《中国海洋岛屿简况》（1980）、1984 年登记的《广东省珠海市海域海岛地名卡片》、《广东省海岛、礁、沙洲名录表》（1993）、《广东省志·海洋与海岛志》（2000）、《全国海岛名称与代码》（2008）均记为三牙石岛。岸线长 428 米，面积 7 990 平方米，海拔 8.4 米。基岩岛。岛上长有灌木。岛中间建有航标设施。

小三牙石岛 (Xiǎosānyáshí Dǎo)

北纬 21°58.5′，东经 113°16.6′。位于珠海市金湾区高栏列岛东北端，高栏岛北，北距大陆 3.95 千米。离三牙石岛较近，且比三牙石岛小，第二次全国海域地名普查时命今名。基岩岛。岸线长 435 米，面积 4 996 平方米。

獭洲 (Tǎ Zhōu)

北纬 21°57.3′，东经 113°07.8′。位于珠海市金湾区高栏列岛西北端，大杧岛西北 1.64 千米，东北距大陆 4.18 千米。因附近水域盛产水獭，且水獭常到岛上岩洞栖息，故名。《中国海洋岛屿简况》（1980）、1984 年登记的《广东省珠海市海域海岛地名卡片》、《广东省海域地名志》（1989）、《广东省海岛、礁、沙洲名录表》（1993）、《广东省志·海洋与海岛志》（2000）、《全国海岛名称与代码》（2008）均记为獭洲。岸线长 2.06 千米，面积 0.140 3 平方千米，海拔 84.4 米。基岩岛。岛上长有灌木。

獭洲爪岛 (Tǎzhōuzhuǎ Dǎo)

北纬 21°56.9′，东经 113°08.0′。位于珠海市金湾区高栏列岛中部，大杧岛和獭洲之间，獭洲南 370 米，东北距大陆 4.54 千米。因位于獭洲南侧，形似小爪，故名。《中国海洋岛屿简况》（1980）、1984 年登记的《广东省珠海市海域海岛地名卡片》、《广东省海域地名志》（1989）、《广东省海岛、礁、沙洲名录表》（1993）、《广东省志・海洋与海岛志》（2000）、《全国海岛名称与代码》（2008）均记为獭洲爪岛。岸线长 138 米，面积 1 396 平方米，海拔 5.8 米。基岩岛。

赤鱼排 (Chìyú Pái)

北纬 21°57.1′，东经 113°16.2′。位于珠海市金湾区高栏列岛东端，高栏岛东北 15 米，北距大陆 5.07 千米。位于赤鱼头外侧且较大，以赤鱼头取名赤鱼排。因渔民常称小岛为排，该岛较大，当地群众惯称大排。1984 年登记的《广东省珠海市海域海岛地名卡片》、《广东省海域地名志》（1989）、《广东省海岛、礁、沙洲名录表》（1993）均记为赤鱼排。岸线长 106 米，面积 287 平方米。基岩岛。

三角山岛 (Sānjiǎoshān Dǎo)

北纬 21°57.0′，东经 113°09.8′。位于珠海市金湾区高栏列岛中部东北端，东北距大陆 1.09 千米。岛由三座山峰排成三角形，故名。《中国海洋岛屿简况》（1980）、1984 年登记的《广东省珠海市海域海岛地名卡片》、《广东省海域地名志》（1989）、《广东省海岛、礁、沙洲名录表》（1993）、《广东省志・海洋与海岛志》（2000）、《全国海岛名称与代码》（2008）均记为三角山岛。岸线长 5.55 千米，面积 0.767 4 平方千米，高 141.7 米。基岩岛。周边海域有蚝桩，养殖户在岛上建有临时房屋、棚等。该岛是国家公布的第一批开发利用无居民海岛，主导用途为交通与工业用岛。

北三角山岛 (Běisānjiǎoshān Dǎo)

北纬 21°57.5′，东经 113°10.0′。位于珠海市金湾区高栏列岛中部东北端，三角山岛北 160 米，东北距大陆 1.11 千米。因在三角山岛北面，第二次全国海域地名普查时命今名。岸线长 59 米，面积 190 平方米。基岩岛。

南三角山岛（Nánsānjiǎoshān Dǎo）

北纬 21°56.7′，东经 113°10.1′。位于珠海市金湾区高栏列岛中部东北端，三角山岛东南 15 米，东北距大陆 2.02 千米。因处三角山岛南面，第二次全国海域地名普查时命今名。面积约 54 平方米。基岩岛。

东三角山岛（Dōngsānjiǎoshān Dǎo）

北纬 21°57.2′，东经 113°10.0′。位于珠海市金湾区高栏列岛中部东北端，三角山岛东 14 米，东北距大陆 1.36 千米。因处三角山岛东面，第二次全国海域地名普查时命今名。面积约 60 平方米。基岩岛。

圆洲岛（Yuánzhōu Dǎo）

北纬 21°56.0′，东经 113°18.7′。位于珠海市金湾区高栏列岛东端，高栏岛东 2.2 千米，北距大陆 7.06 千米。又名圆洲、园洲。岛略呈圆形，且四面环水，故以形取名圆洲。当地群众惯称园洲。《中国海洋岛屿简况》（1980）称为园洲。1984 年登记的《广东省珠海市海域海岛地名卡片》记为圆洲。《广东省海域地名志》（1989）、《广东省海岛、礁、沙洲名录表》（1993）、《广东省志·海洋与海岛志》（2000）、《全国海岛名称与代码》（2008）均记为圆洲岛。岸线长 1.07 千米，面积 0.080 1 平方千米，海拔 52.4 米。基岩岛。岛上建有一通信信号塔。

赤肋洲（Chìlèi Zhōu）

北纬 21°55.7′，东经 113°18.5′。位于珠海市金湾区高栏列岛东段，高栏岛东 1.61 千米，蚊洲北侧，北距大陆 7.82 千米。因岛南距蚊洲仅 130 米，两岛间航道上有一块大礁石，较大渔船不便从中通过和在此作业，故渔民称该岛为狭窄洲。中华人民共和国成立后，军队上岛测绘时，当地群众以粤语述字，军队人以音译字，起名鸦爪、亚炸，后更名为赤肋洲。《中国海洋岛屿简况》（1980）记为鸦爪。1984 年登记的《广东省珠海市海域海岛地名卡片》、《广东省海域地名志》（1989）、《广东省海岛、礁、沙洲名录表》（1993）、《广东省志·海洋与海岛志》（2000）、《全国海岛名称与代码》（2008）均记为赤肋洲。岛呈长形，东西走向。岸线长 458 米，面积 9 811 平方米，高 21.1 米。基岩岛，由红岩石组成。

赤肋洲北岛 (Chìlèizhōu Běidǎo)

北纬 21°55.7′，东经 113°18.5′。位于珠海市金湾区高栏列岛东端，赤肋洲西北 10 米，北距大陆 7.86 千米。因处赤肋洲北面，第二次全国海域地名普查时命今名。岸线长 110 米，面积 412 平方米。基岩岛。

赤肋洲南岛 (Chìlèizhōu Nándǎo)

北纬 21°55.6′，东经 113°18.6′。位于珠海市金湾区高栏列岛东端，赤肋洲西南 10 米，北距大陆 7.89 千米。位于赤肋洲南面，第二次全国海域地名普查时命今名。面积约 45 平方米。基岩岛。

赤肋洲内岛 (Chìlèizhōu Nèidǎo)

北纬 21°55.7′，东经 113°18.5′。位于珠海市金湾区高栏列岛东端，赤肋洲北 10 米，北距大陆 7.89 千米。该岛在赤肋洲周围诸岛中更靠近赤肋洲，第二次全国海域地名普查时命今名。岸线长 48 米，面积 115 平方米。基岩岛。

挜柞礁 (Yàzuò Jiāo)

北纬 21°55.7′，东经 113°18.6′。位于珠海市金湾区高栏列岛东端，高栏岛东 1.8 千米，北距大陆 7.75 千米。因其西侧仅隔 10 米之岛为赤肋洲（曾以音译字为挜柞洲），故取名挜柞礁。又名椏柞礁。《广东省海域地名志》（1989）记为挜柞礁。《广东省海岛、礁、沙洲名录表》（1993）记为椏柞礁。岸线长 220 米，面积 1 098 平方米，海拔 3.1 米。基岩岛。

长连排岛 (Chángliánpái Dǎo)

北纬 21°55.5′，东经 113°07.3′。位于珠海市金湾区高栏列岛中部，大杧岛西 1.01 千米，东北距大陆 6.97 千米。渔民惯称礁为排，因岛呈长形，故名长连排岛。1984 年登记的《广东省珠海市海域海岛地名卡片》、《广东省海域地名志》（1989）、《广东省海岛、礁、沙洲名录表》（1993）、《广东省志·海洋与海岛志》（2000）、《全国海岛名称与代码》（2008）均记为长连排岛。岸线长 376 米，面积 4 919 平方米，海拔 3.4 米。基岩岛，由礁石组成。无岩土，北部有少量黄沙。该岛南北走向，岛上礁石林立，高低不平。

蟹蚶礁 (Xièhān Jiāo)

北纬 21°55.4′，东经 113°17.5′。位于珠海市金湾区高栏列岛东端，高栏岛东 110 米，北距大陆 8.69 千米。该岛地处蟹蚶湾，故名。1984 年登记的《广东省珠海市海域海岛地名卡片》称为蟹蚶礁。基岩岛。岸线长 34 米，面积 82 平方米，海拔 1.8 米。

蚊洲 (Wén Zhōu)

北纬 21°55.4′，东经 113°18.5′。位于珠海市金湾区高栏列岛东端，高栏岛东 1.18 千米，北距大陆 7.9 千米。该岛周围海域历来盛产鲛鱼，取名鲛洲。过去渔民多不识字，故将鲛洲传为蚊洲，沿用已久。《中国海洋岛屿简况》(1980)、1984 年登记的《广东省珠海市海域海岛地名卡片》、《广东省海域地名志》（1989）、《广东省海岛、礁、沙洲名录表》（1993）、《广东省志·海洋与海岛志》（2000）、《全国海岛名称与代码》（2008）均记为蚊洲。岸线长 3.26 千米，面积 0.221 6 平方千米，海拔 85 米。基岩岛，南北走向。岛上有南北两丘，南丘较大，西北—东南走向，顶部平坦，有贮水池。中间低而窄，宽 100 米，高不足 10 米，有丛草滩约 5 000 平方米。两丘表层为黄沙土，长有灌木丛。石质岸，多陡坡。沿岸多为岩石滩和砾石滩。周边海域养殖牡蛎，岛上有看护蚝桩用的房屋。

蚊洲仔 (Wénzhōuzǎi)

北纬 21°55.1′，东经 113°18.6′。位于珠海市金湾区高栏列岛东段，蚊洲南面，高栏岛东 1.49 千米，北距大陆 8.62 千米。因该岛靠近蚊洲，盛产鲛鱼，且面积比蚊洲小，故名。1984 年登记的《广东省珠海市海域海岛地名卡片》、《广东省海域地名志》（1989）、《广东省海岛、礁、沙洲名录表》（1993）、《广东省志·海洋与海岛志》（2000）、《全国海岛名称与代码》（2008）均记为蚊洲仔。岸线长 704 米，面积 22 459 平方米，海拔 41.2 米。基岩岛，由红岩石组成。表层为黄沙土，生长草丛和灌木。岛略呈圆形，顶部平坦，四周陡峭，沿岸为石质。蚊洲仔和蚊洲相距很近，可从两岛中间的砾石穿过。

蚊排礁 (Wénpái Jiāo)

北纬 21°55.5′，东经 113°18.7′。位于珠海市金湾区高栏列岛东端，北距大陆 7.87 千米。1984 年登记的《广东省珠海市海域海岛地名卡片》、《广东省海域地名志》（1989）、《广东省海岛、礁、沙洲名录表》（1993）均记为蚊排礁。因处蚊洲东北部，相距仅 50 米，故名。岸线长 96 米，面积 402 平方米，海拔约 4 米。基岩岛。

大杧岛 (Dàmáng Dǎo)

北纬 21°55.2′，东经 113°08.1′。位于珠海市高栏列岛中部，东北距大陆 4.12 千米。因岛上生长大杧草，故名。《中国海洋岛屿简况》（1980）、1984 年登记的《广东省珠海市海域海岛地名卡片》、《广东省海域地名志》（1989）、《广东省海岛、礁、沙洲名录表》（1993）、《广东省志·海洋与海岛志》（2000）、《全国海岛名称与代码》（2008）均记为大杧岛。岛呈葫芦形，东北—西南走向。岸线长 15.03 千米，面积 4.972 6 平方千米。基岩岛，由砂岩和粉砂岩构成。北部高且宽，南部低而窄。北部中央主峰海拔 268.2 米。表层为黄沙土，长有灌木和茅草。多岩石陡岸，沿岸有干出石滩、砾石滩，多洞穴。该岛原始生态保存完好，植被丰富，有热带雨林及观赏植物如将军木、罗汉松、赤楠、余甘子、春花树等 600 多种，鹿、猴、龟等珍稀野生动物 10 多种。附近海域水深 0.6～3 米，有鱼、虾、贝 100 多种，常见成群白鳍豚翔游腾跃、追戏游船。

有居民海岛，隶属于珠海市金湾区。2011 年有户籍人口 11 人，常住人口 50 人。西面有养殖牡蛎的临时建筑及设施。东北面建有飞龙公司码头及房屋，有 3 人看护。南端正筑堤与杧仔岛相连。岛上有猕猴群。已开发旅游业，建有数栋别墅、木房、办公楼等。

高栏岛 (Gāolán Dǎo)

北纬 21°55.0′，东经 113°15.3′。位于珠海市高栏列岛东部，为其主岛，北距大陆 2.08 千米。曾名高兰岛、高澜岛、高拦岛。距今 500 多年前，到此岛居住的最早三户渔民，在该岛观音山顶上大石头附近发现了兰花，故将该岛取名高兰。清光绪《广州府志》云：“五峰杰竖如指，谷多兰卉。”由此而得名高兰岛。

后因该岛四面环水，改“高兰”为“高澜”。岛最高山（观音山）呈南北走向，拦住了细沙湾的飞沙向西侵袭，故取名高拦岛，后同音演化而成高栏岛。《中国海洋岛屿简况》（1980）、1984年登记的《广东省珠海市海域海岛地名卡片》、《广东省海域地名志》（1989）、《广东省海岛、礁、沙洲名录表》（1993）、《广东省志·海洋与海岛志》（2000）、《全国海岛名称与代码》（2008）均记为高栏岛。

岸线长36.19千米，面积38.341 8平方千米，主峰观音山高418米。基岩岛，由花岗岩构成。岛上山冈起伏，三座南北向山冈纵贯。中部与西部山脊对峙，其间为狭长平谷地带。各山顶部较平坦，坡度较缓。南巡湾有金沙矿，观音山有锡矿。蕴有金砂、银、锡矿，日寇占据时开采过钨矿。淡水充足。岛内山脉起伏，植被茂密，有仙人掌、细叶桉、木麻黄等多种观赏植物。天然石景奇异，悬崖陡峭险峻，海岸曲折，大飞沙滩由两侧石山挟抱，沙滩有宽阔的防风林。周围海域水深1～5米，盛产虾、蟹、大花鱼、鲳鱼、曹白鱼、马鲛鱼等类。

有居民海岛，隶属于珠海市金湾区。岛上有高栏村、飞沙村，2011年有户籍人口1 200人，常住人口2 775人。居民以农、渔为主。建有小学、信用社、商店、邮电所、派出所等，有火力发电设备及海事局、消防、边检等公共服务单位。南水—高栏大堤建成后，岛上工业发达，建有大型石化、液化石油天然气等仓储基点，有化工厂、炼油厂等。岛南面有飞沙滩旅游区及配套设施。此处飞沙奇景为南国罕见一大景观，是古代海上丝绸之路的天然海岸航标。岛北面有大石场和小渔港。西北侧有堤坝与陆地连接，有公路。该岛有海湾、港湾7个，岛西侧有国家一类开放口岸大型码头，高潮时可停泊500吨以下船只。岛南侧是广州至湛江、海南岛海上运输必经航道。海湾所在的山麓、山腰分布着“天才石”“宝镜石”“大坪石”和“藏宝洞”等岩画4处共6幅，这些岩画发现于1989年10月，其年代在新石器时代晚期至青铜时代。藏宝洞最大岩画长5米、高3米，整幅画以船形为中心，周围有舞蹈人、波浪纹、蛇纹、屋形纹等，图案密集而精致。在岩画附近沙丘和山岗上还采集到新石器时代晚期的陶片、石器等遗物。岛上大龙庙记载了林宏猷、李社积、黄甘英等人的事迹。

高栏东岛 (Gāolán Dōngdǎo)

北纬 21°55.2′，东经 113°17.7′。位于珠海市金湾区高栏列岛东端，高栏岛东 12 米，北距大陆 9.29 千米。因处高栏岛东面，第二次全国海域地名普查时命今名。岸线长 57 米，面积 209 平方米。基岩岛。

杧仔岛 (Mángzǎi Dǎo)

北纬 21°53.6′，东经 113°06.8′。位于珠海市金湾区高栏列岛中部，大杧岛西南 610 米，东北距大陆 9.71 千米。位于大杧岛附近，面积较大杧岛小，故名。《中国海洋岛屿简况》（1980）、1984 年登记的《广东省珠海市海域海岛地名卡片》、《广东省海域地名志》（1989）、《广东省海岛、礁、沙洲名录表》（1993）、《广东省志·海洋与海岛志》（2000）、《全国海岛名称与代码》（2008）均记为杧仔岛。岸线长 1.37 千米，面积 0.078 1 平方千米，高 64.4 米。基岩岛。东北侧和东南侧分别填海修建防浪堤与大杧岛及荷包岛相连。该岛是国家公布的第一批开发利用无居民海岛，主导用途为交通与工业用岛。

杧仔礁 (Mángzǎi Jiāo)

北纬 21°53.8′，东经 113°07.2′。位于珠海市金湾区高栏列岛中部，大杧岛南 210 米，东北距大陆 9.31 千米。位于杧仔岛东侧，面积较杧仔岛小，故名。1984 年登记的《广东省珠海市海域海岛地名卡片》、《广东省海域地名志》（1989）、《广东省海岛、礁、沙洲名录表》（1993）均记为杧仔礁。基岩岛，由黑色岩石组成。岛呈梅花形，岸线长 43 米，面积 106 平方米，海拔 3 米。

毛鸡头礁 (Máojītóu Jiāo)

北纬 21°51.8′，东经 113°11.7′。位于珠海市金湾区高栏列岛中部，处荷包岛东 160 米，望洋台东南，东北距大陆 10.24 千米。该岛中有一块形似毛鸡头的礁石，且附近山头多产毛鸡，故名。1984 年登记的《广东省珠海市海域海岛地名卡片》、《广东省海域地名志》（1989）、《广东省海岛、礁、沙洲名录表》（1993）均记为毛鸡头礁。基岩岛。岸线长 60 米，面积 221 平方米，海拔 3.3 米。附近水深流急，多漩涡，对航行影响较大。1968 年广州 150 吨“粤海”号货船在此触礁沉没。还有不少渔船在此触礁或划破船底。

毛鸡头北岛（Máojītóu Běidǎo）

北纬 21°51.9′，东经 113°11.8′。位于珠海市金湾区高栏列岛中部，荷包岛东 46 米，东北距大陆 9.92 千米。因处毛鸡头礁北面，第二次全国海域地名普查时命今名。岸线长 62 米，面积 208 平方米。基岩岛。

荷包岛（Hébāo Dǎo）

北纬 21°51.4′，东经 113°08.6′。位于珠海市高栏列岛中部，高栏岛西南 4.57 千米，东北距大陆 8.98 千米。该岛呈“W”形，像钱包，当地称钱包为荷包，故名。岛形似牛角，又名牛角山。《中国海洋岛屿简况》（1980）、1984 年登记的《广东省珠海市海域海岛地名卡片》、《广东省海域地名志》（1989）、《广东省海岛、礁、沙洲名录表》（1993）、《广东省志·海洋与海岛志》（2000）、《全国海岛名称与代码》（2008）均记为荷包岛。岛呈东西走向，岸线长 29.76 千米，面积 12.079 8 平方千米，海拔 385.6 米。基岩岛，由花岗岩和砂岩构成。全岛为丘陵地，西部高，中部次之，东部稍低。气侯温暖湿润，长夏无冬，西部生长着大片亚热带原始森林，有许多条山涧泉水常年不断地从林间流过。东部长有灌木、茅草。南部蕴藏钨矿，日寇占据荷包岛时开采过。

有居民海岛，隶属于珠海市金湾区。2011 年岛上有户籍人口 100 人，常住人口 304 人。建有近百间民房，有村委会、卫生站、水位站、加油站、加水站，山顶有通信发射塔。该岛沿岸有养殖场，居民种有各种蔬菜及饲养家禽和马等。岛四周共有宽阔洁白的沙滩 8 个，是珠海沙滩最多的海岛，南面建有旅游设施。有数千米简易公路，在建防浪堤与杧仔岛相连。岛上较大港湾有 4 个，建有 3 座码头，可靠 100 吨级船只。周边海面是中浅海龟场，水质好，无污染，水产资源丰富。岛上有航标灯，荷包渔港位于粤西通往珠江口的航道上，来往船只常在此抛泊、补给。该岛在战争年代是南海军事要塞，至今仍保留瞭望台、碉堡、防空洞等，记载了日本侵华史实及驻岛海军的英雄事迹，还有联合国红十字会捐赠的大风车。

荷包北岛 (Hébāo Běidǎo)

北纬 21°52.7′，东经 113°09.5′。位于珠海市金湾区高栏列岛中部，荷包岛北 36 米，东北距大陆 9.24 千米。《广东省海岛、礁、沙洲名录表》（1993）记为 Zh48。因处荷包岛北面，第二次全国海域地名普查时更为今名。面积约 12 平方米。基岩岛。

荷包南岛 (Hébāo Nándǎo)

北纬 21°51.4′，东经 113°10.0′。位于珠海市金湾区高栏列岛中部，荷包岛南 10 米，东北距大陆 11.26 千米。因处荷包岛南侧，第二次全国海域地名普查时命今名。面积约 27 平方米。基岩岛。

荷包仔岛 (Hébāozǎi Dǎo)

北纬 21°51.2′，东经 113°11.0′。位于珠海市金湾区高栏列岛中部，距荷包岛 20 米，东北距大陆 11.39 千米。该岛在荷包岛附近，且面积较小，第二次全国海域地名普查时命今名。岸线长 51 米，面积 167 平方米。基岩岛。

荷包东岛 (Hébāo Dōngdǎo)

北纬 21°52.1′，东经 113°11.0′。位于珠海市金湾区高栏列岛中部，荷包岛东 12 米，东北距大陆 9.63 千米。因处荷包岛东侧，第二次全国海域地名普查时命今名。面积约 40 平方米。基岩岛。

排背礁 (Páibèi Jiāo)

北纬 21°51.1′，东经 113°11.0′。位于珠海市金湾区高栏列岛中部，荷包岛东南 55 米，东北距大陆 11.44 千米。因礁石呈长条形，高潮时形似一条大鱼的背露于水面，故名，当地群众称为排背咀。1984 年登记的《广东省珠海市海域海岛地名卡片》、《广东省海域地名志》（1989）、《广东省海岛、礁、沙洲名录表》（1993）均记为排背礁。岸线长 39 米，面积 101 平方米，海拔 2.4 米。基岩岛。

撞洋礁 (Zhuàngyáng Jiāo)

北纬 21°50.1′，东经 113°08.3′。位于珠海市金湾区高栏列岛中部，荷包岛南 20 米，东北距大陆最近点 14.45 千米。该岛较高大，周围风浪大流水急，大浪撞在礁上，浪花飞得很高，形似一只大船破浪前进，故名撞洋礁。1984年登记的《广东省珠海市海域海岛地名卡片》、《广东省海域地名志》（1989）、《广东省海岛、礁、沙洲名录表》（1993）均记为撞洋礁。岛略呈长形，岸线长154米，面积769平方米，海拔7.1米。基岩岛，由花岗岩组成。周围礁石较多，浪大流急，对船只航行影响较大。

凤尾咀（Fèngwěi Zuǐ）

北纬21°50.1′，东经113°08.3′。位于珠海市金湾区高栏列岛中部，荷包岛西南39米，东北距大陆14.45千米。该岛位于凤尾顶南山脚，以山命名。1984年登记的《广东省珠海市海域海岛地名卡片》记为凤尾咀。面积约19平方米。基岩岛。

排角礁（Páijiǎo Jiāo）

北纬21°50.1′，东经113°08.2′。位于珠海市金湾区高栏列岛中部，荷包岛西南66米，东北距大陆14.49千米。该岛东侧及顶部呈锥形，形似尖角，故名。1984年登记的《广东省珠海市海域海岛地名卡片》、《广东省海域地名志》（1989）、《广东省海岛、礁、沙洲名录表》（1993）均记为排角礁。岸线长38米，面积99平方米，海拔5.5米。基岩岛。

排角仔礁（Páijiǎozǎi Jiāo）

北纬21°50.1′，东经113°08.3′。位于珠海市金湾区高栏列岛中部，荷包岛西南80米，东北距大陆14.5千米。位于排角礁南侧，比排角礁小，故名。1984年登记的《广东省珠海市海域海岛地名卡片》、《广东省海域地名志》（1989）、《广东省海岛、礁、沙洲名录表》（1993）均记为排角仔礁。面积约5平方米，海拔3米。基岩岛。

金叶岛（Jīnyè Dǎo）

北纬23°21.9′，东经116°46.0′。位于汕头市新津港，西距大陆330米。该岛形似一片树叶，故美其名为金叶岛。又称合州。岸线长2.66千米，面积0.306 8平方千米。沙泥岛。岛上长有草丛和灌木。有居民海岛，隶属于汕头市龙湖区。2011年有户籍人口458人。由大陆供水供电。该岛1995年开发，现有环岛堤围、人工河、码头、网球中心及市政道路网等。有桥梁和陆地连接。

金叶南岛 (Jīnyè Nándǎo)

北纬 23°21.6′，东经 116°46.1′。位于汕头市新津港，西距大陆 60 米。因在金叶岛南端，第二次全国海域地名普查时命今名。岸线长 942 米，面积 0.043 平方千米。沙泥岛。岛上长有草丛和灌木。有居民海岛，隶属于汕头市龙湖区。该岛 1995 年开发，现有环岛堤围、人工河及码头、网球中心、市政道路网和住宅。由大陆供水供电。岛上有桥梁和陆地连接。

戏缆石 (Xìlǎn Shí)

北纬 23°20.4′，东经 116°44.9′。位于汕头港，汕头市龙湖区南 180 米，妈屿东北 19 米，达濠岛东北 1.15 千米。戏缆石为当地群众惯称。岸线长 39 米，面积 109 平方米。基岩岛。

芥兰颈 (Jièlánjǐng)

北纬 23°20.3′，东经 116°45.1′。位于汕头港，汕头市龙湖区南 410 米，妈屿东 59 米，达濠岛东北 1.23 千米。芥兰颈为当地群众惯称。面积约 20 平方米。基岩岛。

妈印石 (Māyìn Shí)

北纬 23°20.3′，东经 116°44.7′。位于汕头港，汕头市龙湖区南 550 米，妈屿西 62 米，达濠岛东北 736 米。该岛是妈屿周围的小礁石，据说是当年妈祖普度渔人化神入海时留下的，故当地群众称妈印石。面积约 55 平方米。基岩岛。

妈屿仔 (Mā Yǔzǎi)

北纬 23°20.2′，东经 116°44.9′。位于汕头港，汕头市龙湖区南 530 米，达濠岛东北 920 米。当地群众称妈屿仔。面积约 18 平方米。基岩岛。

龙湖三礁 (Lónghú Sānjiāo)

北纬 23°20.0′，东经 116°45.0′。位于汕头港，汕头市龙湖区南 840 米，达濠岛东北 672 米。当地群众惯称三礁。因省内重名，以其位于龙湖区，第二次全国海域地名普查时更为今名。岸线长 42 米，面积 132 平方米。基岩岛。2011 年岛上常住人口 3 人。建有简易房屋，有栈桥与外岛连接。

六耳门 (Liù’ěrmén)

北纬 23°20.0′，东经 116°41.6′。位于汕头港泥湾，汕头市濠江区达濠岛北 14 米，金平区南 2.11 千米。《中国海洋岛屿简况》（1980）记为六耳门。岸线长 460 米，面积 3 074 平方米。基岩岛。岛上长草丛和灌木。有简易人工码头，已废弃。

车棕屿 (Chēzōng Yǔ)

北纬 23°19.8′，东经 116°44.6′。位于汕头港口，汕头市濠江区达濠岛东北 126 米，龙湖区西南 1.45 千米。因渔民常用棕色网在此捕鱼，故名。《中国海洋岛屿简况》（1980）称为 4787。《广东省海域地名志》（1989）、《广东省海岛、礁、沙洲名录表》（1993）、《全国海岛名称与代码》（2008）均记为车棕屿。岸线长 128 米，面积 248 平方米，海拔 2 米。基岩岛。

棉花草屿 (Miánhuā Cǎoyǔ)

北纬 23°19.8′，东经 116°38.4′。位于汕头市濠江区达濠岛西北 742 米，西距潮阳区 60 米。因在棉花村居委会管辖区，取名为棉花草屿。岸线长 193 米，面积 1 319 平方米。岛上长草丛和灌木。基岩岛。

德洲岛 (Dézhōu Dǎo)

北纬 23°19.6′，东经 116°45.3′。位于汕头港口，汕头市濠江区达濠岛东北 430 米，龙湖区西南 1.05 千米。曾名龟屿、鹿洲，又名鹿屿、德州、德州岛。岛形如坐鹿，原名鹿洲，因在当地“德”与“鹿”谐音，故名。《中国海洋岛屿简况》（1980）记为鹿屿。1984 年登记的《广东省汕头市海域海岛地名卡片》、《广东省海域地名志》（1989）、《广东省海岛、礁、沙洲名录表》（1993）、《广东省志 · 海洋与海岛志》（2000）、《全国海岛名称与代码》（2008）均记为德州岛。《中国海域地名志》（1989）记为德洲岛。岸线长 1.72 千米，面积 0.126 8 平方千米，高 50 米。基岩岛。岛略呈椭圆形，西北—东南走向，地势东南高西北低，表层为泥沙土。2011 年岛上常住人口 3 人。设有汕头海事局值班室，由外部供水供电。岛上建有码头 2 座，亭子 1 座，航标灯塔 2 座，无线电信号接收塔 2 座。

德洲内岛 (Dézhōu Nèidǎo)

北纬 23°19.5′，东经 116°45.7′。位于汕头港口，汕头市濠江区达濠岛东北 760 米，西距德洲岛 238 米，龙湖区西南 1.03 千米。原与德洲岛、德洲外岛统称“德洲岛”，因在德洲岛东南面，且离德洲岛较近，第二次全国海域地名普查时命今名。岸线长 64 米，面积 237 平方米。基岩岛。

德洲外岛 (Dézhōu Wàidǎo)

北纬 23°19.5′，东经 116°45.7′。位于汕头港口，汕头市濠江区达濠岛东北 735 米，西北距德洲岛 352 米，西南距龙湖区 1.13 千米。原与德洲岛、德洲内岛统称“德洲岛”，因在德洲岛东南面，且离德洲岛较远，第二次全国海域地名普查时命今名。岸线长 54 米，面积 206 平方米。基岩岛。

鸡心屿 (Jīxīn Yǔ)

北纬 23°19.5′，东经 116°42.9′。位于汕头港泥湾，汕头市濠江区达濠岛北 38 米，龙湖区南 2.74 千米。岛形似鸡心又似蛤形，故历史上有鸡心屿和蛤屿之称。又名角屿。1977 年版海图原有名称角屿（蛤屿）。《中国海洋岛屿简况》（1980）称为蛤屿。1984 年登记的《广东省汕头市海域海岛地名卡片》、《广东省海域地名志》（1989）、《广东省海岛、礁、沙洲名录表》（1993）、《广东省志·海洋与海岛志》（2000）、《全国海岛名称与代码》（2008）均记为鸡心屿。岸线长 457 米，面积 0.012 7 平方千米，高 18.9 米。基岩岛。2011 年岛上常住人口 3 人。岛上有房屋、景观灯、水泥塔，有小路通向山顶。由大陆供水供电。

响螺礁 (Xiǎngluó Jiāo)

北纬 23°19.1′，东经 116°45.4′。位于汕头港口，汕头市濠江区达濠岛东北 21 米，龙湖区南 1.94 千米。有一块较大的礁石形似螺形，故称哺螺石礁，哺螺学名即响螺，后更名响螺礁。1984 年登记的《广东省汕头市海域海岛地名卡片》记为哺螺石礁。《广东省海域地名志》（1989）、《广东省海岛、礁、沙洲名录表》（1993）均记为响螺礁。面积约 6 平方米。基岩岛。

急水礁 (Jíshuǐ Jiāo)

北纬 23°18.7′，东经 116°45.6′。位于汕头市濠江区达濠岛东北 41 米，龙湖区南 2.47 千米。1985 年登记的《广东省汕头市海域海岛地名卡片》、《广东省海域地名志》（1989）、《广东省海岛、礁、沙洲名录表》（1993）均记为急水礁。当地群众惯称。面积约 9 平方米，海拔约 3 米。基岩岛。

浮鞍礁 (Fú'ān Jiāo)

北纬 23°18.6′，东经 116°45.5′。位于汕头市濠江区达濠岛东北 29 米，龙湖区南 2.74 千米。原称深鞍浮鞍礁。岛似鞍形，两头高，中间低，故称浮鞍礁。1985 年登记的《广东省汕头市海域海岛地名卡片》、《广东省海域地名志》（1989）、《广东省海岛、礁、沙洲名录表》（1993）均记为浮鞍礁。面积约 61 平方米，海拔约 4 米。基岩岛。有简易棚房和栈桥等设施。

达濠岛 (Dáháo Dǎo)

北纬 23°18.0′，东经 116°43.5′。位于汕头市濠江区海域，西南距潮阳区 80 米。曾名踏头埔、踏头埠。明代称踏头埔，初开埠，称踏头埠，“达”与“踏”谐音。清康熙五十六年（1717 年）建城，称达濠城，因此得名达濠岛。1984 年登记的《广东省汕头市海域海岛地名卡片》、《广东省海域地名志》（1989）、《广东省海岛、礁、沙洲名录表》（1993）、《全国海岛名称与代码》（2008）均记为达濠岛。西北—东南走向。岸线长 68.53 千米，面积 87.826 1 平方千米，为汕头市第二大岛，高 212.3 米。基岩岛，由花岗岩构成。西北部和东南端以丘陵为主，其余多为滨海平原。西北部香炉山为全岛最高点，次高为青云岩所在的大望山。淡水充足。北部多为岩石岸，东、南多沙岸。北面与汕头北区形成内海湾，西南面为濠江，东、南为大海。岸线曲折，沿岸多湾，泥湾和后江湾为主要港湾。

有居民海岛，隶属于汕头市濠江区。2011 年岛上有户籍人口 159 611 人。汕头保税区、广澳开发区在岛东南部。青云岩风景区素称海国风光第一山。礐石风景名胜区为省级重点风景名胜区之一。近年巨峰寺桃花节亦远近闻名。该岛北面有海湾大桥和礐石大桥连接北岸，西有磊口桥、濠江大桥横跨濠江，交通便利。深汕高速公路在岛上设有达濠和澳头两个出入口。324 国道经过西北。磊（口）广（澳）公路斜贯全岛。北面有南滨路连接礐石和澳头，岛东部有东湖路连接南滨路和磊广路。在礐石有轮渡通北岸。

娘屿 (Niáng Yǔ)

北纬 23°18.0′，东经 116°45.9′。位于汕头市濠江区达濠岛东北 49 米，龙湖区南 3.73 千米。1984 年登记的《广东省汕头市海域海岛地名卡片》、《广东省海域地名志》（1989）、《广东省海岛、礁、沙洲名录表》（1993）、《广东省志·海洋与海岛志》（2000）、《全国海岛名称与代码》（2008）均记为娘屿。当地群众惯称。岸线长 421 米，面积 8 179 平方米，海拔 9.9 米。基岩岛，岛体由岩石堆积而成。东侧有渔民修筑的栈桥和棚房。

娘屿北岛 (Niángyǔ Běidǎo)

北纬 23°18.3′，东经 116°45.8′。位于汕头市濠江区达濠岛东北 210 米，南距娘屿 515 米，龙湖区南 3.24 千米。因在娘屿北面，第二次全国海域地名普查时命今名。岸线长 31 米，面积 64 平方米。基岩岛。建有简易棚房和栈桥。

娘屿南岛 (Niángyǔ Nándǎo)

北纬 23°17.7′，东经 116°46.2′。位于汕头市濠江区达濠岛东北 93 米，西北距娘屿 640 米，龙湖区南 4.27 千米。因在娘屿南面，第二次全国海域地名普查时命今名。面积约 50 平方米。基岩岛。

濠江北岛 (Háojiāng Běidǎo)

北纬 23°17.6′，东经 116°40.8′。位于汕头市濠江区达濠岛西南 42 米，潮阳区东北 140 米。因在濠江北面，第二次全国海域地名普查时命今名。岸线长 307 米，面积 3 027 平方米。沙泥岛。岛上长草丛和灌木，有灯塔 1 座。

赤礁屿 (Chìjiāo Yǔ)

北纬 23°16.9′，东经 116°47.3′。位于汕头市濠江区达濠岛东 1.37 千米，潮阳区东北 5.97 千米。该岛表层为黄色沙黏土，故称赤礁屿。《中国海洋岛屿简况》（1980）、《广东省海域地名志》（1989）、《广东省海岛、礁、沙洲名录表》（1993）、《广东省志·海洋与海岛志》（2000）、《全国海岛名称与代码》（2008）均记为赤礁屿。岸线长 349 米，面积 8 368 平方米，海拔 18.1 米。基岩岛。岛上长有草丛和灌木。有码头、灯塔、台阶和一小型太阳能发电设施。

铁砧屿 (Tiězhēn Yǔ)

北纬 23°16.7′，东经 116°47.4′。位于汕头市濠江区达濠岛东 1.49 千米，潮阳区东北 5.82 千米。曾名赤石仔。因铁砧南端有一圆形巨石裸露，远看好似打铁用的砧头，故称铁砧，又名铁砧屿。《中国海洋岛屿简况》（1980）记为铁砧屿。1984 年登记的《广东省汕头市海域海岛地名卡片》记为铁砧。《广东省海域地名志》（1989）、《广东省海岛、礁、沙洲名录表》（1993）、《广东省志・海洋与海岛志》（2000）、《全国海岛名称与代码》（2008）均记为铁砧屿。岸线长 300 米，面积 4 297 平方米，海拔 8.8 米。基岩岛。

铁砧西岛 (Tiězhēn Xīdǎo)

北纬 23°16.5′，东经 116°47.2′。位于汕头市濠江区达濠岛东 1.29 千米，潮阳区东北 5.47 千米。原与铁砧屿统称为铁砧屿，因在铁砧屿西南面，第二次全国海域地名普查时命今名。面积约 5 平方米。基岩岛。

龟山岛 (Guīshān Dǎo)

北纬 23°15.6′，东经 116°43.9′。位于汕头市濠江区达濠岛西南 255 米，潮阳区东北 240 米。因岛形似龟而得名。《广东省海域地名志》（1989）、《广东省海岛、礁、沙洲名录表》（1993）、《广东省志・海洋与海岛志》（2000）、《全国海岛名称与代码》（2008）均记为龟山岛。岸线长 758 米，面积 30 873 平方米，海拔 35.6 米。基岩岛。岛上有一小寺庙和简易房屋。

龟山南岛 (Guīshān Nándǎo)

北纬 23°15.4′，东经 116°43.9′。位于汕头市濠江区达濠岛西南 633 米，潮阳区东北 100 米。原与龟山岛统称为“龟山岛”，因在龟山岛南面，第二次全国海域地名普查时命今名。岸线长 62 米，面积 263 平方米。基岩岛。

草屿 (Cǎo Yǔ)

北纬 23°15.2′，东经 116°48.1′。位于汕头市濠江区达濠岛东 906 米，潮阳区东 5.99 千米。因岛上茅草丛生，常年青绿，故称草屿，又称青岛。《中国海洋岛屿简况》（1980）、1985 年登记的《广东省汕头市海域海岛地名卡片》、《广东省海域地名志》（1989）、《广东省海岛、礁、沙洲名录表》（1993）、《广东省志·海洋与海岛志》（2000）、《全国海岛名称与代码》（2008）均记为草屿。岸线长632米，面积0.016 5平方千米，海拔20.3米。基岩岛。岛上长有草丛和灌木。

草屿北岛（Cǎoyǔ Běidǎo）

北纬23°15.3′，东经116°48.2′。位于汕头市濠江区达濠岛东1.18千米，潮阳区东6.26千米。原与草屿统称为“草屿”，因在草屿北面，第二次全国海域地名普查时命今名。基岩岛。面积约65平方米。

蕉礁（Jiāo Jiāo）

北纬23°14.9′，东经116°47.8′。位于汕头市濠江区达濠岛东545米，潮阳区东5.64千米。该岛分布似一串香蕉，故称蕉礁。因该岛对过往船只构成危险，故又名险恶礁。1977年版海图上称险恶礁。1984年登记的《广东省汕头市海域海岛地名卡片》、《广东省海域地名志》（1989）、《广东省海岛、礁、沙洲名录表》（1993）、《广东省志·海洋与海岛志》（2000）、《全国海岛名称与代码》（2008）均记为蕉礁。岸线长16米，面积19平方米，海拔约3米。基岩岛。

蕉礁一岛（Jiāojiāo Yīdǎo）

北纬23°14.9′，东经116°47.7′。位于汕头市濠江区达濠岛东551米，潮阳区东5.52千米。原与蕉礁、蕉礁二岛、蕉礁三岛、蕉礁四岛、蕉礁五岛、蕉礁六岛、蕉礁七岛统称为“蕉礁”。因在蕉礁周围，按自西向东、自北向南顺序排列，该岛处第一，第二次全国海域地名普查时命今名。面积约32平方米。基岩岛。

蕉礁二岛（Jiāojiāo Èrdǎo）

北纬23°14.9′，东经116°47.9′。位于汕头市濠江区达濠岛东341米，潮阳区东5.73千米。原与蕉礁、蕉礁一岛、蕉礁三岛、蕉礁四岛、蕉礁五岛、蕉礁六岛、蕉礁七岛统称为“蕉礁”。因在蕉礁周围，按自西向东、自北向南顺序排列，该岛处第二，第二次全国海域地名普查时命今名。面积约36平方米。基岩岛。

蕉礁三岛 (Jiāojiāo Sāndǎo)

北纬 23°14.9′，东经 116°47.9′。位于汕头市濠江区达濠岛东 447 米，潮阳区东 5.74 千米。原与蕉礁、蕉礁一岛、蕉礁二岛、蕉礁四岛、蕉礁五岛、蕉礁六岛、蕉礁七岛统称为“蕉礁”。因在蕉礁周围，按自西向东、自北向南顺序排列，该岛处第三，第二次全国海域地名普查时命今名。面积约 30 平方米。基岩岛。

蕉礁四岛 (Jiāojiāo Sìdǎo)

北纬 23°14.9′，东经 116°47.9′。位于汕头市濠江区达濠岛东 475 米，潮阳区东 5.76 千米。原与蕉礁、蕉礁一岛、蕉礁二岛、蕉礁三岛、蕉礁五岛、蕉礁六岛、蕉礁七岛统称为“蕉礁”。因在蕉礁周围，按自西向东、自北向南顺序排列，该岛处第四，第二次全国海域地名普查时命今名。面积约 16 平方米。基岩岛。

蕉礁五岛 (Jiāojiāo Wǔdǎo)

北纬 23°14.9′，东经 116°47.8′。位于汕头市濠江区达濠岛东 512 米，潮阳区东 5.7 千米。《中国海洋岛屿简况》（1980）记为 4786。因在蕉礁周围，按自西向东、自北向南顺序排列，该岛处第五，第二次全国海域地名普查时更为今名。面积约 22 平方米。基岩岛。

蕉礁六岛 (Jiāojiāo Liùdǎo)

北纬 23°14.9′，东经 116°47.9′。位于汕头市濠江区达濠岛东 540 米，潮阳区东 5.74 千米。原与蕉礁、蕉礁一岛、蕉礁二岛、蕉礁三岛、蕉礁四岛、蕉礁五岛、蕉礁七岛统称为“蕉礁”。因在蕉礁周围，按自西向东、自北向南顺序排列，该岛处第六，第二次全国海域地名普查时命今名。面积约 15 平方米。基岩岛。

蕉礁七岛 (Jiāojiāo Qīdǎo)

北纬 23°15.0′，东经 116°47.9′。位于汕头市濠江区达濠岛东 496 米，潮阳区东 5.74 千米。原与蕉礁、蕉礁一岛、蕉礁二岛、蕉礁三岛、蕉礁四岛、蕉礁五岛、蕉礁六岛统称为“蕉礁”。因在蕉礁周围，按自西向东、自北向南顺序排列，该岛处第七，第二次全国海域地名普查时命今名。面积约 33 平方米。基岩岛。

尾村南岛 (Wěicūn Nándǎo)

北纬 23°14.5′，东经 116°43.1′。位于汕头市潮阳区东南 40 米，广澳湾北边缘塘边湾。因在尾村南面，第二次全国海域地名普查时命今名。面积约 59 平方米。基岩岛。

河渡一岛 (Hédù Yīdǎo)

北纬 23°14.4′，东经 116°44.9′。位于广澳湾北部，汕头市濠江区达濠岛西 42 米，潮阳区东南 1.14 千米。附近岛屿较多，因靠近河渡村，按自北向南逆时针顺序排第一，第二次全国海域地名普查时命今名。面积约 46 平方米。基岩岛。岛上有一航标灯。

河渡二岛 (Hédù Èrdǎo)

北纬 23°14.3′，东经 116°45.0′。位于广澳湾北部，汕头市濠江区达濠岛西 36 米，潮阳区东南 1.34 千米。附近岛屿较多，因靠近河渡村，按自北向南逆时针顺序排第二，第二次全国海域地名普查时命今名。岸线长 68 米，面积 320 平方米。基岩岛。

河渡三岛 (Hédù Sāndǎo)

北纬 23°14.3′，东经 116°45.0′。位于广澳湾北部，汕头市濠江区达濠岛西 64 米，潮阳区东南 1.38 千米。附近岛屿较多，因靠近河渡村，按自北向南逆时针顺序排第三，第二次全国海域地名普查时命今名。岸线长 67 米，面积 326 平方米。基岩岛。

外乌礁 (Wàiwū Jiāo)

北纬 23°14.4′，东经 116°44.5′。位于广澳湾北部，汕头市濠江区达濠岛西 494 米，潮阳区东南 830 米。由诸多独立明礁、干出礁和暗礁组成，船从旁经过，水下暗礁乌黑一片，且距大陆较远，故名外乌礁。又称乌礁。1984 年登记的《广东省汕头市海域海岛地名卡片》、《广东省海域地名志》(1989) 记为乌礁。《广东省海岛、礁、沙洲名录表》（1993）记为外乌礁。岸线长 29 米，面积 61 平方米，海拔约 3 米。基岩岛。有灯塔 1 座。

外乌礁南岛 (Wàiwūjiāo Nándǎo)

北纬 23°14.3′，东经 116°44.5′。位于广澳湾北部，汕头市濠江区达濠岛西 482 米，潮阳区东南 850 米。原与外乌礁统称“外乌礁”，因在外乌礁南面，第二次全国海域地名普查时命今名。面积约 58 平方米。基岩岛。

赤礁岛 (Chìjiāo Dǎo)

北纬 23°14.3′，东经 116°42.4′。位于汕头市潮阳区东南 140 米，广澳湾北边缘塘边湾。该岛表面呈赤褐色，故名。《中国海洋岛屿简况》（1980）、1985 年登记的《广东省汕头市海域海岛地名卡片》、《广东省海域地名志》（1989）、《广东省海岛、礁、沙洲名录表》（1993）、《广东省志·海洋与海岛志》（2000）、《全国海岛名称与代码》（2008）均记为赤礁岛。岸线长 34 米，面积 83 平方米，高 7.5 米。基岩岛。

磊石岛 (Lěishí Dǎo)

北纬 23°14.2′，东经 116°45.1′。位于广澳湾北部，汕头市濠江区达濠岛西 40 米，潮阳区东南 1.59 千米。由几块大礁石堆积而成，第二次全国海域地名普查时命名为磊石岛。岸线长 55 米，面积 115 平方米。基岩岛。有栈桥。

进士头 (Jìnshìtóu)

北纬 23°13.7′，东经 116°45.4′。位于广澳湾东部，汕头市濠江区达濠岛西南 15 米，潮阳区东南 2.63 千米。相传有一进士为爱情而自尽，其妻跳海追随，尸漂至此礁，故名。1984 年登记的《广东省汕头市海域海岛地名卡片》记为进士头。岸线长 24 米，面积 40 平方米，高 32.8 米。基岩岛。岛上长有草丛和灌木。

头罩礁 (Tóuzhào Jiāo)

北纬 23°12.8′，东经 116°37.2′。位于汕头市潮阳区西 40 米，海门港内。礁呈圆形，顶部略尖，似头罩，故名。1984 年登记的《广东省潮阳县海域海岛地名卡片》记为头罩礁。面积约 0.4 平方米，海拔约 1.5 米。基岩岛。有栈桥。

潮阳双礁 (Cháoyáng Shuāngjiāo)

北纬 23°12.0′，东经 116°36.7′。位于汕头市潮阳区西 90 米，海门港内。当地群众惯称双礁，因省内重名，以其位于潮阳区，第二次全国海域地名普查时更为今名。面积约 34 平方米。基岩岛。

双礁一岛 (Shuāngjiāo Yīdǎo)

北纬 23°12.0′，东经 116°36.7′。位于汕头市潮阳区西 140 米，海门港内。在潮阳双礁北面，从南向北位于第一，第二次全国海域地名普查时命今名。面积约 15 平方米。基岩岛。有一航标灯。

双礁二岛 (Shuāngjiāo Èrdǎo)

北纬 23°12.1′，东经 116°36.7′。位于汕头市潮阳区西 250 米，海门港内。在潮阳双礁北面，从南向北位于第二，第二次全国海域地名普查时命今名。面积约 12 平方米。基岩岛。有一航标灯。

坎头礁 (Kǎntóu Jiāo)

北纬 23°11.9′，东经 116°36.5′。位于汕头市潮阳区井都镇东 20 米，海门港内。形似门坎，故名。1985 年登记的《广东省潮阳县海域海岛地名卡片》、《广东省海域地名志》（1989）、《广东省海岛、礁、沙洲名录表》（1993）均记为坎头礁。岸线长 14 米，面积 12 平方米，海拔 3.5 米。基岩岛。

老鼠礁 (Lǎoshǔ Jiāo)

北纬 23°11.0′，东经 116°36.4′。位于汕头市潮阳区海门镇西南 70 米，海门港口。该岛呈圆形，远看像只老鼠，故名。1984 年登记的《广东省潮阳县海域海岛地名卡片》、《广东省海域地名志》（1989）、《广东省海岛、礁、沙洲名录表》（1993）均记为老鼠礁。岸线长 224 米，面积 565 平方米，海拔 1.6 米。基岩岛。

鸟歇礁 (Niǎoxiē Jiāo)

北纬 23°11.0′，东经 116°36.9′。位于汕头市潮阳区海门镇南 60 米，海门湾北部边缘。曾名鸟企礁。该岛经常有鸟栖息，故称鸟歇礁，又名鸟礁岛。1984 年登记的《广东省潮阳县海域海岛地名卡片》、《广东省海域地名志》

（1989）称为鸟歇礁。《广东省海岛、礁、沙洲名录表》（1993）、《全国海岛名称与代码》（2008）均记为鸟礁岛。面积约6平方米，海拔约0.8米。基岩岛。

东锚礁（Dōngmáo Jiāo）

北纬23°30.6′，东经116°52.6′。位于汕头市澄海区东南100米，海山岛西侧。因位于礁仔以东，礁石分布似锚状而得名。又名东锚。1984年登记的《广东省澄海县海域海岛地名卡片》、《广东省海域地名志》（1989）、《广东省海岛、礁、沙洲名录表》（1993）均记为东锚礁。岸线长38米，面积103平方米，高1.3米。基岩岛。

东锚礁仔（Dōngmáo Jiāozǎi）

北纬23°30.5′，东经116°52.6′。位于汕头市澄海区东南110米，海山岛西侧。因位于东锚礁旁，当地群众惯称东锚礁仔。面积约29平方米。基岩岛。

北港沙洲（Běigǎng Shāzhōu）

北纬23°27.2′，东经116°52.1′。位于汕头市澄海区莱芜半岛东北20米。因在北港附近，故名。《广东省海岛、礁、沙洲名录表》（1993）、《全国海岛名称与代码》（2008）均记为北港沙洲。岸线长5.33千米，面积0.271 9平方千米。沙泥岛。岛上长有草丛和灌木。有破旧棚房等建筑物，周围海域是渔业捕捞、养殖区。

头发尾（Tóufawěi）

北纬23°25.1′，东经116°52.3′。位于汕头市澄海区莱芜半岛东南650米。头发尾是当地群众惯称。《广东省海岛、礁、沙洲名录表》（1993）记为R3。《全国海岛名称与代码》（2008）记为CHS1。面积约58平方米。基岩岛。

乙屿（Yǐ Yǔ）

北纬23°25.1′，东经116°52.2′。位于汕头市澄海区莱芜半岛东南250米。乙屿是当地群众惯称。岸线长950米，面积0.044 5平方千米。基岩岛。岛上长有草丛和灌木。有国家大地控制点2个。该岛与莱芜海堤相连，部分海堤已被冲毁。

屐桃屿（Jītáo Yǔ）

北纬 23°25.0′，东经 116°50.9′。位于汕头市澄海区莱芜半岛西南 60 米，当地人称南屐桃。1965 年东侧右屐桃被围垦而消失，故将南屐桃命名为屐桃屿。1985 年登记的《广东省澄海县海域海岛地名卡片》、《广东省海域地名志》（1989）、《广东省海岛、礁、沙洲名录表》（1993）、《广东省志 · 海洋与海岛志》（2000）、《全国海岛名称与代码》（2008）均记为屐桃屿。岛呈东西走向，岸线长 607 米，面积 0.019 8 平方千米，高 20.5 米。基岩岛，由花岗岩构成。东高西低，多为石质岸，北侧沙滩与大陆相连，落潮时可涉水登岛。岛上长草丛和灌木。周围有海堤。

卧波美人（Wòbōměirén）

北纬 23°24.8′，东经 116°51.8′。位于汕头市澄海区莱芜半岛东南 10 米。岛形似美人仰卧在海岸边，故当地群众称卧波美人。岸线长 52 米，面积 177 平方米。基岩岛。

北角（Běijiǎo）

北纬 23°29.3′，东经 117°07.3′。位于汕头市南澳岛白沙湾东岬角外 86 米，北距大陆 7.4 千米。在南澳岛最北处，地形向北凸出，三面环海，故称北角。因其南面的山像一只石狮，该处似石狮头部，故又名石狮头。1985 年登记的《广东省南澳县海域海岛地名卡片》、《广东省海域地名志》（1989）均记为石狮头。岸线长 112 米，面积 401 平方米，高 6.3 米。基岩岛。有一灯塔。

塔屿（Tǎ Yǔ）

北纬 23°29.2′，东经 117°06.3′。位于汕头市南澳岛北 519 米，白沙湾外东部，北距大陆 6.8 千米。因岛上有一石塔，故名。又名虎屿，系因岛形似虎而得名。《中国海洋岛屿简况》（1980）、1985 年登记的《广东省南澳县海域海岛地名卡片》、《广东省海域地名志》（1989）、《广东省海岛、礁、沙洲名录表》（1993）、《广东省志 · 海洋与海岛志》（2000）、《全国海岛名称与代码》（2008）均记为塔屿。岸线长 698 米，面积 0.027 3 平方千米，海拔 27.3 米。基岩岛。岛上长有草丛和灌木。南面最高处有 1 座信号塔、1 个大地测量控制点和龙门塔。

岛周海域养殖龙须菜。

塔屿仔岛（Tǎyǔzǎi Dǎo）

北纬 23°29.3′，东经 117°06.3′。位于汕头市南澳岛北 801 米，白沙湾外东部，北距大陆 6.75 千米。原与塔屿统称为“塔屿”，因位于塔屿北面，面积小，第二次全国海域地名普查时命今名。面积约 23 平方米。基岩岛。

北礁仔（Běijiāozǎi）

北纬 23°29.1′，东经 117°07.5′。位于汕头市南澳岛东北 83 米，竹栖澳北面，北距大陆 7.86 千米。北礁仔是当地群众惯称。岸线长 62 米，面积 107 平方米。基岩岛。

南礁仔（Nánjiāozǎi）

北纬 23°29.1′，东经 117°07.5′。位于汕头市南澳岛东北 91 米，竹栖澳北面，北距大陆 7.92 千米。南礁仔是当地群众惯称。面积约 52 平方米。基岩岛。

东礁仔（Dōngjiāozǎi）

北纬 23°29.1′，东经 117°07.6′。位于汕头市南澳岛东北 181 米，竹栖澳北面，北距大陆 7.87 千米。东礁仔是当地群众惯称。面积约 94 平方米。基岩岛。

猎屿（Liè Yǔ）

北纬 23°28.7′，东经 117°05.9′。位于汕头市南澳岛北 194 米，白沙湾东部，北距大陆 7.19 千米。因南澳岛深澳附近的金山形状像老虎，该岛坐落在金山北面，如处虎口前，有猎住雄虎之势，故名猎屿。别名牛腿屿，因岛形似牛腿而得名。《中国海洋岛屿简况》（1980）、1985 年登记的《广东省南澳县海域海岛地名卡片》、《广东省海域地名志》（1989）、《广东省海岛、礁、沙洲名录表》（1993）、《广东省志 · 海洋与海岛志》（2000）、《全国海岛名称与代码》（2008）均记为猎屿。岸线长 3 千米，面积 0.355 1 平方千米，高 100.5 米。基岩岛。岛西北沿岸以基岩为主，东南和西部沿岸为砂砾岸滩，附近海域多滩涂。岛上长有草丛、灌木、相思树和松树等乔木。西北面有明朝所建统城遗址、炮台遗址和古石碑。东北面有一鱼塘。岛周海域养殖生蚝。

苦诉礁 (Kǔsù Jiāo)

北纬 23°28.6′，东经 117°07.6′。位于汕头市南澳岛东北 63 米，竹栖澳北面，北距大陆 8.75 千米。苦诉礁是当地群众惯称。面积约 37 平方米。基岩岛。

大跃鼻 (Dàyuèbí)

北纬 23°28.6′，东经 117°07.7′。位于汕头市南澳岛东北 102 米，竹栖澳北面，北距大陆 8.85 千米。大跃鼻是当地群众惯称。岸线长 85 米，面积 160 平方米。基岩岛。

案屿 (Àn Yǔ)

北纬 23°28.0′，东经 117°00.5′。位于汕头市南澳岛北 1.26 千米，龙门澳北部，东北距大陆 9.7 千米。岛处后宅镇重山脚下广尾妈祖庙前方，如同庙的前案，故称之为案屿。该屿形状像瓮，故又名瓮屿。1985 年登记的《广东省南澳县海域海岛地名卡片》记为案屿，又名瓮屿。岸线长 1.96 千米，面积 0.172 5 平方千米，海拔 87.4 米。基岩岛。岛上长有草丛和灌木。2011 年岛上常住人口 5 人，有水井、小庙、房屋、简易码头、通信塔等，周围海域是浅海作业渔场。

案屿西岛 (Ànyǔ Xīdǎo)

北纬 23°27.8′，东经 117°00.4′。位于汕头市南澳岛北 1.15 千米，龙门澳北部，东北距大陆 10.02 千米。该岛原与案屿统称为“案屿”，因处案屿西面，第二次全国海域地名普查时命今名。面积约 34 平方米。基岩岛。

案仔屿 (Ànzǎi Yǔ)

北纬 23°28.2′，东经 117°00.6′。位于汕头市南澳岛北 1.89 千米，龙门澳北部，东北距大陆 9.49 千米。因该岛处案屿北侧且面积较小而得名。又名案仔，潮汕话“案”与“瓮”谐音，亦称瓮仔。曾名白塔岩。1974 年版海图上标注白塔岩。1984 年登记的《广东省南澳县海域海岛地名卡片》、《广东省海域地名志》（1989）记为案仔。《中国海洋岛屿简况》（1980）、《广东省海岛、礁、沙洲名录表》（1993）、《广东省志·海洋与海岛志》（2000）、《全国海岛名称与代码》（2008）均记为案仔屿。岸线长 325 米，面积 6 737 平方米，高 19.8 米。基岩岛。岛上长有草丛和灌木。有简易码头、台阶和灯塔。

姑婆屿（Gūpó Yǔ）

北纬 23°27.8′，东经 117°00.2′。位于汕头市南澳岛北 880 米，龙门澳北部，东北距大陆 9.87 千米。岛上有一石头形似老妇发髻，故称姑婆屿。又名 4753、姑婆屿（一）。《中国海洋岛屿简况》（1980）记为 4753。1985 年登记的《广东省南澳县海域海岛地名卡片》、《广东省海域地名志》（1989）、《广东省志·海洋与海岛志》（2000）均记为姑婆屿。《广东省海岛、礁、沙洲名录表》（1993）、《全国海岛名称与代码》（2008）称为姑婆屿（一）。岸线长 177 米，面积 1 320 平方米，高 9.4 米。基岩岛。

姑婆屿北岛（Gūpóyǔ Běidǎo）

北纬 23°27.8′，东经 117°00.1′。位于汕头市南澳岛北 875 米，龙门澳北部，东北距大陆 9.81 千米。又名 4754、姑婆屿（二）。因位于姑婆屿北面，第二次全国海域地名普查时更为今名。《中国海洋岛屿简况》（1980）记为 4754。《广东省海岛、礁、沙洲名录表》（1993）、《全国海岛名称与代码》（2008）均记为姑婆屿（二）。岸线长 73 米，面积 247 平方米，高约 3.2 米。基岩岛。

姑婆屿南岛（Gūpóyǔ Nándǎo）

北纬 23°27.8′，东经 117°00.2′。位于汕头市南澳岛北 891 米，龙门澳北部，东北距大陆 9.92 千米。又名姑婆屿（三）。因在姑婆屿南面，第二次全国海域地名普查时更为今名。《广东省海岛、礁、沙洲名录表》（1993）、《全国海岛名称与代码》（2008）均记为姑婆屿（三）。面积约 73 平方米。基岩岛。

凤屿（Fèng Yǔ）

北纬 23°27.6′，东经 116°54.9′。位于汕头市南澳岛西北 2.98 千米，西北距大陆 3.54 千米。因该岛形似凤鸟而取名凤屿。另有传说，宋末爱国将领张达反元抚宋，其夫人陈壁娘送夫抗击元军，保护皇帝宋帝景南逃至凤屿，在此辞郎，故也称辞郎洲。《中国海洋岛屿简况》（1980）、1985 年登记的《广东省南澳县海域海岛地名卡片》、《广东省海域地名志》（1989）、《广东省海岛、礁、沙洲名录表》（1993）、《广东省志·海洋与海岛志》（2000）、《全国海岛名称与代码》（2008）均记为凤屿。岸线长 2.9 千米，面积 0.331 2 平方千米，高 90.1 米。基岩岛。岛东部为砾石海岸，西部有两片沙滩。岛上长有草丛和灌木。2011 年岛上常住人口 4 人，有简易仓储、房屋、木棚、码头，南端有航标灯 1 座、信号塔 2 座。

北三屿 (Běisān Yǔ)

北纬 23°27.3′，东经 117°00.6′。位于汕头市南澳县北 990 米，龙门澳内，西距大陆 11.01 千米。曾名三礁，又名北三礁。该岛由 3 个岛组成而得名三礁。因重名，20 世纪 80 年代取该岛偏北位置，命名为北三礁。当地群众惯称北三屿。1985 年登记的《广东省南澳县海域海岛地名卡片》记为北三礁。《中国海洋岛屿简况》（1980）、《广东省海域地名志》（1989）、《广东省海岛、礁、沙洲名录表》（1993）、《广东省志 · 海洋与海岛志》（2000）、《全国海岛名称与代码》（2008）均记为北三屿。岸线长 101 米，面积 315 平方米，海拔 5.4 米。基岩岛。有一灯塔，岸边有阶梯。

北三屿一岛 (Běisānyǔ Yīdǎo)

北纬 23°27.3′，东经 117°00.6′。位于汕头市南澳县北 1.04 千米，北三屿东北 84 米，龙门澳内，西距大陆 10.93 千米。原与北三屿、北三屿二岛统称为“北三屿”。因在北三屿附近，由近至远排第一，第二次全国海域地名普查时命今名。岸线长 92 米，面积 354 平方米。基岩岛。

北三屿二岛 (Běisānyǔ Èrdǎo)

北纬 23°27.4′，东经 117°00.7′。位于汕头市南澳县北 1.17 千米，北三屿东北 171 米，龙门澳内，西距大陆 10.97 千米。原与北三屿、北三屿一岛统称为“北三屿”。因在北三屿附近，由近至远排第二，第二次全国海域地名普查时命今名。面积约 86 平方米。基岩岛。

北三屿北岛 (Běisānyǔ Běidǎo)

北纬 23°27.4′，东经 117°00.6′。位于汕头市南澳县北 1.04 千米，北三屿北 142 米，龙门澳内，西距大陆 10.89 千米。因在北三屿北面，第二次全国海域地名普查时命今名。面积约 53 平方米。基岩岛。

大潭礁 (Dàtán Jiāo)

北纬 23°26.9′，东经 116°57.4′。位于汕头市南澳县西北 36 米，西距大陆 8.15 千米。大潭礁是当地群众惯称。岸线长 55 米，面积 215 平方米。基岩岛。

南澳观音石 (Nán'ào Guānyīn Shí)

北纬 23°26.7′，东经 117°00.3′。位于汕头市南澳县北 57 米，龙门澳内，西距大陆 11.8 千米。当地群众惯称观音石。因省内重名，以其位于南澳县，第二次全国海域地名普查时更为今名。岸线长 62 米，面积 207 平方米。基岩岛。

龙门澳岛 (Lóngmén'ào Dǎo)

北纬 23°26.6′，东经 117°00.5′。位于汕头市南澳县北 51 米，龙门澳内，西距大陆 12.09 千米。因位于龙门澳西南，第二次全国海域地名普查时命今名。岸线长 76 米，面积 293 平方米，高约 0.3 米。基岩岛。

坪屿仔 (Píngyǔzǎi)

北纬 23°26.6′，东经 117°08.3′。位于汕头市南澳县东 146 米，青澳湾内，西距大陆 12.62 千米。坪屿仔是当地群众惯称。面积约 41 平方米。基岩岛。

坪屿仔南岛 (Píngyǔzǎi Nándǎo)

北纬 23°26.6′，东经 117°08.3′。位于汕头市南澳县东 185 米，坪屿仔南 53 米，青澳湾内，西距大陆 12.62 千米。因位于坪屿仔南端，第二次全国海域地名普查时命今名。岸线长 36 米，面积约 93 平方米。基岩岛。

南澳岛 (Nán'ào Dǎo)

北纬 23°26.4′，东经 117°02.7′。位于汕头市北港口东南 6.75 千米处。曾名井澳、南澳山。因岛上有古井，岛周多澳（泊船处），故名井澳。隋开皇十一年（593 年）置潮州，岛在州南，故称南澳山，中华人民共和国成立后改名为南澳岛。《中国海洋岛屿简况》（1980）、1984 年登记的《广东省南澳县海域海岛地名卡片》、《广东省海域地名志》（1989）、《广东省海岛、礁、沙洲名录表》（1993）、《广东省志·海洋与海岛志》（2000）、《全国海岛名称与代码》（2008）均记为南澳岛。该岛是汕头市第一大岛，岸线长 93.65 千米，面积 106.047 平方千米，高 587 米。基岩岛，由燕山期花岗岩和上侏罗纪火山岩组成。大部分为低山丘陵，受风雨侵蚀，南部表层泥沙流失，岩石裸露，周围多陡岸和港湾。岛上常见植物分属102科，共分9个植被型组和26个群系。周围海域生物资源包括海藻类85种、贝类375种、虾类43种、蟹类20种、鱼类471种、头足类29种。

该岛为汕头市南澳县人民政府所在地，隶属于汕头市海澄区。2011年岛上有户籍人口72 659人。建有风电场，有历史悠久的总兵府、南宋古井、太子楼遗址及文物古迹50多处，寺庙30多处。青澳湾是广东省两个A级沐浴海滩之一。该岛交通方便，环岛公路68千米，各景区点实现通车，每天有轮渡、高速客船、直达客车往返于汕头、澄海莱芜、饶平等地。正在建设连接大陆的南澳大桥。属南澳岛候鸟自然保护区。

狮仔屿 (Shīzǎi Yǔ)

北纬23°26.1′，东经117°08.1′。位于汕头市南澳县东93米，青澳湾内，西距大陆13.16千米。岛形似一只蹲着的小狮，又因该岛较小，故名。又名狮仔。1985年登记的《广东省南澳县海域海岛地名卡片》记为狮仔。岸线长516米，面积0.016 5平方千米，高28.5米。基岩岛。岛上有草丛和灌木。

乌螺礁 (Wūluó Jiāo)

北纬23°25.3′，东经117°08.3′。位于汕头市南澳县东135米，九溪澳湾岬角，西北距大陆14.79千米。呈黑色且礁上有小螺，当地渔民惯称乌螺礁。岸线长55米，面积194平方米。基岩岛。

海藻礁 (Hǎizǎo Jiāo)

北纬23°25.0′，东经117°08.4′。位于汕头市南澳县云澳镇东南29米，西北距大陆15.37千米。海藻礁是当地群众惯称。岸线长18米，面积23平方米。基岩岛。

云澳湾岛 (Yún'àowān Dǎo)

北纬23°24.7′，东经117°05.0′。位于汕头市南澳县南35米，赤石湾内，西距大陆14.8千米。因位于云澳湾内，第二次全国海域地名普查时命今名。面积约113平方米。基岩岛。

南澳尖石礁 (Nán'ào Jiānshí Jiāo)

北纬 23°24.3′，东经 117°08.4′。位于汕头市南澳县云澳镇东南 255 米，西北距大陆 16.55 千米。岛形尖似竹笋，故名尖石礁。《广东省海岛、礁、沙洲名录表》（1993）记为尖石礁。因与汕头市内海岛重名，以其位于南澳县，第二次全国海域地名普查时更为今名。面积约 4 平方米。基岩岛。

三丫礁 (Sānyā Jiāo)

北纬 23°24.3′，东经 117°02.5′。位于汕头市南澳县后宅镇南 78 米，西北距大陆 16 千米。三丫礁是当地群众惯称。岸线长 40 米，面积 101 平方米。基岩岛。

三丫礁东岛 (Sānyājiāo Dōngdǎo)

北纬 23°24.3′，东经 117°02.6′。位于汕头市南澳县后宅镇南 60 米，西北距大陆 16.01 千米。因位于三丫礁东南 126 米处，第二次全国海域地名普查时命今名。面积约 20 平方米。基岩岛。

南澳南岛 (Nán'ào Nándǎo)

北纬 23°24.2′，东经 117°03.1′。位于汕头市南澳县南 78 米，赤石湾岬角，西北距大陆 16.03 千米。因处南澳岛南面，第二次全国海域地名普查时命今名。面积约 53 平方米。基岩岛。

红瓜礁 (Hóngguā Jiāo)

北纬 23°24.2′，东经 117°08.3′。位于汕头市南澳县云澳镇东南 140 米，西北距大陆 16.77 千米。又名 4718、红爪礁。红瓜礁是当地群众惯称。《中国海洋岛屿简况》（1980）记为 4718。《广东省海域地名志》（1989）记为红瓜礁。《广东省海岛、礁、沙洲名录表》（1993）记为红爪礁。面积约 68 平方米。基岩岛。

布袋湾北岛 (Bùdàiwān Běidǎo)

北纬 23°23.9′，东经 117°07.9′。位于汕头市南澳县云澳镇东南 14 米，西北距大陆 16.95 千米。因处布袋湾北面，第二次全国海域地名普查时命今名。岸线长 53 米，面积 184 平方米。基岩岛。

布袋湾南岛（Bùdàiwān Nándǎo）

北纬 23°23.9′，东经 117°07.9′。位于汕头市南澳县云澳镇东南 51 米，西北距大陆 17.06 千米。因处布袋湾南面，第二次全国海域地名普查时命今名。面积约 24 平方米。基岩岛。

鸭仔屿（Yāzǎi Yǔ）

北纬 23°23.8′，东经 117°07.7′。位于汕头市南澳县云澳镇东南 30 米，西北距大陆 17.05 千米。曾名 4718。鸭仔屿是当地群众惯称。《中国海洋岛屿简况》（1980）记为 4718。《广东省海岛、礁、沙洲名录表》（1993）、《广东省志·海洋与海岛志》（2000）、《全国海岛名称与代码》（2008）均记为鸭仔屿。面积约 89 平方米。基岩岛。

宋井岛（Sòngjǐng Dǎo）

北纬 23°23.8′，东经 117°06.0′。位于汕头市南澳县云澳镇南 25 米，西北距大陆 16.58 千米。因位于宋井附近，第二次全国海域地名普查时命今名。面积约 69 平方米。有栈桥和陆地相连。基岩岛。

东鸟礁岛（Dōngniǎojiāo Dǎo）

北纬 23°23.7′，东经 117°06.4′。位于汕头市南澳县云澳镇南 526 米，西北距大陆 16.73 千米。第二次全国海域地名普查时命今名。岸线长 55 米，面积 182 平方米。基岩岛。

黄花石（Huánghuā Shí）

北纬 23°23.6′，东经 117°07.4′。位于汕头市南澳县云澳镇南 84 米，西北距大陆 17.34 千米。黄花石是当地群众惯称。《广东省海岛、礁、沙洲名录表》（1993）记为无名屿。《全国海岛名称与代码》（2008）记为无名屿 NAN1。面积约 9 平方米。基岩岛。

东墩角（Dōngdūn Jiǎo）

北纬 23°23.6′，东经 117°07.4′。位于汕头市南澳县云澳镇南 49 米，西北距大陆 17.38 千米。东墩角是当地群众惯称。岸线长 81 米，面积 264 平方米。基岩岛。

官屿 (Guān Yǔ)

北纬23°23.3′，东经117°06.4′。位于汕头市南澳县云澳镇南848米，西北距大陆17.26千米。传说宋帝昺逃来南澳时，觉得该屿是云澳乡的屏障，因该屿护着云澳有功，故封名为“官”而得名。《中国海洋岛屿简况》（1980）、1985年登记的《广东省南澳县海域海岛地名卡片》、《广东省海域地名志》（1989）、《广东省海岛、礁、沙洲名录表》（1993）、《广东省志·海洋与海岛志》（2000）、《全国海岛名称与代码》（2008）均记为官屿。岸线长1.75千米，面积0.106 5平方千米，高34.4米。基岩岛，由花岗岩构成。岛屿为海蚀低丘，土壤贫瘠。有草丛和灌木。岛上有汕头市华勋水产有限公司南澳抗风浪深水网箱科技养殖基地，有1个简易码头、1座灯塔和房屋。

官屿仔岛 (Guānyǔzǎi Dǎo)

北纬23°23.3′，东经117°06.3′。位于汕头市云澳镇南967米，官屿西84米，西北距大陆17.43千米。因位于官屿旁，第二次全国海域地名普查时命今名。岸线长39米，面积103平方米。基岩岛。

平屿 (Píng Yǔ)

北纬23°20.0′，东经117°04.8′。位于汕头市南澳县云澳镇西南6.98千米，西北距大陆23.21千米。因该岛地势比较平坦，取名平屿。又名澎屿。1985年登记的《广东省南澳县海域海岛地名卡片》、《广东省海域地名志》（1989）均记为平屿。岸线长1.14千米，面积0.069 9平方千米，高14.5米。基岩岛。岛呈长方形，南北走向，表层为黄沙土，多杂草。有简易码头、灯塔、信号塔和房屋，渔民常年在岛上放牛羊、采紫菜等。

平屿东岛 (Píngyǔ Dōngdǎo)

北纬23°20.0′，东经117°04.9′。位于汕头市南澳县云澳镇西南7.19千米，平屿东148米，西北距大陆23.5千米。因处平屿东面，第二次全国海域地名普查时命今名。面积约11平方米。基岩岛。

赤屿东岛 (Chìyǔ Dōngdǎo)

北纬23°19.1′，东经117°07.3′。位于汕头市南澳县云澳镇南8.17千米，南澳赤屿东125米，西北距大陆25.34千米。因处南澳赤屿东面，第二次全国海域地名普查时命今名。岸线长63米，面积278平方米。基岩岛。

白颈屿 (Báijǐng Yǔ)

北纬23°19.1′，东经117°05.7′。位于汕头市南澳县云澳镇南8.4千米，西北距大陆24.93千米。又称白颈。白颈之名来自蛤蟆，传说宋帝败逃南澳，建了“太子楼”，楼周的蛤蟆却噪鸣不止，让宋帝夜不能睡。宋帝大怒，使人做了草圈套在蛤蟆颈上，从此太子楼边的蛤蟆都白了颈也不会叫了。该岛形似蛤蟆，中层的岩石呈白色，故名白颈屿。《中国海洋岛屿简况》（1980）记为白颈。1985年登记的《广东省南澳县海域海岛地名卡片》、《广东省海域地名志》（1989）、《广东省海岛、礁、沙洲名录表》（1993）、《广东省志·海洋与海岛志》（2000）、《全国海岛名称与代码》（2008）均记为白颈屿。岸线长1.1千米，面积0.06平方千米，高28.5米。基岩岛。有草丛、灌木。

白颈屿南岛 (Báijǐngyǔ Nándǎo)

北纬23°19.0′，东经117°05.6′。位于汕头市南澳县云澳镇南8.77千米，白颈屿南25米，西北距大陆25.28千米。原与白颈屿统称为白颈屿，因处白颈屿南面，第二次全国海域地名普查时命今名。岸线长58米，面积248平方米。基岩岛。

赤仔屿 (Chìzǎi Yǔ)

北纬23°17.2′，东经117°18.8′。位于汕头市南澳县南22.12千米，北距大陆35.77千米。因岩石多呈赤色，岛面积比赤屿小，故名。1985年登记的《广东省南澳县海域海岛地名卡片》、《广东省海域地名志》（1989）、《广东省海岛、礁、沙洲名录表》（1993）、《广东省志·海洋与海岛志》（2000）、《全国海岛名称与代码》（2008）均记为赤仔屿。岸线长559米，面积15 194平方米，高20.2米。基岩岛。岛上有草丛。属南澎列岛自然保护区。

顶澎岛 (Dǐngpéng Dǎo)

北纬23°17.1′，东经117°18.5′。位于汕头市南澳县南21.84千米，北距大陆35.79千米。因该岛在南澎列岛北端，故名。曾名东澎岛。因该岛形似一只在海中睡觉的鸭仔，又称鸭仔屿。《中国海洋岛屿简况》（1980）、1985年登记的《广东省南澳县海域海岛地名卡片》、《广东省海域地名志》（1989）、《广东省海岛、礁、沙洲名录表》（1993）、《广东省志·海洋与海岛志》（2000）、《全国海岛名称与代码》（2008）均记为顶澎岛。岸线长1.44千米，面积0.066 2平方千米，高34.5米。基岩岛。岛上有草丛。2011年岛上常住人口2人。有淡水井、灯桩、小庙、房屋，渔汛期有渔民临时登岛居住。西北面有小港口，周围有海堤，部分已被冲毁。属南澎列岛自然保护区。

顶澎西岛 (Dǐngpéng Xīdǎo)

北纬23°17.2′，东经117°18.5′。位于汕头市南澳县21.82千米，顶澎岛西34米，北距大陆35.84千米。原与顶澎岛统称为“顶澎岛”，因处顶澎岛西面，第二次全国海域地名普查时命今名。面积约39平方米。基岩岛。属南澎列岛自然保护区。

南澳二屿 (Nán'ào Èryǔ)

北纬23°17.0′，东经117°18.5′。位于汕头市南澳县南21.99千米，顶澎岛南17米，北距大陆36.14千米。二屿是当地群众惯称，因省内重名，以其位于南澳县，第二次全国海域地名普查时更为今名。1984年登记的《广东省南澳县海域海岛地名卡片》、《广东省海域地名志》（1989）、《广东省海岛、礁、沙洲名录表》（1993）、《广东省志·海洋与海岛志》（2000）、《全国海岛名称与代码》（2008）均记为二屿。岸线长371米，面积6 915平方米，海拔15.2米。基岩岛。岛上长有草丛。属南澎列岛自然保护区。

旗尾屿 (Qíwěi Yǔ)

北纬23°16.9′，东经117°18.4′。位于汕头市南澳县南22.01千米，顶澎岛南131米，北距大陆36.24千米。曾名旗子尾。旗尾屿是当地群众惯称。《广东省海域地名志》（1989）、《广东省海岛、礁、沙洲名录表》（1993）、《广东省志·海洋与海岛志》（2000）、《全国海岛名称与代码》（2008）均记为旗尾屿。岸线长426米，面积6 428平方米，海拔12.4米。基岩岛。岛上长有草丛。属南澎列岛自然保护区。

旗尾屿一岛 (Qíwěiyǔ Yīdǎo)

北纬 23°16.9′，东经 117°18.4′。位于汕头市南澳县旗尾屿西北 14 米，北距大陆 36.26 千米。因在旗尾屿周围，原与其他诸岛统称为“旗尾屿”，按自北向南逆时针顺序排第一，第二次全国海域地名普查时命今名。面积约 34 平方米。基岩岛。属南澎列岛自然保护区。

旗尾屿二岛 (Qíwěiyǔ Èrdǎo)

北纬 23°16.9′，东经 117°18.4′。位于汕头市南澳县旗尾屿西 22 米，北距大陆 36.27 千米。因在旗尾屿周围，原与其他诸岛统称为“旗尾屿”，按自北向南逆时针顺序排第二，第二次全国海域地名普查时命今名。岸线长 50 米，面积 137 平方米。基岩岛。属南澎列岛自然保护区。

旗尾屿三岛 (Qíwěiyǔ Sāndǎo)

北纬 23°16.9′，东经 117°18.4′。位于汕头市南澳县旗尾屿西南 36 米，北距大陆 36.28 千米。因在旗尾屿周围，原与其他诸岛统称为“旗尾屿”，按自北向南逆时针顺序排第三，第二次全国海域地名普查时命今名。岸线长 38 米，面积 103 平方米。基岩岛。属南澎列岛自然保护区。

旗尾屿四岛 (Qíwěiyǔ Sìdǎo)

北纬 23°16.9′，东经 117°18.4′。位于汕头市南澳县西南 15 米，北距大陆 36.27 千米。因在旗尾屿周围，原与其他诸岛统称为“旗尾屿”，按自北向南逆时针顺序排第四，第二次全国海域地名普查时命今名。面积约 58 平方米。基岩岛。属南澎列岛自然保护区。

旗尾屿五岛 (Qíwěiyǔ Wǔdǎo)

北纬 23°16.9′，东经 117°18.4′。位于汕头市南澳县旗尾屿南 24 米，北距大陆 36.38 千米。因在旗尾屿周围，原与其他诸岛统称为“旗尾屿”，按自北向南逆时针顺序排第五，第二次全国海域地名普查时命今名。面积约 92 平方米。基岩岛。属南澎列岛自然保护区。

旗尾屿六岛 (Qíwěiyǔ Liùdǎo)

北纬 23°16.9′，东经 117°18.4′。位于汕头市南澳县旗尾屿南 24 米，北距大陆 36.37 千米。因在旗尾屿周围，原与其他诸岛统称为“旗尾屿”，按自北向南逆时针顺序排第六，第二次全国海域地名普查时命今名。岸线长 50 米，面积 165 平方米。基岩岛。属南澎列岛自然保护区。

旗尾屿七岛（Qíwěiyǔ Qīdǎo）

北纬 23°16.9′，东经 117°18.4′。位于汕头市南澳县旗尾屿 52 米，北距大陆 36.4 千米。因在旗尾屿周围，原与其他诸岛统称为“旗尾屿”，按自北向南逆时针顺序排第七，第二次全国海域地名普查时命今名。岸线长 73 米，面积 372 平方米。基岩岛。属南澎列岛自然保护区。

旗尾屿八岛（Qíwěiyǔ Bādǎo）

北纬 23°16.9′，东经 117°18.5′。位于汕头市南澳县旗尾屿东南 43 米，北距大陆 36.29 千米。因在旗尾屿周围，原与其他诸岛统称为“旗尾屿”，按自北向南逆时针顺序排第八，第二次全国海域地名普查时命今名。面积约 6 平方米。基岩岛。属南澎列岛自然保护区。

旗尾屿九岛（Qíwěiyǔ Jiǔdǎo）

北纬 23°16.9′，东经 117°18.5′。位于汕头市南澳县旗尾屿东 40 米，北距大陆 36.29 千米。因在旗尾屿周围，原与其他诸岛统称为“旗尾屿”，按自北向南逆时针顺序排第九，第二次全国海域地名普查时命今名。面积约 37 平方米。基岩岛。属南澎列岛自然保护区。

旗尾屿十岛（Qíwěiyǔ Shídǎo）

北纬 23°16.9′，东经 117°18.5′。位于汕头市南澳县东北 33 米，北距大陆 36.28 千米。因在旗尾屿周围，原与其他诸岛统称为“旗尾屿”，按自北向南逆时针顺序排第十，第二次全国海域地名普查时命今名。面积约 28 平方米。基岩岛。属南澎列岛自然保护区。

旗尾屿十一岛（Qíwěiyǔ Shíyīdǎo）

北纬 23°16.9′，东经 117°18.5′。位于汕头市南澳县东北 35 米，北距大陆 36.27 千米。因在旗尾屿周围，原与其他诸岛统称为“旗尾屿”，按自北向南逆时针顺序排第十一，第二次全国海域地名普查时命今名。面积约 74 平方米。基岩岛。属南澎列岛自然保护区。

旗尾东岛（Qíwěi Dōngdǎo）

北纬 23°16.9′，东经 117°18.5′。位于汕头市南澳县东 24 米，北距大陆 36.34 千米。原与其他岛统称为“旗尾屿”，因处旗尾屿东面，第二次全国海域地名普查时命今名。岸线长 120 米，面积 640 平方米。基岩岛。属南澎列岛自然保护区。

中澎岛（Zhōngpéng Dǎo）

北纬 23°16.6′，东经 117°18.0′。位于汕头市南澳县南 21.47 千米，北距大陆 36.05 千米。南澎列岛主岛之一。在南澎列岛中间，故名。《中国海洋岛屿简况》（1980）、1985 年登记的《广东省南澳县海域海岛地名卡片》、《广东省海域地名志》（1989）、《广东省海岛、礁、沙洲名录表》（1993）、《广东省志海洋与海岛志》（2000）、《全国海岛名称与代码》（2008）均记为中澎岛。岸线长 2.96 千米，面积 0.411 6 平方千米，高 50.5 米。基岩岛。生长草丛和灌木。岛上有渔民放养的牛、羊。有淡水、水井、房屋、小庙及国家大地测量控制点。属南澎列岛自然保护区。

中澎一岛（Zhōngpéng Yīdǎo）

北纬 23°16.9′，东经 117°18.0′。位于汕头市南澳县中澎岛北 6 米，北距大陆 36.02 千米。原与中澎岛、中澎二岛、中澎三岛、中澎四岛、中澎五岛统称为“中澎岛”，因在中澎岛周围，按自北向南逆时针顺序排第一，第二次全国海域地名普查时命今名。岸线长 108 米，面积 244 平方米。基岩岛。属南澎列岛自然保护区。

中澎二岛（Zhōngpéng Èrdǎo）

北纬 23°16.9′，东经 117°18.0′。位于汕头市南澳县中澎岛北 40 米，距大陆最近点 36 千米。原与中澎岛、中澎一岛、中澎三岛、中澎四岛、中澎五岛统称为“中澎岛”，因处中澎岛周围，按自北向南逆时针顺序排第二，第二次全国海域地名普查时命今名。面积约 91 平方米。基岩岛。属南澎列岛自然保护区。

中澎三岛 (Zhōngpéng Sāndǎo)

北纬 23°16.9′，东经 117°17.9′。位于汕头市南澳县中澎岛西北 46 米，距大陆最近点 36.01 千米。原与中澎岛、中澎一岛、中澎二岛、中澎四岛、中澎五岛统称为“中澎岛”，因处中澎岛周围，按自北向南逆时针顺序排第三，第二次全国海域地名普查时命今名。面积约 25 平方米。基岩岛。属南澎列岛自然保护区。

中澎四岛 (Zhōngpéng Sìdǎo)

北纬 23°16.8′，东经 117°17.9′。位于汕头市南澳县中澎岛西 46 米，北距大陆 36.14 千米。原与中澎岛、中澎一岛、中澎二岛、中澎三岛、中澎五岛统称为“中澎岛”，因处中澎岛周围，按自北向南逆时针顺序排第四，第二次全国海域地名普查时命今名。岸线长 67 米，面积 152 平方米。基岩岛。属南澎列岛自然保护区。

中澎五岛 (Zhōngpéng Wǔdǎo)

北纬 23°16.6′，东经 117°17.8′。位于汕头市南澳县中澎岛西 35 米，北距大陆 36.42 千米。原与中澎岛、中澎一岛、中澎二岛、中澎三岛、中澎四岛统称为“中澎岛”，因处中澎岛周围，按自北向南逆时针顺序排第五，第二次全国海域地名普查时命今名。面积约 56 平方米。基岩岛。属南澎列岛自然保护区。

南澳东礁 (Nán'ào Dōngjiāo)

北纬 23°16.0′，东经 117°17.6′。位于汕头市南澳县南澎岛东北 761 米，北距大陆 37.09 千米。东礁是当地群众惯称。因省内重名，以其位于南澳县，第二次全国海域地名普查时更为今名。岸线长 74 米，面积 409 平方米。基岩岛。属南澎列岛自然保护区。

南澎岛 (Nánpéng Dǎo)

北纬 23°15.6′，东经 117°17.0′。位于汕头市南澳县中澎岛西南 1.56 千米，北距大陆 37 千米。该岛是南澎列岛主岛之一，因位于南澳岛东南方，当地惯称南澎岛。《中国海洋岛屿简况》（1980）、1985 年登记的《广东省南澳县海域海岛地名卡片》、《广东省海域地名志》（1989）、《广东省海岛、礁、沙洲名录表》（1993）、《广东省志·海洋与海岛志》（2000）、《全国海岛名称与代码》（2008）均记为南澎岛。岸线长3.17千米，面积0.341 1平方千米，高68.8米。基岩岛。植被有草丛、灌木、木麻树等。岛上建有码头、航标灯等，淡水源较充足，由风力发电。属南澎列岛自然保护区。

南澎西岛（Nánpéng Xīdǎo）

北纬23°15.8′，东经117°17.0′。位于汕头市南澳县南澎岛西38米，北距大陆37.04千米。原与南澎岛、南澎东岛统称为“南澎岛”，因处南澎岛西侧，第二次全国海域地名普查时命今名。岸线长60米，面积226平方米。基岩岛。属南澎列岛自然保护区。

南澎东岛（Nánpéng Dōngdǎo）

北纬23°15.8′，东经117°17.2′。位于汕头市南澳县南澎岛东北23米，北距大陆37.13千米。原与南澎岛、南澎西岛统称为“南澎岛”，因处南澎岛东侧，第二次全国海域地名普查时命今名。面积约83平方米。基岩岛。属南澎列岛自然保护区。

北芹岛（Běiqín Dǎo）

北纬23°13.6′，东经117°14.7′。位于汕头市南澳县南22.3千米，芹澎岛东北326米，北距大陆38.93千米。因处芹澎岛北面，第二次全国海域地名普查时命今名。岸线长57米，面积233平方米。基岩岛。属南澎列岛自然保护区。

北芹一岛（Běiqín Yīdǎo）

北纬23°13.6′，东经117°14.7′。位于汕头市南澳县北芹岛北11米，距大陆最近点38.9千米。因处北芹岛周围，按自北向南顺时针排第一，第二次全国海域地名普查时命今名。岸线长59米，面积242平方米。基岩岛。属南澎列岛自然保护区。

北芹二岛（Běiqín Èrdǎo）

北纬23°13.6′，东经117°14.7′。位于汕头市南澳县北芹岛北64米，北距大陆38.86千米。因处北芹岛周围，按自北向南顺时针排第二，第二次全国海域地名普查时命今名。岸线长51米，面积192平方米。基岩岛。属南澎列岛自然保护区。

北芹三岛 (Běiqín Sāndǎo)

北纬 23°13.7′，东经 117°14.7′。位于汕头市南澳县北芹岛北 95 米，距大陆最近点 38.82 千米。因处北芹岛周围，按自北向南顺时针排第三，第二次全国海域地名普查时命今名。岸线长 54 米，面积 208 平方米。基岩岛。属南澎列岛自然保护区。

南芹岛 (Nánqín Dǎo)

北纬 23°13.5′，东经 117°14.7′。位于汕头市南澳县芹澎岛东北 303 米，北距大陆 39.05 千米。因处北芹岛南面，第二次全国海域地名普查时命今名。岸线长 165 米，面积 542 平方米。基岩岛。属南澎列岛自然保护区。

西石 (Xī Shí)

北纬 23°13.5′，东经 117°14.5′。位于汕头市南澳县芹澎岛北 130 米，北距大陆 38.95 千米。西石是当地群众惯称。面积约 7 平方米。基岩岛。属南澎列岛自然保护区。

西石南岛 (Xīshí Nándǎo)

北纬 23°13.5′，东经 117°14.5′。位于汕头市南澳县南 22.25 千米，北距大陆 39.02 千米。因处西石南面，第二次全国海域地名普查时命今名。面积约 7 平方米。基岩岛。属南澎列岛自然保护区。

油罐嘴 (Yóuguànzuǐ)

北纬 23°13.4′，东经 117°14.5′。位于汕头市南澳县芹澎岛西 58 米，北距大陆 39.14 千米。油罐嘴是当地群众惯称。面积约 14 平方米。基岩岛。属南澎列岛自然保护区。

龟石 (Guī Shí)

北纬 23°13.4′，东经 117°14.5′。位于汕头市南澳县西南 42 米，北距大陆 39.21 千米。形似龟壳，当地群众惯称龟石。岸线长 38 米，面积 109 平方米。基岩岛。属南澎列岛自然保护区。

芹澎岛 (Qínpéng Dǎo)

北纬 23°13.4′，东经 117°14.6′。位于汕头市南澳县南 22.32 千米，北距大陆 39.08 千米。该岛由大礁石迭叠而成，南澳方言指许多东西堆积称为芹，取名芹澎岛。又名北大礁。《中国海洋岛屿简况》（1980）、1985 年登记的《广东省南澳县海域海岛地名卡片》、《广东省海域地名志》（1989）、《广东省海岛、礁、沙洲名录表》（1993）、《广东省志・海洋与海岛志》（2000）、《全国海岛名称与代码》（2008）均记为芹澎岛。岸线长 893 米，面积 25 002 平方米，最高点高程 9.2 米。基岩岛。岛呈南北走向，中央略高，由岩石迭叠组成，生长草丛。无淡水源，淡水需从南澳运来。有澎王庙、灯塔、测量控制点，岛西北方有避风港。岛上建有中华人民共和国领海基点方位碑。属南澎列岛自然保护区。

神杯石 (Shénbēi Shí)

北纬 23°13.3′，东经 117°14.5′。位于汕头市南澳县西南 61 米，北距大陆 39.24 千米。神杯石是当地群众惯称。岸线长 57 米，面积 229 平方米。基岩岛。属南澎列岛自然保护区。

南澳菜礁 (Nán'ào Càijiāo)

北纬 23°13.2′，东经 117°14.6′。位于汕头市南澳县芹澎岛南 129 米，北距大陆 39.54 千米。当地群众惯称菜礁，因省内重名，以其位于南澳县，第二次全国海域地名普查时更为今名。岸线长 39 米，面积 103 平方米。基岩岛。属南澎列岛自然保护区。

菜礁南岛 (Càijiāo Nándǎo)

北纬 23°13.2′，东经 117°14.6′。位于汕头市南澳县芹澎岛南 163 米，距大陆最近点 39.57 千米。因处南澳菜礁南面，第二次全国海域地名普查时命今名。岸线长 40 米，面积 74 平方米。基岩岛。属南澎列岛自然保护区。

鱼柜礁 (Yúguì Jiāo)

北纬 23°13.1′，东经 117°14.7′。位于汕头市南澳县芹澎岛南 366 米，北距大陆 39.77 千米。鱼柜礁是当地群众惯称。岸线长 128 米，面积 394 平方米。

基岩岛。岛上建有中华人民共和国领海基点碑。属南澎列岛自然保护区。

鱼柜礁一岛 (Yúguìjiāo Yīdǎo)

北纬 23°13.1′，东经 117°14.6′。位于汕头市南澳县芹澎岛南 273 米，北距大陆 39.68 千米。因处鱼柜礁周围，按自北向南顺时针排第一，第二次全国海域地名普查时命今名。岸线长 116 米，面积 380 平方米。基岩岛。属南澎列岛自然保护区。

鱼柜礁二岛 (Yúguìjiāo Èrdǎo)

北纬 23°13.1′，东经 117°14.6′。位于汕头市南澳县芹澎岛南 316 米，北距大陆 39.72 千米。因处鱼柜礁周围，按自北向南顺时针排第二，第二次全国海域地名普查时命今名。岸线长 71 米，面积 270 平方米。基岩岛。属南澎列岛自然保护区。

鱼柜礁三岛 (Yúguìjiāo Sāndǎo)

北纬 23°13.0′，东经 117°14.7′。位于汕头市南澳县芹澎岛南 565 米，北距大陆 39.9 千米。因处鱼柜礁周围，按自北向南顺时针排第三，第二次全国海域地名普查时命今名。面积约 42 平方米。基岩岛。属南澎列岛自然保护区。

鸟嘴礁 (Niǎozuǐ Jiāo)

北纬 23°13.0′，东经 117°14.7′。位于汕头市南澳县芹澎岛东南 523 米，北距大陆 39.93 千米。鸟嘴礁是当地群众惯称。面积 34 平方米。基岩岛。属南澎列岛自然保护区。

鸟嘴一岛 (Niǎozuǐ Yīdǎo)

北纬 23°13.1′，东经 117°14.7′。位于汕头市南澳县鸟嘴礁西北 101 米，北距大陆 39.85 千米。因处鸟嘴礁周围，按自北向南顺时针排第一，第二次全国海域地名普查时命今名。面积约 16 平方米。基岩岛。属南澎列岛自然保护区。

鸟嘴二岛 (Niǎozuǐ Èrdǎo)

北纬 23°13.1′，东经 117°14.7′。位于汕头市南澳县鸟嘴礁西北 63 米，北距大陆 39.86 千米。因处鸟嘴礁周围，按自北向南顺时针排第二，第二次全国海域地名普查时命今名。面积约 36 平方米。基岩岛。属南澎列岛自然保护区。

鸟嘴三岛 (Niǎozuǐ Sāndǎo)

北纬 23°13.1′，东经 117°14.7′。位于汕头市南澳县鸟嘴礁西北 55 米，北距大陆 39.87 千米。因处鸟嘴礁周围，按自北向南顺时针排第三，第二次全国海域地名普查时命今名。面积约 16 平方米。基岩岛。属南澎列岛自然保护区。

鸟嘴四岛 (Niǎozuǐ Sìdǎo)

北纬 23°13.1′，东经 117°14.7′。位于汕头市南澳县鸟嘴礁西北 67 米，北距大陆 39.86 千米。因处鸟嘴礁周围，按自北向南顺时针排第四，第二次全国海域地名普查时命今名。面积约 7 平方米。基岩岛。属南澎列岛自然保护区。

鸟嘴五岛 (Niǎozuǐ Wǔdǎo)

北纬 23°13.0′，东经 117°14.7′。位于汕头市南澳县鸟嘴礁北 54 米，北距大陆 39.9 千米。因处鸟嘴礁周围，按自北向南顺时针排第五，第二次全国海域地名普查时命今名。面积约 23 平方米。基岩岛。属南澎列岛自然保护区。

独崖岛 (Dúyá Dǎo)

北纬 22°04.9′，东经 113°01.2′。位于江门市台山市都斛镇东 1.84 千米，黄茅海西北部。曾名独崖，又名独崖山。独崖岛意为处于岸边的第一个岛。独崖山意为处于岸边的第一座山。《中国海洋岛屿简况》（1980）记为独崖山。《广东省海域地名志》（1989）、《广东省海岛、礁、沙洲名录表》（1993）、《广东省志・海洋与海岛志》（2000）、《全国海岛名称与代码》（2008）均记为独崖岛。岸线长 1.5 千米，面积 0.080 4 平方千米，海拔 53.4 米。基岩岛，由花岗岩构成。岛形状似漏斗，中部高、四周低。表层为沙土，沿岸为干出泥滩。其最高点建有风力测试架。东南部建有为附近渔民存放物资所用的简易木屋。西面海域养殖鱼塘围堤与该岛相连。

二崖岛 (Èryá Dǎo)

北纬 22°03.2′，东经 113°00.8′。位于江门市台山市都斛镇东 1 千米处，黄茅海西北部。曾名二独崖。又名二崖山、潭洲山。二崖岛意为处于岸边的第二个岛。二崖山意为处于岸边的第二座山。《中国海洋岛屿简况》（1980）记为二崖山。《广东省海域地名志》（1989）、《广东省海岛、礁、沙洲名录表》（1993）、《广东省志·海洋与海岛志》（2000）、《全国海岛名称与代码》（2008）均记为二崖岛。岛北东—南西走向，近似等腰三角形。岸线长 993 米，面积 0.039 8 平方千米，高 57.3 米。基岩岛，由花岗岩构成。表层为碎石土。2011 年岛上常住人口 3 人，养鸭和种植香蕉、木瓜等。附近渔民在岛周围进行海水养殖，有围垦的浅堤、蚝田。

白山围（Báishānwéi）

北纬 22°02.1′，东经 112°23.5′。位于江门市台山市深井区西 340 米，镇海港北端。《中国海洋岛屿简况》（1980）记为 5444。该岛颜色较白，故名。岸线长 129 米，面积 1 174 平方米。基岩岛。长有草丛和灌木。现岛被围堰所包围。

大只围（Dàzhīwéi）

北纬 22°02.1′，东经 112°23.4′。位于江门市台山市深井区西 340 米处，镇海港北端。《中国海洋岛屿简况》（1980）记为 5443。处于白山围旁，比白山围大，台山人称“大”为“大只”，故名。岸线长 269 米，面积 4 105 平方米。基岩岛。长有草丛和灌木。岛四周为围堰所包围。周围为养殖渔塭。

雕屎石（Diāoshǐ Shí）

北纬 22°00.8′，东经 113°02.6′。位于江门市台山市都斛镇东南 3.42 千米处，黄茅海西部。岛上常有老雕拉屎，当地惯称雕屎石。面积约 18 平方米。基岩岛。

郁头山（Yùtóu Shān）

北纬 22°00.2′，东经 112°22.4′。位于江门市台山市深井区西 90 米处，镇海港北端。郁头山为当地群众惯称。《中国海洋岛屿简况》（1980）记为 5441。《广东省海岛、礁、沙洲名录表》（1993）记为 T8。《全国海岛名称与代码》（2008）记为 TSS8。岸线长 1.27 千米，面积 0.093 3 平方千米，高约 45.8 米。基岩岛。岛上种有经济林。周边海域有养殖。

小郁头山岛（Xiǎoyùtóushān Dǎo）

北纬 22°00.4′，东经 112°22.3′。位于江门市台山市深井区西 420 米处，镇海港北端。因靠近郁头山，且比郁头山小，故名。《中国海洋岛屿简况》（1980）记为 5442。《广东省海岛、礁、沙洲名录表》（1993）记为 T9。《全国海岛名称与代码》（2008）记为TSS9。岸线长469米，面积0.014 5平方千米，高24.4米。基岩岛。岛上种有经济林。周围海域为养殖场。

大生石 (Dàshēng Shí)

北纬21°59.0′，东经113°01.1′。位于江门市台山市赤溪区孖洲（岛）南面，黄茅海西部，西距大陆110米。传说很久以前有一匹神马与一头猪匹配生下三匹马仔，分大、中、小站立在海面，该岛为大马仔形成，故名。1984年登记的《广东省台山县海域海岛地名卡片》、《广东省海域地名志》（1989）、《广东省海岛、礁、沙洲名录表》（1993）均记为大生石。岸线长45米，面积134平方米，海拔5.2米。基岩岛，由花岗岩组成。周围为干出泥滩，附近水域盛产蚝、青螺等。

大生石北岛 (Dàshēngshí Běidǎo)

北纬21°59.1′，东经113°01.2′。位于江门市台山市赤溪湾，黄茅海西部，西距大陆130米。因位于大生石北边，第二次全国海域地名普查时命今名。面积约57平方米。基岩岛。

大生石南岛 (Dàshēngshí Nándǎo)

北纬21°59.0′，东经113°01.1′。位于江门市台山市赤溪湾，黄茅海西部，西距大陆50米。位于大生石南边，第二次全国海域地名普查时命今名。面积约41平方米。基岩岛。

小生石 (Xiǎoshēng Shí)

北纬21°58.9′，东经113°01.2′。位于江门市台山市赤溪湾，黄茅海西部，西距大陆100米。传说很久以前有一匹神马与一头猪匹配生下三匹马仔，分大、中、小站立在海面成岛，该岛为中、小两马仔相连形成，故名。1984年登记的《广东省台山县海域海岛地名卡片》、《广东省海域地名志》（1989）、《广东省海岛、礁、沙洲名录表》（1993）均记为小生石。岸线长22米，面积37平方米，高2.2米。基岩岛，岛体由花岗岩组成。有碍航行。

盘皇岛 (Pánhuáng Dǎo)

北纬21°57.0′，东经112°29.9′。位于江门市台山市镇海港内，深井红树林海岸带中央，山蕉坑及大门之水道之间，距大陆60米。该岛北部有一矮山，名谓盘皇山，故名盘皇岛。又名盘皇山。1984年登记的《广东省台山县海域海岛地名卡片》、《广东省海域地名志》（1989）、《广东省海岛、礁、沙洲名录表》（1993）、《广东省志·海洋与海岛志》（2000）、《全国海岛名称与代码》（2008）均记为盘皇岛。岸线长3.57千米，面积0.495 4平方千米，海拔76米。基岩岛。岛呈三角形，岛体为粉红砂岩构成，表层为深厚黄土。岛南部为淤积低滩、黏土，已围垦为养殖虾、蟹的咸田。岛周围滩涂湿地生长红树林。附近海域为咸淡水，盛产虾、蟹等。

有居民海岛，隶属于江门市台山市。2011年有户籍人口43人。岛上有1口淡水井。电力通过架设电线由大陆供给。2009年6月岛上成立台山市盘岛高尔夫度假村，已建1座长2米、宽1.5米、高3.8米，重18吨青化岩盘皇像。正在修建环岛公路。岛上盘皇庙已倒塌，正在重修，并建有房屋、石粉窑，养有鸡、猪、狗等家禽畜，种植果树。周边海域有渔业养殖，主要养虾。

南湾排 (Nánwān Pái)

北纬21°56.8′，东经112°48.3′。位于江门市台山市广海湾北边缘，距大陆350米。又名大排。广海湾北部边缘有两个小岛，一南一北，北者较大，多数人称为大排。因称大排者众多，故名南湾排。1984年登记的《广东省台山县海域海岛地名卡片》、《广东省海域地名志》（1989）、《广东省海岛、礁、沙洲名录表》（1993）、《广东省志·海洋与海岛志》（2000）、《全国海岛名称与代码》（2008）均记为南湾排。岛呈南东—北西走向，岸线长129米，面积1 056平方米，高5.9米。基岩岛，由花岗岩组成。浅层沙土覆盖，生长杂草及灌木丛，落潮时全岛裸露于泥滩面。附近海域盛产虾、蟹、杂鱼等水产品。

外南湾岛 (Wàinánwān Dǎo)

北纬21°56.8′，东经112°48.4′。位于江门市台山市广海湾内，距大陆440米。该岛在南湾排东南，远离大陆，故名。《广东省海岛、礁、沙洲名录表》（1993）记为T8。岸线长43米，面积121平方米，高约1.5米。基岩岛，由花岗岩组成，周围是泥滩。

白鹤洲一岛 (Báihèzhōu Yīdǎo)

北纬 21°56.4′，东经 112°27.8′。位于江门市台山市镇海港内，距大陆 820 米。第二次全国海域地名普查时命今名。岸线长 507 米，面积 0.017 3 平方千米。基岩岛。

大洲石 (Dàzhōu Shí)

北纬 21°56.3′，东经 113°01.1′。位于江门市台山市赤溪镇东 140 米，腰古湾内。因位于大洲咀山边缘东面，故名。1984 年登记的《广东省台山县海域海岛地名卡片》、《广东省海域地名志》（1989）、《广东省海岛、礁、沙洲名录表》（1993）均记为大洲石。岸线长 34 米，面积 68 平方米。基岩岛，由花岗岩组成。礁盘底部与岸边基本连接，但实体不明显，有碍来往船只航行。中华人民共和国成立前曾有一艘船因大雾在此撞沉。

口哨咀岛 (Kǒushàozuǐ Dǎo)

北纬 21°56.3′，东经 112°51.4′。位于江门市台山市广海湾内，距大陆 20 米。《广东省海岛、礁、沙洲名录表》（1993）记为 T7。因靠近口哨咀，第二次全国海域地名普查时更为今名。岸线长 58 米，面积 240 平方米。基岩岛。

牛屎石 (Niúshǐ Shí)

北纬 21°56.2′，东经 112°51.2′。位于江门市台山市广海湾北部，距大陆 380 米。又名牛鼠石。该岛为圆形，呈黑色，像堆牛屎，故名牛屎石。第一次海岛地名普查时，因名不雅，取其谐音，定名牛鼠石。1984 年登记的《广东省台山县海域海岛地名卡片》记为牛鼠石，别名牛屎石。《广东省海域地名志》（1989）、《广东省海岛、礁、沙洲名录表》（1993）均记为牛屎石。岛呈圆形，岸线长 121 米，面积 814 平方米，高 12.7 米。基岩岛，由花岗岩组成。表层为沙土，杂草丛生，间有灌木。

牛眠石 (Niúmián Shí)

北纬 21°55.3′，东经 112°45.0′。位于江门市台山市广海湾西北部，距大陆 50 米。该岛群中有盘礁石形似卧着的牛，台山人俗话卧谓之眠，故名。1984 年登记的《广东省台山县海域海岛地名卡片》、《广东省海域地名志》（1989）、

《广东省海岛、礁、沙洲名录表》（1993）均记为牛眠石。岸线长 48 米，面积 165 平方米，海拔 3.4 米。基岩岛，由花岗岩组成。岛上长有草丛。

国山礁 (Guóshān Jiāo)

北纬 21°55.1′，东经 112°45.1′。位于江门市台山市广海湾西北部，距大陆 20 米。因位于国山岸边，故名。1984 年登记的《广东省台山县海域海岛地名卡片》、《广东省海域地名志》（1989）、《广东省海岛、礁、沙洲名录表》（1993）均记为国山礁。面积约 5 平方米，高 1.6 米。基岩岛。

鸦洲岛 (Yāzhōu Dǎo)

北纬 21°54.5′，东经 112°24.6′。位于江门市台山市镇海港内，狮子洲北，距大陆 510 米。又名鸦啁山、鸦洲山。相传曾有鸦啁传讯，提醒行船避险，故名鸦啁山。土话“啁”读“zhōu”与洲“zhōu”同音，且洲是水中的陆地，故称鸦洲山。《中国海洋岛屿简况》（1980）、1984 年登记的《广东省台山县海域海岛地名卡片》均记为鸦洲山。《广东省海域地名志》（1989）、《广东省海岛、礁、沙洲名录表》（1993）、《广东省志·海洋与海岛志》（2000）、《全国海岛名称与代码》（2008）均记为鸦洲岛。岛呈南北走向，岸线长 3.23 千米，面积 0.448 5 平方千米，高 44.5 米。基岩岛，由砂岩构成，东南高西北低。表层为黄沙土。岛周水域产黄花鱼、马鲛等。岛东、南端各建有灯桩 1 座。

大禾礁 (Dàhé Jiāo)

北纬 21°54.5′，东经 112°44.8′。位于江门市台山市广海湾西北部，距大陆 40 米。因近大禾冲，故名。1984 年登记的《广东省台山县海域海岛地名卡片》、《广东省海域地名志》（1989）、《广东省海岛、礁、沙洲名录表》（1993）均记大禾礁。岸线长 51 米，面积 190 平方米，海拔 1.4 米。基岩岛，由花岗岩组成。

禾冲礁 (Héchōng Jiāo)

北纬 21°53.9′，东经 112°45.0′。位于江门市台山市广海湾西北部，距大陆 150 米。因近小禾冲而派生，故名。1984 年登记的《广东省台山县海域海岛地名卡片》、《广东省海域地名志》（1989）、《广东省海岛、礁、沙洲名录表》

（1993）均记为禾冲礁。岸线长 39 米，面积 111 平方米，高 1.4 米。基岩岛。

水湾礁 (Shuǐwān Jiāo)

北纬 21°53.7′，东经 112°43.9′。位于江门市台山市，广海湾西部甫草湾西北边缘，距大陆 10 米。因位于一个小海湾中，故名。1984 年登记的《广东省台山县海域海岛地名卡片》、《广东省海域地名志》（1989）、《广东省海岛、礁、沙洲名录表》（1993）均记为水湾礁。岸线长 88 米，面积 370 平方米。基岩岛，由花岗岩组成，无植被。礁体靠近岸边，无碍航行。

头排 (Tóu Pái)

北纬 21°53.6′，东经 112°51.9′。位于江门市台山市，广海湾东部鱼塘湾岬角，距大陆 270 米。鹿颈咀山西面近岸水域有多处礁石，该岛排列在最前头，故名。1984 年登记的《广东省台山县海域海岛地名卡片》、《广东省海域地名志》（1989）、《广东省海岛、礁、沙洲名录表》（1993）均记为头排。岸线长 60 米，面积 169 平方米。基岩岛。

头排北岛 (Tóupái Běidǎo)

北纬 21°53.7′，东经 112°51.9′。位于江门市台山市，广海湾东部鱼塘湾岬角，距大陆 250 米。因处头排北边，第二次全国海域地名普查时命今名。岸线长 41 米，面积 61 平方米。基岩岛。

过船排 (Guòchuán Pái)

北纬 21°53.6′，东经 112°52.0′。位于江门市台山市，广海湾东部鱼塘湾岬角，距大陆 80 米。因礁石间有一浅沟，渔民为走捷径常驾船在浅沟中经过，故名。1984 年登记的《广东省台山县海域海岛地名卡片》、《广东省海域地名志》（1989）、《广东省海岛、礁、沙洲名录表》（1993）均记为过船排。岸线长 108 米，面积 155 平方米，高 3.7 米。基岩岛。岛上有残破的水泥墩。

大湾咀礁 (Dàwānzuǐ Jiāo)

北纬 21°53.3′，东经 112°53.0′。位于江门市台山市，广海湾东部鱼塘湾内，距大陆 10 米。因位于大湾（海湾）的咀端，故名。1984 年登记的《广东省台山县海域海岛地名卡片》、《广东省海域地名志》（1989）、《广东省海岛、礁、沙洲名录表》（1993）均记为大湾咀礁。面积约 18 平方米。基岩岛。

鬼仔岛（Guǐzǎi Dǎo）

北纬 21°53.3′，东经 112°24.3′。位于江门市台山市镇海港内，距大陆 570 米。因岛形状狰狞，像鬼怪，故名。《广东省海岛、礁、沙洲名录表》（1993）记为 T29。鬼仔岛为当地群众惯称。岸线长 115 米，面积 683 平方米。基岩岛。岛上长有草丛。

狮子洲（Shīzi Zhōu）

北纬 21°53.2′，东经 112°24.2′。位于江门市台山市镇海港内，距大陆 260 米。因岛形似醒狮，故名狮子洲。《中国海洋岛屿简况》（1980）、1984 年登记的《广东省台山县海域海岛地名卡片》、《广东省海域地名志》（1989）、《广东省海岛、礁、沙洲名录表》（1993）、《广东省志·海洋与海岛志》（2000）、《全国海岛名称与代码》（2008）均记为狮子洲。岸线长 836 米，面积 0.047 4 平方千米，高 64.8 米。基岩岛。

鹅玉仔岛（Éyùzǎi Dǎo）

北纬 21°53.2′，东经 112°53.2′。位于江门市台山市，广海湾东部鱼塘湾内，距大陆 60 米。因位于鹅玉石附近，且相对较小，第二次全国海域地名普查时命今名。基岩岛。面积约 11 平方米。

鱄鱼石（Zhuānyú Shí）

北纬 21°53.2′，东经 112°53.0′。位于江门市台山市，广海湾东部鱼塘湾内，距大陆 220 米。该岛为一块大石，形似鯆鱼。因鯆鱼石岛名较多，取与“鯆”同音的“鱄”代替之，故名鱄鱼石。1984 年登记的《广东省台山县海域海岛地名卡片》记载该岛原名鯆鱼石，更名为鱄鱼石。面积约 39 平方米。基岩岛。

台山平洲（Táishān Píngzhōu）

北纬 21°53.0′，东经 112°24.4′。位于江门市台山市镇海港内，北陡镇黄草岭山东北面，距大陆 500 米。该岛露面较平整，故名平洲。1984 年登记的《广东省台山县海域海岛地名卡片》、《广东省海域地名志》（1989）、《广东省海岛、礁、沙洲名录表》（1993）均记为平洲。因省内重名，以其位于台山市，第二次全国海域地名普查时更为今名。岸线长 189 米，面积 1 944 平方米。基岩岛，由花岗岩组成，长有草丛。

白洲 (Bái Zhōu)

北纬 21°53.0′，东经 112°24.3′。位于江门市台山市镇海港内，距大陆 430 米。因岛颜色比较白，故名。《中国海洋岛屿简况》（1980）和 1984 年登记的《广东省台山县海域海岛地名卡片》均记为白洲。岸线长 140 米，面积 867 平方米。岛上长有草丛。基岩岛。

鱼塘洲 (Yútáng Zhōu)

北纬 21°52.9′，东经 112°52.8′。位于江门市台山市，广海湾东部鱼塘湾内，距大陆 540 米。位于鱼塘湾中心，故名。又名孤舟山。《中国海洋岛屿简况》（1980）、1984 年登记的《广东省台山县海域海岛地名卡片》、《广东省海域地名志》（1989）、《广东省海岛、礁、沙洲名录表》（1993）、《广东省志·海洋与海岛志》（2000）、《赤溪镇志》（2005）、《全国海岛名称与代码》（2008）均记为鱼塘洲。南北走向，岸线长 1.07 千米，面积 0.039 5 平方千米，高 36.6 米。基岩岛，由花岗岩构成，北高南低，表层为黄沙土。沿岸多礁石，南侧 100 米礁石密布。2011 年岛上常住人口 2 人，为守岛夫妻。岛上种植香蕉，养有鸡、狗等。岛半山腰处有座观音堂，其侧面有一祈福钟阁，另修建凉亭。水电均来自大陆，有简易架空电线。

鼓洲 (Gǔ Zhōu)

北纬 21°52.9′，东经 112°24.4′。位于江门市台山市镇海港内，距大陆 540 米。因岛形圆似鼓而得名。1984 年登记的《广东省台山县海域海岛地名卡片》、《广东省海域地名志》（1989）、《广东省海岛、礁、沙洲名录表》（1993）、《广东省志·海洋与海岛志》（2000）和《全国海岛名称与代码》（2008）均记为鼓洲。岸线长 110 米，面积 874 平方米。基岩岛。岛上长有草丛和灌木，建有助航标志。

斧头石 (Fǔtóu Shí)

北纬 21°52.9′，东经 112°53.0′。位于江门市台山市，广海湾东部鱼塘湾内，距大陆660米。因岛形似斧头，当地群众惯称斧头石。面积约3平方米。基岩岛。

坭塘洲 (Nítáng Zhōu)

北纬21°52.8′，东经112°53.4′。位于江门市台山市，广海湾东部鱼塘湾内，距大陆50米。因在坭塘村旁，故名。1984年登记的《广东省台山县海域海岛地名卡片》、《广东省海域地名志》（1989）、《广东省海岛、礁、沙洲名录表》（1993）、《广东省志·海洋与海岛志》（2000）、《全国海岛名称与代码》（2008）均记为坭塘洲。岛呈椭圆形，岸线长198米，面积2 653平方米，海拔5.8米。基岩岛，由花岗岩构成。沿岸为干出岩石滩，北侧有鹅玉仔礁群，南侧有鱼湾礁礁群，有碍航行。

襟头排 (Jīntóu Pái)

北纬21°52.8′，东经112°58.1′。位于江门市台山市钦头湾，距大陆760米。该岛为位于钦头湾前头的石盘，当地客家音“钦”与“襟”是谐音，称石盘为排，故名襟头排。因在钦头排上方，别名上排。1984年登记的《广东省台山县海域海岛地名卡片》、《广东省海域地名志》（1989）、《广东省海岛、礁、沙洲名录表》（1993）均记为襟头排。岸线长160米，面积663平方米，高3.8米。基岩岛。

襟头排东岛 (Jīntóupái Dōngdǎo)

北纬21°52.8′，东经112°58.2′。位于江门市台山市钦头湾，距大陆820米。因处襟头排东面，第二次全国海域地名普查时命今名。面积约55平方米。基岩岛。

鸟米石北岛 (Niǎomǐshí Běidǎo)

北纬21°52.8′，东经112°52.8′。位于江门市台山市，广海湾东部鱼塘湾内，距大陆730米。第二次全国海域地名普查时命今名。岸线长47米，面积109平方米。基岩岛。

钦头排 (Qīntóu Pái)

北纬21°52.7′，东经112°57.8′。位于江门市台山市钦头湾，距大陆160米。该海域有二岛，该岛处于下方位，原称下排。因下排多同名，取其在钦头村附近，故名。1984 年登记的《广东省台山县海域海岛地名卡片》、《广东省海岛、礁、沙洲名录表》（1993）称为钦头排。岸线长 324 米，面积 1 731 平方米，高 5.7 米。基岩岛。

鱼湾礁 (Yúwān Jiāo)

北纬 21°52.5′，东经 112°53.5′。位于江门市台山市，广海湾东部鱼塘湾，距大陆 50 米。因其位于鱼塘湾内，故名。1984 年登记的《广东省台山县海域海岛地名卡片》、《广东省海域地名志》（1989）、《广东省海岛、礁、沙洲名录表》（1993）均记为鱼湾礁。面积约 41 平方米，高 8.9 米。基岩岛，由花岗岩组成。岛上长有草丛。

庙咀礁 (Miàozuǐ Jiāo)

北纬 21°52.2′，东经 112°53.2′。位于江门市台山市，广海湾东部鱼塘湾，距大陆 70 米。因位于庙仔咀山西面边缘，故称庙咀礁。1984 年登记的《广东省台山县海域海岛地名卡片》、《广东省海域地名志》（1989）和《广东省海岛、礁、沙洲名录表》（1993）均记为庙咀礁。岸线长 37 米，面积 50 平方米，海拔 2.9 米。基岩岛。建有铁架平台，并有绳索与岸相连。

神咀排 (Shénzuǐ Pái)

北纬 21°52.1′，东经 112°56.3′。位于江门市台山市铜鼓湾内，距大陆 310 米。该岛由三块花岗岩小石排构成，其正南 700 米有一较大石排称大排，以大小来区分，故名小排。因省内重名较多，视其位置靠近神堪咀山，故名神咀排。1984 年登记的《广东省台山县海域海岛地名卡片》、《广东省海域地名志》（1989）、《广东省海岛、礁、沙洲名录表》（1993）均记为神咀排。岸线长 56 米，面积 219 平方米，海拔约 5 米。基岩岛。

神咀排一岛 (Shénzuǐpái Yīdǎo)

北纬 21°52.1′，东经 112°56.4′。位于江门市台山市铜鼓湾内，距大陆 290 米。因位于神咀排周围，按自北向南、由近至远顺序排第一，第二次全国海域地名普查时命今名。岸线长 78 米，面积 228 平方米。基岩岛。

神咀排二岛 (Shénzuǐpái Èrdǎo)

北纬 21°52.1′，东经 112°56.5′。位于江门市台山市铜鼓湾内，距大陆 240 米。因位于神咀排周围，按自北向南、由近至远顺序排第二，第二次全国海域地名普查时命今名。岸线长 54 米，面积 188 平方米。基岩岛。

神咀排三岛 (Shénzuǐpái Sāndǎo)

北纬 21°52.1′，东经 112°56.5′。位于江门市台山市铜鼓湾内，距大陆 290 米。因位于神咀排周围，按自北向南、由近至远顺序排第三，第二次全国海域地名普查时命今名。面积约 69 平方米。基岩岛。

神咀排四岛 (Shénzuǐpái Sìdǎo)

北纬 21°52.1′，东经 112°56.5′。位于江门市台山市铜鼓湾内，距大陆 210 米。因位于神咀排周围，按自北向南、由近至远顺序排第四，第二次全国海域地名普查时命今名。面积约 31 平方米。基岩岛。

大襟岛 (Dàjīn Dǎo)

北纬 21°51.9′，东经 113°01.4′。位于江门市台山市黄茅海西南部，高栏列岛西，西距大陆 3.07 千米。曾名大金岛，又称大衾岛、南湾北湾。该岛明清时称大金岛，因岛形似女式唐装衫之襟，且“襟”与“金”谐音，故称大金岛，后改名大襟岛。因“衾”同“襟”，又称大衾岛。《赤溪镇志》（2005）称大衾岛。《中国海洋岛屿简况》（1980）、1984 年登记的《广东省台山县海域海岛地名卡片》、《广东省海域地名志》（1989）、《广东省海岛、礁、沙洲名录表》（1993）、《广东省志・海洋与海岛志》（2000）、《全国海岛名称与代码》（2008）均记为大襟岛。

岸线长 18.28 千米，面积 9.197 2 平方千米，海拔 379.9 米。基岩岛，由砂岩构成。东部高且陡，主峰鸡冠顶居中央，牛头山、东角山海拔均在 320 米以上。西部自北峰长角顶向西有大石林，向西南有梁腰山，其间为长 1.7 千米、宽 1.2 千米的低丘地带，起伏不大。表层为黄沙土，树木茂密，杂草丛生。岛岸曲折陡峭，西南多断崖，西侧为腰古核电厂排水口所在。淡水丰富。沿岸多湾，南湾较大。附近海域盛产虾、蟹、紫菜等。

有居民海岛，隶属于江门市台山市。2011 年岛上有户籍人口 396 人，常住人口 260 人，居民以打鱼为生。岛上南湾村有 200 多年历史，建有能靠泊小型船只的南湾码头，居民房 80 多座。现岛上渔民的生产已从南湾祖屋向北湾竹棚转移。岛上有 6 余公顷农田，因无人耕种而荒废。岛上的水来自山上蓄水池，电力来自太阳能发电板和柴油发电机。1924 年，美国传教士和华侨梁耀东在该岛北湾筹建麻疯病医院，高峰时期病人多达 500 余名，现已搬迁至东莞。位于江门台山中华白海豚自然保护区内。

亚娘石 (Yà'niáng Shí)

北纬 21°51.9′，东经 112°56.4′。位于江门市台山市铜鼓湾内，距大陆 620 米。一高一矮两盘石在一起，高者像娘，矮者似孩儿，形若孩儿叫亚娘。该岛较高，故名亚娘石。由于高矮两石孖在一起，又称孖排。1984 年登记的《广东省台山县海域海岛地名卡片》、《广东省海域地名志》（1989）、《广东省海岛、礁、沙洲名录表》（1993）均记为亚娘石。岸线长 67 米，面积 168 平方米，高 2.7 米。基岩岛。

铜鼓排 (Tónggǔ Pái)

北纬 21°51.6′，东经 112°56.4′。位于江门市台山市铜鼓湾湾口，距大陆 1 千米。因该岛由花岗岩大石排组成，故名大排。后因附近岛屿称大排众多，故据其位置近铜鼓村改名铜鼓排。又称铜鼓大排。《中国海洋岛屿简况》（1980）称为大排。1984 年登记的《广东省台山县海域海岛地名卡片》、《广东省海域地名志》（1989）、《广东省海岛、礁、沙洲名录表》（1993）、《广东省志·海洋与海岛志》（2000）、《全国海岛名称与代码》（2008）均记为铜鼓排。《赤溪县志》（2005 年）称为铜鼓大排。岸线长 942 米，面积 0.019 4 平方千米，海拔 13.7 米。基岩岛，由花岗岩构成。东高西低，南部沿岸有干出岩石滩。岛上长有草丛和灌木。

鱼箩石 (Yúluó Shí)

北纬 21°51.3′，东经 112°54.2′。位于江门市台山市，广海湾东南岬角，距大陆 10 米。该岛附近海域鱼虾多，渔民每逢在此捕鱼成箩，故名鱼箩石，又称鱼箩洲。1984 年登记的《广东省台山县海域海岛地名卡片》记为鱼箩洲。《广东省海域地名志》（1989）、《广东省海岛、礁、沙洲名录表》（1993）均记为鱼箩石。岸线长63米，面积299平方米，海拔3.3米。基岩岛。

双鼓岛（Shuānggǔ Dǎo）

北纬21°51.0′，东经112°40.6′。位于江门市台山市，广海湾西南山咀湾内，川岛镇东南150米。因岛形似两面鼓，第二次全国海域地名普查时命今名。岸线长28米，面积57平方米。基岩岛。

山咀湾岛（Shānzuǐwān Dǎo）

北纬21°51.0′，东经112°40.7′。位于江门市台山市，广海湾西南山咀湾内，川岛镇东南110米处。《广东省海岛、礁、沙洲名录表》（1993）记为T13。因处在山咀湾，第二次全国海域地名普查时更为今名。岸线长59米，面积226平方米。基岩岛。

鸡尾岛（Jīwěi Dǎo）

北纬21°50.8′，东经113°01.0′。位于江门市台山市赤溪镇东南6.01千米，北距大襟岛36米。《广东省海岛、礁、沙洲名录表》（1993）记为T1。因位于大襟岛南部鸡尾咀附近，第二次全国海域地名普查时更名为鸡尾岛。岸线长144米，面积993平方米。基岩岛。位于江门台山中华白海豚自然保护区内。

上番贵岛（Shàngfānguì Dǎo）

北纬21°50.1′，东经113°01.7′。位于江门市台山市赤溪镇东南7.73千米，北距大襟岛1.75千米。《广东省海岛、礁、沙洲名录表》（1993）记为T2。《全国海岛名称与代码》（2008）记为TSS2。因位于番贵洲北侧，北为上，第二次全国海域地名普查时更名为上番贵岛。岸线长188米，面积1 572平方米。基岩岛。位于江门台山中华白海豚自然保护区内。

深水湾岛（Shēnshuǐwān Dǎo）

北纬21°50.1′，东经112°39.5′。位于江门市台山市，广海湾西南深水湾内，距大陆50米。因处深水湾，第二次全国海域地名普查时命今名。岸线长40米，面积113平方米。基岩岛。

番贵洲 (Fānguì Zhōu)

北纬 21°50.1′，东经 113°01.8′。位于江门市台山市赤溪镇东南 7.8 千米，北距大襟岛 1.81 千米。岛形似外国人的头，长头发，飞铲额，眼深鼻钩。以前称外国人为番鬼，故名番鬼洲。因含义不好，取其谐音，改称番贵洲。《中国海洋岛屿简况》（1980）、1984 年登记的《广东省台山县海域海岛地名卡片》、《广东省海域地名志》（1989）、《广东省海岛、礁、沙洲名录表》（1993）、《广东省志·海洋与海岛志》（2000）、《全国海岛名称与代码》（2008）均记为番贵洲。岛呈椭圆形，岸线长 382 米，面积 8 946 平方米，高 45.7 米。基岩岛，由花岗岩构成。表层为泥土，草木茂盛。位于江门台山中华白海豚自然保护区内。

下番贵岛 (Xiàfānguì Dǎo)

北纬 21°50.0′，东经 113°01.8′。位于江门市台山市赤溪镇东南 7.95 千米，北距大襟岛 1.97 千米，距大陆最近点 7.95 千米。《广东省海岛、礁、沙洲名录表》（1993）记为 T3。《全国海岛名称与代码》（2008）记为 TSS3。因位于番贵洲南侧，南为下，第二次全国海域地名普查时更名为下番贵岛。岸线长 128 米，面积 855 平方米。基岩岛。位于江门台山中华白海豚自然保护区内。

塘角咀岛 (Tángjiǎozuǐ Dǎo)

北纬 21°49.7′，东经 112°39.6′。位于江门市台山市，广海湾西南塘角正咀前端，距大陆 30 米。因该岛处塘角正咀的前端，第二次全国海域地名普查时命今名。岸线长 117 米，面积 722 平方米。基岩岛。

鹿颈东岛 (Lùjǐng Dōngdǎo)

北纬 21°49.6′，东经 112°39.6′。位于江门市台山市，广海湾西南塘角湾，距大陆 170 米。因处在鹿颈岛东面，第二次全国海域地名普查时命今名。面积约 46 平方米。基岩岛。

鹿颈岛 (Lùjǐng Dǎo)

北纬 21°49.6′，东经 112°39.5′。位于江门市台山市，广海湾西南塘角湾，距大陆 90 米。《广东省海岛、礁、沙洲名录表》（1993）记为 T4。《全国海岛名称与代码》（2008）记为 TSS4。因岛形似鹿颈，第二次全国海域地名普查时更名为鹿颈岛。岸线长 374 米，面积 3 460 平方米。基岩岛。

孖排 (Mā Pái)

北纬 21°49.5′，东经 113°01.3′。位于江门市台山市赤溪镇东南 8.29 千米，北距大襟岛 2.43 千米。该岛由两座大石孖在一起组成，故名孖排。“马”同“孖”同音，故又名马排。《中国海洋岛屿简况》（1980）称为马排。1984 年登记的《广东省台山县海域海岛地名卡片》、《广东省海域地名志》（1989）、《广东省海岛、礁、沙洲名录表》（1993）、《广东省志·海洋与海岛志》（2000）、《全国海岛名称与代码》（2008）均记为孖排。岸线长 45 米，面积 79 平方米，海拔 2.5 米。基岩岛。位于江门台山中华白海豚自然保护区内。

神灶岛 (Shénzào Dǎo)

北纬 21°48.6′，东经 112°27.7′。位于江门市台山市镇海湾北部，海宴镇西 10 米。又名神洲、鬼洲。该岛东 2 千米有水温 30～80℃的九个泉眼，被当地人当作是有神用灶煮成温水，故名神灶岛。古人对温泉这种现象未能科学解释，往往谓之有“鬼”，故又称鬼洲。岛上天然石壁立有神石，从前渔民出海或者归航，都到岛上朝拜，以图吉利，消灾解难，把命运寄托给神，故称之神洲。《中国海洋岛屿简况》（1980）、1984 年登记的《广东省台山县海域海岛地名卡片》、《广东省海域地名志》（1989）、《广东省海岛、礁、沙洲名录表》（1993）、《广东省志·海洋与海岛志》（2000）、《全国海岛名称与代码》（2008）均记为神灶岛。岛呈椭圆形，北西—南东走向，长 80 米，宽 50 米。岸线长 175 米，面积 2 122 平方米，海拔 12.2 米。基岩岛，由花岗岩构成，西北高东南低。表层为黄沙土，长有杂草、乔木和灌木。沿岸为岩石滩，向外为泥滩。2011 年岛上常住人口 3 人。有当地居民在岛上养鸭，并种植少量农作物。岛上建有简易房，养殖户生产期间在此居住。该岛邻近海域滩涂广阔，已开发围垦养殖。

大雪尾岛 (Dàxuěwěi Dǎo)

北纬 21°48.0′，东经 112°38.9′。位于江门市台山市，广海湾西南部水沙湾大雪尾岬角附近，距大陆 30 米。《广东省海岛、礁、沙洲名录表》（1993）记为T15。因地处大雪尾，第二次全国海域地名普查时更为今名。岸线长169米，面积914平方米。基岩岛。

大雪尾东岛 (Dàxuěwěi Dōngdǎo)

北纬21°48.0′，东经112°38.9′。位于江门市台山市，广海湾西南部水沙湾大雪尾岬角附近，距大陆110米。因处大雪尾东面，故名。面积约69平方米。基岩岛。

山狗头礁 (Shāngǒutóu Jiāo)

北纬21°47.9′，东经112°38.9′。位于江门市台山市，广海湾西南部水沙湾大雪尾岬角附近，距大陆40米。该岛形似山狗的头，故名。台山人称山狗为硬狗，故又名硬狗头。1984年登记的《广东省台山县海域海岛地名卡片》记为硬狗头。《广东省海域地名志》（1989）、《广东省海岛、礁、沙洲名录表》（1993）均记为山狗头礁。岸线长85米，面积282平方米，海拔1.7米。基岩岛。

小襟岛 (Xiǎojīn Dǎo)

北纬21°47.8′，东经113°01.3′。位于江门市台山市大襟岛南，高栏列岛西南部，西北距大陆10.45千米。该岛形似女式唐装衫之襟，面积小于大襟岛，故名。又名二襟岛、小襟、小衾岛、二衾岛。《中国海洋岛屿简况》（1980）称为小襟。《赤溪镇志》（2005）记为小衾岛。1984年登记的《广东省台山县海域海岛地名卡片》、《广东省海域地名志》（1989）、《广东省海岛、礁、沙洲名录表》（1993）、《广东省志·海洋与海岛志》（2000）、《全国海岛名称与代码》（2008）均记为小襟岛。岸线长1.95千米，面积0.081 5平方千米，高76.5米。南北走向，南高北低。基岩岛，由花岗岩构成，表层为黄沙土，长有草木。岛岸陡峭，多悬崖，沿岸砾石滩和岩石滩。岛南端最高处建有灯塔，北端建有通信信号塔。属江门台山中华白海豚自然保护区。

水沙湾礁 (Shuǐshāwān Jiāo)

北纬21°47.7′，东经112°38.8′。位于江门市台山市，广海湾西南部水沙湾大雪尾岬角附近，距大陆40米。因靠近水沙湾，当地民众惯称水沙湾礁。岸线长57米，面积227平方米。基岩岛。

大石棚 (Dàshípéng)

北纬 21°47.7′，东经 112°38.9′。位于江门市台山市，广海湾西南部水沙湾大雪尾岬角附近，距大陆 110 米。该岛形是块较大的岩石，从前渔民在该石附近设罟棚捕鱼，便以此为号，称为大石棚。1984 年登记的《广东省台山县海域海岛地名卡片》、《广东省海域地名志》（1989）、《广东省海岛、礁、沙洲名录表》（1993）均记为大石棚。岸线长 48 米，面积 164 平方米，高 2.9 米。基岩岛。

青鳞排北岛 (Qīnglínpái Běidǎo)

北纬 21°47.6′，东经 113°01.4′。位于江门市台山市小襟岛南，西北距大陆 11.24 千米。第二次全国海域地名普查时命今名。岸线长 64 米，面积 288 平方米，高 4 米。基岩岛。

高佬石 (Gāolǎo Shí)

北纬 21°47.3′，东经 112°38.2′。位于江门市台山市，广海湾西南部扑手湾内，距大陆 50 米。该岛高大，俗称高佬，故名高佬石。1984 年登记的《广东省台山县海域海岛地名卡片》、《广东省海域地名志》（1989）、《广东省海岛、礁、沙洲名录表》（1993）均记为高佬石。岸线长 14 米，面积 14 平方米。基岩岛。

扑手礁 (Pūshǒu Jiāo)

北纬 21°47.2′，东经 112°38.1′。位于江门市台山市，广海湾西南部扑手湾内，距大陆 90 米。该岛靠近扑手湾，故名。《广东省海域地名志》（1989）、《广东省海岛、礁、沙洲名录表》（1993）均记为扑手礁。岸线长 56 米，面积 235 平方米。基岩岛。

砧板石 (Zhēnbǎn Shí)

北纬 21°47.2′，东经 112°38.5′。位于江门市台山市，广海湾西南部扑手湾内，距大陆 50 米。该岛形似厨房中用来切菜的木砧板，故名。1984 年登记的《广东省台山县海域海岛地名卡片》、《广东省海域地名志》（1989）、《广东省海岛、礁、沙洲名录表》（1993）均记为砧板石。面积约 15 平方米，高 2.8 米。基岩岛。

高咀石（Gāozuǐ Shí）

北纬 21°46.6′，东经 112°49.6′。位于江门市台山市上川岛北 44 米，大高咀山西面边缘，北距大陆 11.46 千米。原名石门礁。因该岛位于大高咀山西面边缘，故名。1984 年登记的《广东省台山县海域海岛地名卡片》、《广东省海域地名志》（1989）、《广东省海岛、礁、沙洲名录表》（1993）均记为高咀石。面积约 56 平方米，高 2.1 米。基岩岛。

辣螺排（Làluó Pái）

北纬 21°46.5′，东经 112°51.7′。位于江门市台山市上川岛北 12 米，东风湾东岬角附近，北距大陆 9.65 千米。礁石上一年四季都有很多辣螺寄生在此，故名。1984 年登记的《广东省台山县海域海岛地名卡片》、《广东省海域地名志》（1989）、《广东省海岛、礁、沙洲名录表》（1993）均记为辣螺排。岸线长 38 米，面积 93 平方米。基岩岛。

深水礁（Shēnshuǐ Jiāo）

北纬 21°46.5′，东经 112°37.6′。位于江门市台山市，广海湾西南部扑手湾深水角，距大陆 70 米。该岛因近深水角（岬角），故名。1984 年登记的《广东省台山县海域海岛地名卡片》、《广东省海域地名志》（1989）、《广东省海岛、礁、沙洲名录表》（1993）、《全国海岛名称与代码》（2008）均记为深水礁。岸线长 123 米，面积 1 138 平方米，高 3.9 米。基岩岛。岛上建有 1 座简易房，供附近捕鱼的渔民休息。

三杯酒一岛（Sānbēijiǔ Yīdǎo）

北纬 21°46.6′，东经 113°01.4′。位于江门市台山市大襟岛南，高栏列岛西南，西北距大陆 12.69 千米。位于台山三杯酒周围，与邻近岛自北向南的顺序排第一，第二次全国海域地名普查时命今名。岸线长 122 米，面积 863 平方米。基岩岛。

三杯酒二岛（Sānbēijiǔ Èrdǎo）

北纬 21°46.5′，东经 113°01.4′。位于江门市台山市大襟岛南，高栏列岛西南，西北距大陆 12.81 千米。与邻近岛自北向南的顺序排第二，第二次全国海域地名普查时命今名。岸线长 380 米，面积 4 208 平方米。基岩岛。岛上长有草丛。

三杯酒三岛 (Sānbēijiǔ Sāndǎo)

北纬 21°46.4′，东经 113°01.5′。位于江门市台山市大襟岛南，高栏列岛西南，西北距大陆 13.05 千米。与邻近岛自北向南的顺序排第三，第二次全国海域地名普查时命今名。岸线长 253 米，面积 4 679 平方米。基岩岛。岛上长有草丛。

三杯酒四岛 (Sānbēijiǔ Sìdǎo)

北纬 21°46.4′，东经 113°01.5′。位于江门市台山市大襟岛南，高栏列岛西南，西北距大陆 13.23 千米。与邻近岛自北向南的顺序排第四，第二次全国海域地名普查时命今名。岸线长 240 米，面积 1 878 平方米。基岩岛。

三杯酒五岛 (Sānbēijiǔ Wǔdǎo)

北纬 21°46.4′，东经 113°01.5′。位于江门市台山市大襟岛南，高栏列岛西南，西北距大陆 13.1 千米。与邻近岛自北向南的顺序排第五，第二次全国海域地名普查时命今名。岸线长 160 米，面积 1 605 平方米。基岩岛。

丁老排 (Dīnglǎo Pái)

北纬 21°46.2′，东经 112°46.8′。位于江门市台山市上川岛北 4 米，大浪湾西黄茅头岬角，西北距大陆 12.94 千米。相传从前有位姓丁的老人常在此钓鱼为生，故名。1984 年登记的《广东省台山县海域海岛地名卡片》、《广东省海域地名志》（1989）、《广东省海岛、礁、沙洲名录表》（1993）均记为丁老排。面积约 40 平方米。基岩岛。

丁老排西岛 (Dīnglǎopái Xīdǎo)

北纬 21°46.2′，东经 112°46.7′。位于江门市台山市上川岛北 26 米，大浪湾西黄茅头岬角，西北距大陆 12.87 千米。在丁老排西边，第二次全国海域地名普查时命今名。面积约 33 平方米。基岩岛。

羊崩咀礁 (Yángbēngzuǐ Jiāo)

北纬 21°46.2′，东经 112°48.2′。位于江门市台山市上川岛北 5 米，大浪湾东岬角，北距大陆 13.7 千米。位于名为羊崩的咀端而派生得名。1984 年登记的《广东省台山县海域海岛地名卡片》、《广东省海域地名志》（1989）、《广东省海岛、礁、沙洲名录表》（1993）均记为羊崩咀礁。面积约 16 平方米。基岩岛。

台山石洲 (Táishān Shízhōu)

北纬 21°46.1′，东经 112°48.5′。位于江门市台山市上川岛北 25 米，大高咀山西面，北距大陆 13.36 千米。因该岛为一块大岩石而得名石洲。因省内重名，以其位于台山市，第二次全国海域地名普查时更为今名。1984 年登记的《广东省台山县海域海岛地名卡片》记为石洲。《广东省海岛、礁、沙洲名录表》（1993）记为 T2。岸线长 164 米，面积 1 871 平方米。基岩岛。

石洲一岛 (Shízhōu Yīdǎo)

北纬 21°46.1′，东经 112°48.5′。位于江门市台山市上川岛北 17 米，大高咀山西面，北距大陆 13.36 千米。为台山石洲附近的两个礁石之一，第二次全国海域地名普查时命今名。岸线长 22 米，面积 31 平方米。基岩岛。

石洲二岛 (Shízhōu Èrdǎo)

北纬 21°46.1′，东经 112°48.5′。位于江门市台山市上川岛北 32 米，大高咀山西面，北距大陆 13.34 千米。为台山石洲附近的两个礁石之一，第二次全国海域地名普查时命今名。面积约 19 平方米。基岩岛。

黄茅大排 (Huángmáo Dàpái)

北纬 21°46.1′，东经 112°46.5′。位于江门市台山市上川岛西北 258 米，黄茅头岬角西，西北距大陆 12.83 千米。在黄茅头（岬角）之旁，故名。1984 年登记的《广东省台山县海域海岛地名卡片》、《广东省海域地名志》（1989）、《广东省海岛、礁、沙洲名录表》（1993）均记为黄茅大排。面积约 39 平方米。基岩岛。建有 1 座灯桩。

白鹤石 (Báihè Shí)

北纬 21°46.0′，东经 112°46.6′。位于江门市台山市上川岛西北 66 米，黄茅头岬角西，西北距大陆 13.02 千米。原名白鹤屙屎，因时常有白鹤在礁石上站立屙屎而得名。因此名称不雅，1984 年地名普查时更名为白鹤石。1984 年登记的《广东省台山县海域海岛地名卡片》、《广东省海域地名志》（1989）、《广东省海岛、礁、沙洲名录表》（1993）均记为白鹤石。岸线长 15 米，面积 15 平方米，高约 3 米。基岩岛，由花岗岩组成。

青鹅石 (Qīng'é Shí)

北纬 21°45.9′，东经 112°46.7′。位于江门市台山市上川岛北 1 米，大浪湾内，北距大陆 13.22 千米。以形似青鹅而得名。1984 年登记的《广东省台山县海域海岛地名卡片》、《广东省海域地名志》（1989）、《广东省海岛、礁、沙洲名录表》（1993）均记为青鹅石。面积约 23 平方米。基岩岛。

长洲 (Cháng Zhōu)

北纬 21°45.9′，东经 112°31.5′。位于江门市台山市镇海湾东部，海宴镇西南 1.21 千米处。岛呈长形，故名。《中国海洋岛屿简况》（1980）、1984 年登记的《广东省台山县海域海岛地名卡片》、《广东省海域地名志》（1989）、《广东省海岛、礁、沙洲名录表》（1993）、《广东省志·海洋与海岛志》（2000）、《全国海岛名称与代码》（2008）均记为长洲。岸线长 155 米，面积 1 501 平方米，高约 5.6 米。基岩岛。岛上长有草丛和灌木。建有国家大地控制点 1 个。

炒米洲 (Chǎomǐ Zhōu)

北纬 21°45.8′，东经 112°47.2′。位于江门市台山市上川岛北 290 米，大浪湾内，北距大陆 13.93 千米。该岛受海潮剥蚀，风化严重，沿岸一带礁石星罗棋布，又碎又燋，如炒熟的米粒，故名。《中国海洋岛屿简况》（1980）、1984 年登记的《广东省台山县海域海岛地名卡片》、《广东省海域地名志》（1989）、《广东省海岛、礁、沙洲名录表》（1993）、《广东省志·海洋与海岛志》（2000）、《全国海岛名称与代码》（2008）均记为炒米洲。岸线长 401 米，面积 8 552 平方米，海拔 10.1 米。岛呈南东—北西走向，西北高东南低。基岩岛，由花岗岩构成。表层为泥沙土，长有杂草、灌木。

十大湾礁 (Shídàwān Jiāo)

北纬 21°45.8′，东经 112°46.5′。位于江门市台山市上川岛西北 20 米，十大湾内，西北距大陆 13.23 千米。因地处十大湾，当地群众称为大十湾礁。面积约 4 平方米。基岩岛。

白鹤咀礁 (Báihèzuǐ Jiāo)

北纬 21°45.7′，东经 112°24.8′。位于江门市台山市，距大陆最近点 270 米。形似白鹤的咀（嘴的俗称），故名。1984 年登记的《广东省台山县海域海岛地名卡片》、《广东省海域地名志》（1989）、《广东省海岛、礁、沙洲名录表》（1993）均记为白鹤咀礁。岸线长 19 米，面积 25 平方米，高 4.1 米。基岩岛。

白鹤咀一岛 (Báihèzuǐ Yīdǎo)

北纬 21°45.6′，东经 112°24.7′。位于江门市台山市北陡镇，镇海湾西部大刚头湾，西距大陆 70 米。白鹤咀周围有 2 个礁石，按自北向南的顺序该岛排第一，第二次全国海域地名普查时命今名。面积约 25 平方米。基岩岛。

白鹤咀二岛 (Báihèzuǐ Èrdǎo)

北纬 21°45.5′，东经 112°24.7′。位于江门市台山市北陡镇，镇海湾西部大刚头湾，西距大陆 140 米。白鹤咀周围有 2 个礁石，按自北向南的顺序该岛排第二，第二次全国海域地名普查时命今名。面积约 25 平方米。基岩岛。

白鹤礁 (Báihè Jiāo)

北纬 21°45.5′，东经 112°24.6′。位于江门市台山市北陡镇，镇海湾西部大刚头湾，西距大陆 90 米。以形似白鹤而得名。《广东省海域地名志》（1989）、《广东省海岛、礁、沙洲名录表》（1993）均记为白鹤礁。岸线长 55 米，面积 203 平方米。基岩岛。

大萍洲 (Dàpíng Zhōu)

北纬 21°44.9′，东经 112°45.2′。位于江门市台山市上川岛西北 1.56 千米，三洲湾内，西北距大陆 11.91 千米。因该岛顶部平坦，面积较大，其东南面也有小岛形状相同，“萍”与“坪”谐音而得名。《中国海洋岛屿简况》（1980）、1984 年登记的《广东省台山县海域海岛地名卡片》、《广东省海域地名志》（1989）、《广东省海岛、礁、沙洲名录表》（1993）、《广东省志 · 海洋与海岛志》（2000）、《全国海岛名称与代码》（2008）均记为大萍洲。岸线长

977 米，面积 0.040 8 平方千米，高 19.1 米。基岩岛，由花岗岩构成。呈南北走向，顶部较平坦，南部略高。表层为泥沙土，杂草、灌木茂盛。岛上建有 1 座灯塔和 1 座已废弃房屋。

大洲湾礁 (Dàzhōuwān Jiāo)

北纬 21°44.8′，东经 112°46.6′。位于江门市台山市上川岛西北 81 米，三洲湾内，西北距大陆 14.46 千米。大洲湾礁为当地群众惯称，因其地处大洲湾而得名。面积约 9 平方米。基岩岛。

小萍洲 (Xiǎopíng Zhōu)

北纬 21°44.7′，东经 112°45.4′。位于江门市台山市上川岛西北 1.42 千米，三洲湾内，西北距大陆 12.38 千米。因该岛顶部平坦，面积比西北形状相似的海岛小，“萍”与“坪”谐音而得名。《中国海洋岛屿简况》（1980）、1984 年登记的《广东省台山县海域海岛地名卡片》、《广东省海域地名志》（1989）、《广东省海岛、礁、沙洲名录表》（1993）、《广东省志·海洋与海岛志》（2000）、《全国海岛名称与代码》（2008）均记为小萍洲。基岩岛，由花岗岩构成。岸线长 633 米，面积 0.017 5 平方千米，高约 16 米。岛呈南东—北西走向，顶部较平坦，西北端略高。表层为泥沙土，土层较薄，长有杂草、乔木和灌木。建有 1 座灯塔和 2 栋房屋。

石龟咀礁 (Shíguīzuǐ Jiāo)

北纬 21°44.7′，东经 112°24.5′。位于江门市台山市，镇海湾西部龟仔湾附近，北陡镇南 90 米处。该岛附近有一礁石名谓暗龟石，其位置在暗龟石咀端，故名。1984 年登记的《广东省台山县海域海岛地名卡片》、《广东省海域地名志》（1989）、《广东省海岛、礁、沙洲名录表》（1993）均记为石龟咀礁。面积约 55 平方米，高 3 米。基岩岛。

门颈礁 (Ménjǐng Jiāo)

北纬 21°44.6′，东经 112°51.3′。位于江门市台山市上川岛东北 53 米，盐灶湾东，北距大陆 13.08 千米。该岛中间有一断颈，形像门颈，故名。又名门颈洲。1984 年登记的《广东省台山县海域海岛地名卡片》记为门颈洲。《广东省海域地名志》(1989)和《广东省海岛、礁、沙洲名录表》(1993)记为门颈礁。岸线长50米，面积125平方米。基岩岛。

打鼓洲 (Dǎgǔ Zhōu)

北纬21°44.6′，东经112°51.0′。位于江门市台山市上川岛东北45米，盐灶湾东，北距大陆13.36千米。该岛形圆似鼓，全部由花岗岩组成，在浪潮拍击下，发出咚咚响声，犹如打鼓，故名。《中国海洋岛屿简况》(1980)、1984年登记的《广东省台山县海域海岛地名卡片》、《广东省海域地名志》(1989)、《广东省海岛、礁、沙洲名录表》(1993)、《广东省志·海洋与海岛志》(2000)、《全国海岛名称与代码》(2008)均记为打鼓洲。岸线长721米，面积0.012 4平方千米，高13.5米。基岩岛。岛上长有灌木，建有国家大地控制点1个。

大石头 (Dàshítou)

北纬21°44.5′，东经112°24.5′。位于江门市台山市，镇海湾西部龟仔湾附近，北陡镇南10米处。该岛是附近海域最大的一块石头，故名。《广东省海域地名志》(1989)、《广东省海岛、礁、沙洲名录表》(1993)均记为大石头。面积约50平方米，高4.1米。基岩岛。

关石 (Guān Shí)

北纬21°44.3′，东经112°49.5′。位于江门市台山市上川岛东16米，茶湾内，北距大陆15.04千米。该岛是当地人用作两地分界的标记石，故名。1984年登记的《广东省台山县海域海岛地名卡片》、《广东省海域地名志》(1989)、《广东省海岛、礁、沙洲名录表》(1993)均记为关石。岸线长120米，面积848平方米。基岩岛。

辣螺石 (Làluó Shí)

北纬21°44.2′，东经112°46.4′。位于江门市台山市上川岛西北16米，三洲湾内，西北距大陆14.26千米。岛上常年有辣螺寄生在此，故名。1984年登记的《广东省台山县海域海岛地名卡片》、《广东省海域地名志》(1989)、《广东省海岛、礁、沙洲名录表》(1993)均记为辣螺石。岸线长101米，面积167平方米。基岩岛，由花岗岩组成。

行利围 (Xínglìwéi)

北纬 21°44.0′，东经 112°21.7′。位于江门市台山市，镇海湾西部那琴河口，北陡镇南 40 处。行利围是当地群众惯称。沙泥岛。岸线长 1.05 千米，面积 0.057 6 平方千米。岛上长有草丛。2011 年常住人口 12 人。岛上开发建成鱼塘，由那琴村人承包养虾，名为琴溪水产养殖场。岛上建有房屋，供岛上渔民住宿、存放养殖用具。

乌榄洲 (Wūlǎn Zhōu)

北纬 21°44.0′，东经 112°45.6′。位于江门市台山市上川岛西北 373 米，三洲湾内，西北距大陆 13.21 千米。该岛形似乌黑的橄榄，故名。《中国海洋岛屿简况》（1980）记为乌榄洲。岸线长 880 米，面积 0.039 4 平方千米。基岩岛。该岛建有堤坝与上川岛相连。

黑沙湾岛 (Hēishāwān Dǎo)

北纬 21°44.0′，东经 112°23.9′。位于江门市台山市，镇海湾西部黑沙湾，北陡镇南 140 米处。位于黑沙湾，当地群众惯称黑沙湾岛。岸线长 90 米，面积 531 平方米。基岩岛。

黑沙湾西岛 (Hēishāwān Xīdǎo)

北纬 21°44.0′，东经 112°23.8′。位于江门市台山市，镇海湾西部黑沙湾，北陡镇南 30 米。因处黑沙湾岛西面，第二次全国海域地名普查时命今名。岸线长 44 米，面积 136 平方米。基岩岛。

桅杆洲 (Wéigān Zhōu)

北纬 21°43.9′，东经 112°45.1′。位于江门市台山市上川岛西北 68 米，三洲湾芒光咀岬角西，西北距大陆 12.51 千米。岛呈长形似船，顶部有一条竖石柱，形似船上的桅杆，故名。《中国海洋岛屿简况》（1980）、1984 年登记的《广东省台山县海域海岛地名卡片》、《广东省海域地名志》（1989）、《广东省海岛、礁、沙洲名录表》（1993）、《广东省志·海洋与海岛志》（2000）、《全国海岛名称与代码》（2008）均记为桅杆洲。岛呈长形，南北走向。岸线长 254 米，面积 3 686 平方米，最高 9.9 米。基岩岛，由花岗岩构成。南高北低，表层长有稀疏的杂草和灌木。

芒光咀礁 (Mángguāngzuǐ Jiāo)

北纬 21°43.9′，东经 112°45.2′。位于江门市台山市上川岛西北 16 米，三洲湾芒光咀岬角，西北距大陆 12.65 千米。《广东省海岛、礁、沙洲名录表》记为 T12。因地处芒光咀，当地民众惯称芒光咀礁。岸线长 52 米，面积 172 平方米。基岩岛。

蛤蚧石 (Géjiè Shí)

北纬 21°43.9′，东经 112°45.0′。位于江门市台山市上川岛西北 93 米，三洲湾芒光咀岬角西，西北距大陆 12.38 千米。该岛形似一只蛤蚧，故名。1984 年登记的《广东省台山县海域海岛地名卡片》、《广东省海域地名志》（1989）、《广东省海岛、礁、沙洲名录表》（1993）均记为蛤蚧石。岸线长 114 米，面积 136 平方米。基岩岛。

五姊妹礁 (Wǔzǐmèi Jiāo)

北纬 21°43.8′，东经 112°45.4′。位于江门市台山市上川岛西北 10 米，三洲湾芒光咀岬角东南，西北距大陆 13.09 千米。该岛由五块大石头组成，故名。1984 年登记的《广东省台山县海域海岛地名卡片》、《广东省海域地名志》（1989）、《广东省海岛、礁、沙洲名录表》（1993）均记为五姊妹礁。岸线长 82 米，面积 101 平方米。基岩岛。

昂庄石 (Ángzhuāng Shí)

北纬 21°43.7′，东经 112°44.3′。位于江门市台山市，上川岛鲇鱼山西北 37 米，西北距大陆 11.52 千米。该岛巨大、气宇轩昂，庄重地立在海边，故名昂庄石，又名昂庄洲。1984 年登记的《广东省台山县海域海岛地名卡片》记为昂庄洲。《广东省海域地名志》（1989）、《广东省海岛、礁、沙洲名录表》（1993）记为昂庄石。岸线长 74 米，面积 132 平方米，高 3.2 米。基岩岛。

小鲇咀礁 (Xiǎoniánzuǐ Jiāo)

北纬 21°43.7′，东经 112°44.5′。位于江门市台山市，上川岛鲇鱼山西北 7 米，西北距大陆 11.83 千米。位于鲇咀山小山咀，故名。1984 年登记的《广东省台山县海域海岛地名卡片》、《广东省海域地名志》（1989）、《广东省海岛、礁、沙洲名录表》（1993）均记为小鲇咀礁。岸线长 108 米，面积 332 平方米，海拔 5 米。基岩岛。

大仔口礁 (Dàzǎikǒu Jiāo)

北纬 21°43.4′，东经 112°21.5′。位于江门市台山市，镇海湾西部草塘湾，北陡镇南 220 米处。大仔口礁是当地群众惯称。《广东省海域地名志》（1989）、《广东省海岛、礁、沙洲名录表》（1993）均记为大仔口礁。岸线长 26 米，面积 47 平方米。基岛岩。

麻篮石 (Málán Shí)

北纬 21°43.4′，东经 112°22.9′。位于江门市台山市，镇海湾西部黑沙湾圆山仔角东南，北陡镇南 80 米处。岛形圆，表面被风浪剥蚀成大孔小孔，像古人织麻的麻篮，故名。又名麻兰石、麻蓝石。1984 年登记的《广东省台山县海域海岛地名卡片》记为麻篮石。《广东省海域地名志》（1989）、《广东省海岛、礁、沙洲名录表》（1993）均记为麻蓝石。岸线长 48 米，面积 139 平方米。基岩岛。

挂锭排 (Guàdìng Pái)

北纬 21°43.3′，东经 112°40.9′。位于江门市台山市上川岛东北 2.3 千米，黄麖洲北 700 米，西北距大陆 7.97 千米。岛像一只船抛锭，故名。海图上曾误称为挂灯排。1984 年登记的《广东省台山县海域海岛地名卡片》、《广东省海域地名志》（1989）、《广东省海岛、礁、沙洲名录表》（1993）、《广东省志·海洋与海岛志》（2000）、《全国海岛名称与代码》（2008）均记为挂锭排。岸线长 538 米，面积 6 505 平方米，高 3.2 米。岛呈长形，东西走向。基岩岛，由花岗岩构成。西高东低，岛上长有草丛和灌木。沿岸为干出石滩。1943 年日军入侵下川岛，护航飞机误视此岛为我方舰艇，曾先后轰炸 3 次。岛上建有灯塔 1 座。

蹲虾石 (Dūnxiā Shí)

北纬 21°43.3′，东经 112°48.8′。位于江门市台山市上川岛东 15 米，茶湾内，北距大陆 17.22 千米。当地人经常蹲在该岛上观察虾汛，故名。1984 年登记的《广东省台山县海域海岛地名卡片》记为蹲虾石。岸线长 42 米，面积 117 平方米，高 4.1 米。基岩岛。

草塘排 (Cǎotáng Pái)

北纬 21°43.3′，东经 112°21.0′。位于江门市台山市，镇海湾西部草塘湾内，北陡镇南 120 米。原名大排，系因该岛是一块较大的石排。因大排同名众多，视其位于草塘湾，故名草塘排。1984 年登记的《广东省台山县海域海岛地名卡片》称大排，后取草塘排为标准名称。《广东省海域地名志》（1989）、《广东省海岛、礁、沙洲名录表》（1993）均记为草塘排。岸线长 111 米，面积 168 平方米，海拔 3.1 米。基岩岛。

草塘北岛 (Cǎotáng Běidǎo)

北纬 21°43.3′，东经 112°21.0′。位于江门市台山市，镇海湾西部草塘湾内，北陡镇南 70 米。因处草塘排北边，第二次全国海域地名普查时命今名。岸线长 102 米，面积 141 平方米。基岩岛。

草塘南一岛 (Cǎotáng Nányī Dǎo)

北纬 21°43.2′，东经 112°21.0′。位于江门市台山市，镇海湾西部草塘湾内，北陡镇南 120 米处。草塘排南面有两岛，该岛因离草塘排较近，第二次全国海域地名普查时命今名。面积约 38 平方米。基岩岛。

草塘南二岛 (Cǎotáng Nán'èr Dǎo)

北纬 21°43.2′，东经 112°21.1′。位于江门市台山市，镇海湾西部草塘湾内，北陡镇南 150 米处。草塘排南面有两岛，该岛因离草塘排较远，第二次全国海域地名普查时命今名。面积约 16 平方米。基岩岛。

青螺石 (Qīngluó Shí)

北纬 21°43.2′，东经 112°21.2′。位于江门市台山市，镇海湾西部草塘湾内，北陡镇南 330 米处。该岛盛产青螺，故名。1984 年登记的《广东省台山县海域海岛地名卡片》、《广东省海域地名志》（1989）、《广东省海岛、礁、沙洲名录表》（1993）和《全国海岛名称与代码》（2008）均记为青螺石。岸线长

220 米，面积 2 542 平方米。基岩岛。

青螺石西岛 (Qīngluóshí Xīdǎo)

北纬 21°43.2′，东经 112°21.2′。位于江门市台山市，镇海湾西部草塘湾内，北陡镇南 330 米处。位于青螺石西边，第二次全国海域地名普查时命今名。岸线长 31 米，面积 69 平方米。基岩岛。

龟仔石 (Guīzǎi Shí)

北纬 21°43.1′，东经 112°43.2′。位于江门市台山市上川岛鲇鱼山西 51 米，夜更湾岬角，西北距大陆 10.83 千米。该岛形似龟仔，故名。1984 年登记的《广东省台山县海域海岛地名卡片》、《广东省海域地名志》（1989）、《广东省海岛、礁、沙洲名录表》（1993）均记为龟仔石。岸线长 43 米，面积 124 平方米。基岩岛。

龟仔石一岛 (Guīzǎishí Yīdǎo)

北纬 21°43.1′，东经 112°43.2′。位于江门市台山市上川岛鲇鱼山西 62 米，夜更湾岬角，西北距大陆 10.85 千米。龟仔石附近有 2 个海岛，按自北向南的顺序该岛排第一，第二次全国海域地名普查时命今名。面积约 10 平方米。基岩岛。

龟仔石二岛 (Guīzǎishí Èrdǎo)

北纬 21°43.1′，东经 112°43.2′。位于江门市台山市上川岛鲇鱼山西 39 米，夜更湾岬角，西北距大陆 10.86 千米。龟仔石附近有 2 个海岛，按自北向南的顺序该岛排第二，第二次全国海域地名普查时命今名。面积约 50 平方米。基岩岛。

流离石 (Liúlí Shí)

北纬 21°43.1′，东经 112°43.2′。位于江门市台山市上川岛鲇鱼山西 9 米，夜更湾岬角，西北距大陆 10.82 千米。该岛与上川岛岸线近之咫尺，间有急流穿过，像是急流把它割离开一样，故名。又名琉璃石、流璃石，应为笔误。1984 年登记的《广东省台山县海域海岛地名卡片》、《广东省海域地名志》（1989）和《广东省志·海洋与海岛志》（2000）均记为流离石。《广东省海岛、礁、沙洲名录表》（1993）记为琉璃石。《全国海岛名称与代码》（2008）记为流璃石。岸线长 238 米，面积 1 426 平方米，高 4.2 米。基岩岛。岛上立有一标志牌，警示往来船只不要在此地靠泊。

双青螺 (Shuāngqīngluó)

北纬 21°43.1′，东经 112°21.0′。位于江门市台山市，镇海湾西部草塘湾西南，北陡镇南 70 米处。原名青螺排、青螺，因岛上终年寄生着青螺而得名。因青螺排重名，第二次全国海域地名普查时定名为双青螺。1984 年登记的《广东省台山县海域海岛地名卡片》、《广东省海域地名志》（1989）、《广东省海岛、礁、沙洲名录表》（1993）均记为双青螺。岸线长 84 米，面积 532 平方米。基岩岛。

马骝头岛 (Mǎliútóu Dǎo)

北纬 21°43.0′，东经 112°39.7′。位于江门市台山市下川岛东北 79 米，黄麖门北部，西北距大陆 7.11 千米。该岛形似马骝（粤语称猴为马骝）的头，故名。《中国海洋岛屿简况》（1980）、1984 年登记的《广东省台山县海域海岛地名卡片》、《广东省海域地名志》（1989）、《广东省海岛、礁、沙洲名录表》（1993）、《广东省志·海洋与海岛志》（2000）、《全国海岛名称与代码》（2008）均记为马骝头岛。岛呈椭圆形，东西走向。岸线长 844 米，面积 0.027 6 平方千米，高 26.9 米。基岩岛，由花岗岩构成，中间高四面低。表层为黄沙土，沿岸有大片砾石滩。

燕子洲 (Yànzi Zhōu)

北纬 21°43.0′，东经 112°20.3′。位于江门市台山市，镇海湾西部下塘湾东，北陡镇南 210 米处。该岛由花岗岩组成，因海潮冲刷、风雨剥蚀而形似燕子而得名。《中国海洋岛屿简况》（1980）、1984 年登记的《广东省台山县海域海岛地名卡片》、《广东省海域地名志》（1989）、《广东省海岛、礁、沙洲名录表》（1993）、《广东省志·海洋与海岛志》（2000）、《全国海岛名称与代码》（2008）均记为燕子洲。岸线长 311 米，面积 6 793 平方米。基岩岛。岛上长有灌木。

鹅卵石 (Éluǎn Shí)

北纬 21°43.0′，东经 112°38.8′。位于江门市台山市下川岛北 7 米，北风湾西部，西北距大陆 6.56 千米。岛形似鹅蛋，故名。1984 年登记的《广东省台山县海域海岛地名卡片》、《广东省海域地名志》（1989）、《广东省海岛、礁、沙洲名录表》（1993）均记为鹅卵石。岛呈椭圆形，岸线长 19 米，面积 24 平方米，高 3.3 米。基岩岛，由花岗岩组成。

虎仔头礁 (Hǔzǎitóu Jiāo)

北纬 21°43.0′，东经 112°21.2′。位于江门市台山市，镇海湾西部草塘湾内，北陡镇南 360 米处。该岛形似小虎的头，故名。1984 年登记的《广东省台山县海域海岛地名卡片》、《广东省海域地名志》（1989）、《广东省海岛、礁、沙洲名录表》（1993）均记为虎仔头礁。岸线长 93 米，面积 586 平方米，高 6.7 米。基岩岛。

北湾礁 (Běiwān Jiāo)

北纬 21°42.9′，东经 112°39.4′。位于江门市台山市下川岛东北 24 米，北风湾东部，西北距大陆 7.09 千米。因处北风湾内而得名。1984 年登记的《广东省台山县海域海岛地名卡片》、《广东省海域地名志》（1989）、《广东省海岛、礁、沙洲名录表》（1993）均记为北湾礁。面积约 12 平方米，高 3 米。基岩岛，由花岗岩组成。

吭哐礁 (Kēngkuāng Jiāo)

北纬 21°42.9′，东经 112°48.8′。位于江门市台山市上川岛东 31 米，茶湾南岬角，北距大陆 17.85 千米。该岛终年处于海浪冲击中，日夜发出吭哐吭哐的撞击声，故名。1984 年登记的《广东省台山县海域海岛地名卡片》、《广东省海域地名志》（1989）、《广东省海岛、礁、沙洲名录表》（1993）均记为吭哐礁。岸线长 122 米，面积 802 平方米，高 7.9 米。基岩岛。

榄核岛 (Lǎnhé Dǎo)

北纬 21°42.9′，东经 112°39.6′。位于江门市台山市下川岛东北 111 米，黄麖门北部，西北距大陆 7.31 千米。《广东省海岛、礁、沙洲名录表》（1993）

记为 T5。《全国海岛名称与代码》（2008）记为 TSS5。因岛呈东西走向，两头尖，中间宽，形似橄榄核，第二次全国海域地名普查时更名今为。岸线长 465 米，面积 9 554 平方米。基岩岛。岛上长有草丛和灌木。

三牙塘礁 (Sānyátáng Jiāo)

北纬 21°42.9′，东经 112°20.5′。位于江门市台山市，镇海湾西部下塘湾东，北陡镇南 50 米处。岛中有三块石头顶尖如牙，故名。1984 年登记的《广东省台山县海域海岛地名卡片》、《广东省海域地名志》（1989）、《广东省海岛、礁、沙洲名录表》（1993）均记为三牙塘礁。岸线长 42 米，面积 126 平方米。基岩岛。

三牙塘西岛 (Sānyátáng Xīdǎo)

北纬 21°42.9′，东经 112°20.5′。位于江门市台山市，镇海湾西部下塘湾东，北陡镇南 120 米处。因处三牙塘礁西边，第二次全国海域地名普查时命今名。岸线长 25 米，面积 47 平方米。基岩岛。

坐官山礁 (Zuòguānshān Jiāo)

北纬 21°42.9′，东经 112°21.0′。位于江门市台山市，镇海湾西部草塘湾西南，北陡镇南 50 米处。位于坐官山的延伸方向，当地群众称为坐官山礁。岸线长 61 米，面积 94 平方米。基岩岛。

三逢石 (Sānféng Shí)

北纬 21°42.9′，东经 112°19.6′。位于江门市台山市，镇海湾西部下塘湾内，北陡镇南 20 米处。岛由三块大石在一起组成，故名。1984 年登记的《广东省台山县海域海岛地名卡片》、《广东省海域地名志》（1989）、《广东省海岛、礁、沙洲名录表》（1993）均记为三逢石。岸线长 674 米，面积 3 496 平方米。基岩岛。

榄核仔岛 (Lǎnhézǎi Dǎo)

北纬 21°42.8′，东经 112°39.6′。位于江门市台山市下川岛东北 176 米，黄麖门北部，西北距大陆 7.43 千米。1984 年登记的《广东省台山县海域海岛地名卡片》记为 T6。《全国海岛名称与代码》（2008）记为 TSS6。因该岛靠近榄核岛，形状与其相似，面积较之小，第二次全国海域地名普查时更为今名。岸线长 282 米，面积 3 373 平方米。基岩岛。

柑果湾岛 (Gānguǒwān Dǎo)

北纬 21°42.8′，东经 112°20.9′。位于江门市台山市，镇海湾西部下塘湾东，北陡镇南 70 米。柑果湾岛是当地群众惯称。岸线长 92 米，面积 181 平方米。基岩岛。

昂庄咀礁 (Ángzhuāngzuǐ Jiāo)

北纬 21°42.6′，东经 112°42.6′。位于江门市台山市上川岛西北 123 米，夜更湾南部，西北距大陆 10.89 千米。该岛处于大果树尾山中一条叫昂庄的小山咀端，故名。1984 年登记的《广东省台山县海域海岛地名卡片》、《广东省海域地名志》（1989）、《广东省海岛、礁、沙洲名录表》（1993）均记为昂庄咀礁。岸线长 158 米，面积 452 平方米，高 4.8 米。基岩岛。

大水坑碑 (Dàshuǐkēngbēi)

北纬 21°42.5′，东经 112°37.6′。位于江门市台山市下川岛北 23 米，荔枝湾内，西北距大陆 6.58 千米。该岛近大水坑村，形似石碑，故名。1984 年登记的《广东省台山县海域海岛地名卡片》、《广东省海域地名志》（1989）、《广东省海岛、礁、沙洲名录表》（1993）均记为大水坑碑。岛呈长形，岸线长 26 米，面积 46 平方米，高 3.2 米。基岩岛，由花岗岩组成，无植被。

砧板排 (Zhēnbǎn Pái)

北纬 21°42.5′，东经 112°18.9′。位于江门市台山市，镇海湾西部琴蛇湾内，北陡镇南 90 米处。该岛形似砧板，故名。1984 年登记的《广东省台山县海域海岛地名卡片》、《广东省海域地名志》（1989）、《广东省海岛、礁、沙洲名录表》（1993）均记为砧板排。基岩岛。岸线长 67 米，面积 329 平方米。

砧板排东岛 (Zhēnbǎnpái Dōngdǎo)

北纬 21°42.5′，东经 112°18.9′。位于江门市台山市，镇海湾西部琴蛇湾内，北陡镇南 120 米处。位于砧板排东面，第二次全国海域地名普查时命今名。岸线长 102 米，面积 655 平方米。基岩岛。

昂庄咀南岛 (Ángzhuāngzuǐ Nándǎo)

北纬 21°42.5′，东经 112°42.6′。位于江门市台山市上川岛西北 96 米，夜更湾南部，西北距大陆 10.93 千米。因处昂庄咀礁南面，第二次全国海域地名普查时命今名。岸线长 18 米，面积 23 平方米。基岩岛。

黄麖洲 (Huángjīng Zhōu)

北纬 21°42.5′，东经 112°40.7′。位于江门市台山市上下川岛之间，西距下川岛 983 米，西北距大陆 8.53 千米。传说观音曾骑着黄麖到此赴宴，故名。《中国海洋岛屿简况》(1980)、1984 年登记的《广东省台山县海域海岛地名卡片》、《广东省海域地名志》(1989)、《广东省海岛、礁、沙洲名录表》(1993)、《广东省志·海洋与海岛志》(2000)、《全国海岛名称与代码》(2008) 均记为黄麖洲。岸线长 6.79 千米，面积 1.141 7 平方千米，高 143.9 米。基岩岛。岛形似爬行乌龟，由变质砂页岩构成，南高北低。表层为黄沙土，草木茂盛。岛岸曲折陡峻，除下东风湾有砾石滩外，余为岩石滩。西北有废弃房屋，为附近养殖户所用，种有少量木瓜和香蕉等农作物。岛上水源主要靠雨水汇集，有电网与上下川岛联通。北部建有 1 个变电房、5 个架空线塔，是连接上川岛和下川岛电网的结点。东部建有一临时码头，为修建电网所用。

宝鸭洲 (Bǎoyā Zhōu)

北纬 21°42.5′，东经 112°48.6′。位于江门市台山市上川岛东 209 米，飞沙里湾内，北距大陆 18.69 千米。相传这里曾有一对宝鸭，故名。《中国海洋岛屿简况》(1980)、1984 年登记的《广东省台山县海域海岛地名卡片》、《广东省海域地名志》(1989)、《广东省海岛、礁、沙洲名录表》(1993)、《广东省志·海洋与海岛志》(2000)、《全国海岛名称与代码》(2008) 均记为宝鸭洲。岸线长 393 米，面积 9 725 平方米，高 20.9 米。基岩岛。岛上长有草丛和灌木。该岛处在飞沙洲旅游区内，岛上建有宝鸭女神像 1 座、灯塔 1 座。

海鳅排 (Hǎiqiū Pái)

北纬 21°42.5′，东经 112°39.8′。位于江门市台山市下川岛东北 186 米，东临黄麖洲，西北距大陆 8.25 千米。该岛形似海里的鳅鱼，故名。1984 年登记的

《广东省台山县海域海岛地名卡片》、《广东省海域地名志》（1989）、《广东省海岛、礁、沙洲名录表》（1993）均记为海鳅排。面积约 39 平方米，高 1.7 米。基岩岛。

海鳅排一岛 (Hǎiqiūpái Yīdǎo)

北纬 21°42.4′，东经 112°39.7′。位于江门市台山市下川岛东北 86 米，东临黄麖洲，西北距大陆 8.31 千米。海鳅排附近有 4 个海岛，按自北向南的顺序该岛排第一，第二次全国海域地名普查时命今名。基岸线长 95 米，面积 497 平方米。基岩岛。

海鳅排二岛 (Hǎiqiūpái Èrdǎo)

北纬 21°42.3′，东经 112°39.7′。位于江门市台山市下川岛东北 51 米，东临黄麖洲，西北距大陆 8.37 千米。海鳅排附近有 4 个海岛，按自北向南的顺序该岛排第二，第二次全国海域地名普查时命今名。岸线长 68 米，面积 247 平方米。基岩岛。

海鳅排三岛 (Hǎiqiūpái Sāndǎo)

北纬 21°42.2′，东经 112°39.8′。位于江门市台山市下川岛东北 44 米，东临黄麖洲，西北距大陆 8.58 千米。海鳅排附近有 4 个海岛，按自北向南的顺序该岛排第三，第二次全国海域地名普查时命今名。岸线长 56 米，面积 169 平方米。基岩岛。

海鳅排四岛 (Hǎiqiūpái Sìdǎo)

北纬 21°42.2′，东经 112°39.8′。位于江门市台山市下川岛东北 42 米，东临黄麖洲，西北距大陆 8.61 千米。海鳅排附近有 4 个海岛，按自北向南的顺序该岛排第四，第二次全国海域地名普查时命今名。岸线长 42 米，面积 124 平方米。基岩岛。

巷仔礁 (Xiàngzǎi Jiāo)

北纬 21°42.4′，东经 112°48.4′。位于江门市台山市上川岛东 19 米，飞沙里湾内，北距大陆 18.85 千米。该岛位于一个叫“巷仔挖”的小海湾湾口，故名。又名巷仔石。1984 年登记的《广东省台山县海域海岛地名卡片》记为巷仔石。

《广东省海域地名志》（1989）、《广东省海岛、礁、沙洲名录表》（1993）记为巷仔礁。面积约 56 平方米。基岩岛。

飞妹洲 (Fēimèi Zhōu)

北纬 21°42.4′，东经 112°40.3′。位于江门市台山市下川岛东 908 米，黄麖洲西 190 米，西北距大陆 8.79 千米。曾名贼佬排。又名丢妹洲，相传昔日某渔翁清早出海捕鱼，带看一群小孩上岛拾螺，傍晚归航时发现丢了一个，遂称该岛为丢妹洲。因在广州话中，该名称不雅，故改称飞妹洲。1984 年登记的《广东省台山县海域海岛地名卡片》、《广东省海域地名志》（1989）、《广东省海岛、礁、沙洲名录表》（1993）、《广东省志・海洋与海岛志》（2000）、《全国海岛名称与代码》（2008）均记为飞妹洲。岸线长 539 米，面积 0.013 8 平方千米，高 7.2 米。岛呈椭圆形，东西走向。基岩岛，由花岗岩构成。岩石裸露，沿岸为干出石滩。长有草丛和灌木。岛上建有灯塔 1 座。

略排 (Lüè Pái)

北纬 21°42.3′，东经 112°42.5′。位于江门市台山市上川岛西北 30 米，夜更湾与大澳湾之间岬角，西北距大陆 11.08 千米。该岛出水不高，远望粗略可见，故名略排。1984 年登记的《广东省台山县海域海岛地名卡片》、《广东省海域地名志》（1989）、《广东省海岛、礁、沙洲名录表》（1993）均记为略排。岸线长 106 米，面积 290 平方米。基岩岛。

过河石 (Guòhé Shí)

北纬 21°42.0′，东经 112°42.2′。位于江门市台山市上川岛大澳湾西岬角 8 米，西北距大陆 11.34 千米。因该岛落潮后与一盘干出礁隔开一条河，当地人认为这盘干出礁是该岛过了河的岩石，便称该岛为过河石。1984 年登记的《广东省台山县海域海岛地名卡片》记为过河石。面积约 68 平方米。基岩岛。

过头石 (Guòtóu Shí)

北纬 21°42.0′，东经 112°42.3′。位于江门市台山市，上川岛北部西侧 20 米，大澳湾内，西北距大陆 11.4 千米。该岛出水不高，大风浪时能被浪打过头，故名。1984 年登记的《广东省台山县海域海岛地名卡片》、《广东省海域地名志》

（1989）、《广东省海岛、礁、沙洲名录表》（1993）均记为过头石。岸线长128米，面积471平方米。基岩岛。

七姊妹礁 (Qīzǐmèi Jiāo)

北纬21°41.8′，东经112°42.8′。位于江门市台山市，上川岛北部西侧21米，大澳湾内，西北距大陆12.15千米。该岛由七块岩石组成，故名。又称七姐妹。1984年登记的《广东省台山县海域海岛地名卡片》、《广东省海域地名志》（1989）、《广东省海岛、礁、沙洲名录表》（1993）均记为七姊妹礁。岸线长42米，面积102平方米。基岩岛。

挂钉排 (Guàdīng Pái)

北纬21°41.6′，东经112°27.3′。位于江门市台山市漭洲以北308米，西北距大陆7.16千米。该岛形似挂在海面上的铁钉，故名。1984年登记的《广东省台山县海域海岛地名卡片》、1984年登记的《广东省台山县海域海岛地名卡片》均记为挂钉排。岸线长40米，面积108平方米，高4米。岛呈北东一南西走向，北高南低。基岩岛。岛体由花岗岩组成，岛上岩石绵延叠嶂，草木全无。该岛地处西南通阳江、湛江至雷州半岛，东北通台山广海、江门至广州航线的交通要道，又在漭洲海域近海作业渔场北侧，对交通运输和渔业生产有一定阻碍，曾发生多宗触礁撞船事故。

鹭鸶礁 (Lùsī Jiāo)

北纬21°41.5′，东经112°35.0′。位于江门市台山市，下川岛西北88米，浐湾岬角，西北距大陆7.79千米。该岛位于鹭鸶咀岬角旁，故名。1984年登记的《广东省台山县海域海岛地名卡片》、《广东省海域地名志》（1989）、《广东省海岛、礁、沙洲名录表》（1993）均记为鹭鸶礁。岸线长10米，面积6平方米，高2.1米。基岩岛。

角咀排 (Jiǎozuǐ Pái)

北纬21°41.1′，东经112°42.1′。位于江门市台山市，上川岛北部西侧大浪角岬角咀端4米，距大陆最近点12.52千米。该岛在大浪角岬角的咀端，故名。1984年登记的《广东省台山县海域海岛地名卡片》、《广东省海域地名志》

（1989）、《广东省海岛、礁、沙洲名录表》（1993）均记为角咀排。岸线长 67 米，面积 245 平方米。基岩岛。

打浪角礁 (Dǎlàngjiǎo Jiāo)

北纬 21°41.1′，东经 112°42.0′。位于江门市台山市，上川岛北部西侧大浪角岬角咀端 17 米，西北距大陆 12.52 千米。该岛在大浪角岬角的咀端，常常流急，浪大浪花飞溅，故名。1984 年登记的《广东省台山县海域海岛地名卡片》、《广东省海域地名志》（1989）、《广东省海岛、礁、沙洲名录表》（1993）均记为打浪角礁。面积约 26 平方米。基岩岛。

鹰洲 (Yīng Zhōu)

北纬 21°41.1′，东经 112°34.6′。位于江门市台山市，下川岛西北 847 米，浐湾内，西北距大陆 8.22 千米。原名瀛洲，意为浩瀚海洋中的陆地。传说清朝时有人名叫瀛洲，因得仙赐宝盆而富裕，后宝盆失窃，被贼人抛入海中，顿时浪花四射，火光闪闪，三天三夜不熄，之后现出一小岛，便是今天的瀛洲。“瀛”与“鹰”谐音，当地惯称鹰洲。《中国海洋岛屿简况》（1980）、1984 年登记的《广东省台山县海域海岛地名卡片》、《广东省海域地名志》（1989）、《广东省海岛、礁、沙洲名录表》（1993）、《广东省志·海洋与海岛志》（2000）、《全国海岛名称与代码》（2008）均记为鹰洲。岸线长 1.04 千米，面积 0.063 8 平方千米，高 45.7 米。基岩岛。岛体由花岗岩组成，表层为黑沙土。

香炉洲 (Xiānglú Zhōu)

北纬 21°41.0′，东经 112°45.0′。位于江门市台山市，上川岛中部西侧 150 米，大湾海北部，西北距大陆 15.74 千米。因该岛上一个小石峰形似香炉，故名香炉洲。该岛表层土质肥沃，灌木林茂盛，与邻近不生草木的竖簕洲明显不同，别称生树洲。《中国海洋岛屿简况》（1980）、1984 年登记的《广东省台山县海域海岛地名卡片》、《广东省海域地名志》（1989）、《广东省海岛、礁、沙洲名录表》（1993）、《广东省志·海洋与海岛志》（2000）、《全国海岛名称与代码》（2008）均记为香炉洲。岸线长 577 米，面积 0.013 8 平方千米，高 13.8 米。岛呈椭圆形，南北走向，地势南高北低。基岩岛，由花岗岩构成。表土肥沃，植被茂密。

香炉仔岛 (Xiānglúzǎi Dǎo)

北纬 21°41.0′，东经 112°45.0′。位于江门市台山市，上川岛中部西侧 256 米，大湾海北部，西北距大陆 15.79 千米。《广东省海岛、礁、沙洲名录表》（1993）记为 T3。因该岛靠近香炉洲，形态相似，且较之小，第二次全国海域地名普查时更为今名。岸线长 198 米，面积 2 004 平方米。基岩岛。岛上长有草丛和灌木。

胡椒石 (Hújiāo Shí)

北纬 21°40.9′，东经 112°42.3′。位于江门市台山市，上川岛中部西侧缸瓦湾岬角 11 米，西北距大陆 13.07 千米。该岛形似胡椒，故名。1984 年登记的《广东省台山县海域海岛地名卡片》、《广东省海域地名志》（1989）、《广东省海岛、礁、沙洲名录表》（1993）均记为胡椒石。岸线长 40 米，面积 111 平方米，高 1.9 米。基岩岛。

竖簕洲 (Shùlè Zhōu)

北纬 21°40.8′，东经 112°45.0′。位于江门市台山市，上川岛中部西侧 328 米，大湾海北部，西北距大陆 15.9 千米。原名尸肋洲，因其形如躺着的一具尸体肋骨。曾名腊仕洲，经调查当地无此称谓，应是“尸肋”字位颠倒兼夹杂谐音之误。后因尸肋洲名称不雅，取其谐音及形象——竖立着的“簕”字，故名竖簕洲。1984 年登记的《广东省台山县海域海岛地名卡片》、《广东省海域地名志》（1989）、《广东省海岛、礁、沙洲名录表》（1993）、《广东省志·海洋与海岛志》（2000）、《全国海岛名称与代码》（2008）均记为竖簕洲。岸线长 294 米，面积 3 199 平方米。基岩岛。该岛呈长形，由杂乱的花岗岩组成，风化侵蚀严重。

沙鸡石 (Shājī Shí)

北纬 21°40.7′，东经 112°44.6′。位于江门市台山市，上川岛中部西侧 6 米，大湾海西北，西北距大陆 15.69 千米。该岛形似沙鸡，故名。1984 年登记的《广东省台山县海域海岛地名卡片》、《广东省海域地名志》（1989）、《广东省海岛、礁、沙洲名录表》（1993）均记为沙鸡石。面积 28 平方米。基岩岛。

贯湾石 (Guànwān Shí)

北纬 21°40.7′，东经 112°43.2′。位于江门市台山市，上川岛中部西侧 244 米，贯草湾内，西北距大陆 14.19 千米。原名独石。因该岛北岸靠近贯草湾村，为避免重名，故称贯湾石。1984 年登记的《广东省台山县海域海岛地名卡片》、《广东省海域地名志》（1989）、《广东省海岛、礁、沙洲名录表》（1993）均记为贯湾石。面积 24 平方米，高 2.2 米。基岩岛。

贯湾石一岛 (Guànwānshí Yīdǎo)

北纬 21°40.7′，东经 112°43.2′。位于江门市台山市，上川岛中部西侧 194 米，贯草湾内，西北距大陆 14.18 千米。贯湾石附近有 4 个海岛，按自北向南的顺序该岛排第一，第二次全国海域地名普查时命今名。面积约 19 平方米。基岩岛。

贯湾石二岛 (Guànwānshí Èrdǎo)

北纬 21°40.7′，东经 112°43.2′。位于江门市台山市，上川岛中部西侧 229 米，贯草湾内，西北距大陆 14.19 千米。贯湾石附近有 4 个海岛，按自北向南的顺序该岛排第二，第二次全国海域地名普查时命今名。面积约 5 平方米。基岩岛。

贯湾石三岛 (Guànwānshí Sāndǎo)

北纬 21°40.7′，东经 112°43.1′。位于江门市台山市，上川岛中部西侧 278 米，贯草湾内，西北距大陆 14.19 千米。贯湾石附近有 4 个海岛，按自北向南的顺序该岛排第三，第二次全国海域地名普查时命今名。面积约 9 平方米。基岩岛。

贯湾石四岛 (Guànwānshí Sìdǎo)

北纬 21°40.6′，东经 112°43.0′。位于江门市台山市，上川岛中部西侧 181 米，贯草湾内，西北距大陆 14.17 千米。贯湾石附近有 4 个海岛，按自北向南的顺序该岛排第四，第二次全国海域地名普查时命今名。面积约 26 平方米。基岩岛。

石笋礁（Shísǔn Jiāo）

北纬21°40.7′，东经112°48.3′。位于江门市台山市，上川岛中部东侧19米，沙里湾南部，西北距大陆20.48千米。岛顶部形似石笋，当地群众惯称石笋礁。面积约9平方米。基岩岛。

鸡湾石（Jīwān Shí）

北纬21°40.7′，东经112°43.4′。位于江门市台山市，上川岛北部西侧8米，沙鸡湾湾口，西北距大陆14.52千米。因处沙鸡湾湾口，故名鸡湾石。1984年登记的《广东省台山县海域海岛地名卡片》、《广东省海域地名志》（1989）、《广东省海岛、礁、沙洲名录表》（1993）均记为鸡湾石。岸线长57米，面积136平方米。基岩岛。

红花树咀礁（Hónghuāshùzuǐ Jiāo）

北纬21°40.6′，东经112°42.7′。位于江门市台山市，上川岛北部西侧缸瓦湾岬角39米，距大陆最近点13.93千米。因处红花树咀，当地群众惯称红花树咀礁。面积约37平方米。基岩岛。

珊瑚排（Shānhú Pái）

北纬21°40.5′，东经112°44.6′。位于江门市台山市，上川岛中部西侧24米，大湾海西北，西北距大陆15.94千米。岛形似珊瑚，故名。1984年登记的《广东省台山县海域海岛地名卡片》、《广东省海域地名志》（1989）、《广东省海岛、礁、沙洲名录表》（1993）均记为珊瑚排。岸线长39米，面积110平方米，高3.4米。基岩岛。

挂钉咀礁（Guàdīngzuǐ Jiāo）

北纬21°40.5′，东经112°49.2′。位于江门市台山市，上川岛中部东侧250米，高冠湾外，西北距大陆21.48千米。位于飞沙洲北部咀端，附近渔船在此地抛锚停泊捕鱼，当地将抛锚说成挂钉，故名。1984年登记的《广东省台山县海域海岛地名卡片》、《广东省海域地名志》（1989）、《广东省海岛、礁、沙洲名录表》（1993）均记为挂钉咀礁。面积约64平方米。基岩岛，由花岗岩组成。礁石嵯岈，横贯四周。

上川岛 (Shàngchuān Dǎo)

北纬 21°40.4′，东经 112°47.2′。位于江门市台山市海宴镇东南 9.33 千米。北宋时称上川洲，南宋时称穿洲，明时称上川山，清光绪十九年（1893 年）改今名。上川岛是惯称。据传说，从本县南部的广海、海宴等沿海大陆向南眺望，有两个岛屿被两条川隔开，一在东，一在西。东者为上，川者水也，该岛在东，故名。《中国海洋岛屿简况》（1980）、1984 年登记的《广东省台山县海域海岛地名卡片》、《广东省海域地名志》（1989）、《广东省海岛、礁、沙洲名录表》（1993）、《广东省志・海洋与海岛志》（2000）、《全国海岛名称与代码》（2008）均记为上川岛。

岛呈哑铃形，南北走向。地势南北高中间低，除中部和北部三洲圩附近有小块平地外，余为连绵山丘。山坡较陡，南部多露岩，山顶多巨石矗立。岸线长 147.01 千米，面积 137.371 5 平方千米，海拔 494.1 米。基岩岛。岛体主要由燕山期花岗岩构成，中部及边缘低洼处覆盖第四系海相细沙层。主峰车骑顶位于东北端，与西部里子秃、南部大岗顶形成三足鼎立之形。南岸曲折陡峭，沿岸多湾。村庄附近及山谷间为水稻土，较肥沃。车骑顶和米筒湾两处有原始森林，栖息猕猴。余为浅薄沙土，长有杂草、灌木和稀疏乔木。

有居民海岛，隶属于江门市台山市。2011 年有户籍人口 15 523 人，常住人口 14 934 人。该岛在唐宋时已有人定居，明洪武四年（1371 年）后曾被海禁，居民内徙。松海禁后，该岛又继续得以开发。主要开发农业、渔业和旅游业。农田主要位于山谷低洼处，面积较广阔。渔业主要为养殖和捕捞，岛西南侧为沙堤渔港，有多座用于渔业、货运、仓储的码头。沙堤港北侧有面积较小的网箱养殖。岛多海滩，如东海岸的金沙滩、飞沙滩、银沙滩等。其中飞沙滩已开发为上川岛旅游接待中心，旅游区基础设施完备，建有酒店多座，并设有滑落伞、水上摩托艇等娱乐设施。岛西北侧有明朝（1639 年）所建的方济阁・沙勿略墓园，1869 年英女王重建，占地约 1 000 平方米，现不对外开放。岛东北部有省级猕猴自然保护区，保护状态良好，管理部门允许少量游客进入参观。三洲港北侧建有上川岛国家级气象站，1957 年 11 月 1 日建站。岛上交通便利，公路和简易公路贯通南北，连接码头和主要居民点。由沙堤港经三洲湾至广海每日有客轮对开。岛上建有多座水库蓄雨水，淡水资源丰富。过去用电靠柴油发电，现通过海底电缆由大陆供电。已建成 100 座风力发电机，可满足岛上用电。

飞沙洲 (Fēishā Zhōu)

北纬 21°40.4′，东经 112°49.2′。位于江门市台山市，上川岛中部东侧 1.12 千米，高冠湾外，西北距大陆 21.58 千米。该岛地处激流险道，常有惊涛拍岸，滚起层层浪花，犹如飞沙走石，故名。清光绪十九年（1893 年）修订的《新宁县志》记载该岛为飞沙尾。因岛东北部乱石密布，远望似花丛，故又名花洲。因地处高冠洲、中心洲之北，北者为上，亦称上洲。《中国海洋岛屿简况》（1980）称为花洲。1984 年登记的《广东省台山县海域海岛地名卡片》、《广东省海域地名志》（1989）、《广东省海岛、礁、沙洲名录表》（1993）、《广东省志・海洋与海岛志》（2000）、《全国海岛名称与代码》（2008）均记为飞沙洲。岸线长 855 米，面积 0.025 3 平方千米，高 23.3 米。该岛为南北走向，地势南低北高。基岩岛。岛体由花岗岩构成，表层为黄泥土，长有稀疏杂草和灌木。岛周多礁，北有挂钉咀礁群，南有飞沙大排等，为航行险恶区。

漭洲 (Mǎng Zhōu)

北纬 21°40.3′，东经 112°26.8′。位于江门市台山市北陡镇 7.14 千米，因该岛从大陆望去，水面广阔，其貌甚远，谓之漭。水面之陆地谓之洲，故名漭洲。清光绪十九年（1983 年）所修《新宁县志》、《中国海洋岛屿简况》（1980）、1984 年登记的《广东省台山县海域海岛地名卡片》、《广东省海域地名志》（1989）、《广东省海岛、礁、沙洲名录表》（1993）、《广东省志・海洋与海岛志》（2000）、《全国海岛名称与代码》（2008）均记为漭洲。岛呈葫芦形，近南北走向。北部较窄，地势较平坦，南部较宽，地势高而陡。基岩岛。岸线长 18.36 千米，面积 6.447 9 平方千米。有海拔 100 米以上的山峰 9 座，主峰漭洲山居岛中央，高 291.2 米。岛岸曲折，多为岩石岸，沿岸多礁，南岸较陡。岛体由花岗岩构成，表层为黄沙土，山腰以上长有芦苇和零星灌木、乔木。

有居民海岛，隶属于江门市台山市。岛上有漭头村和年丰村两个自然村。

2011 年有户籍人口 712 人，常住人口 370 人。居民以渔业为主，利用岛屿周边海域开展养殖，盛产白花鱼、鳙鱼、马鲛、石斑、龙虾和紫菜等。曾有农田，因离村庄较远，后被废弃。有美籍华人投资兴建的养牛场。还建有水产收购站、供销社、卫生院、小学及 2 座灯塔等。2006 年岛上建成漭洲码头，有交通运输船只靠泊。岛上建有小型水库，解决村民饮水问题。有发电站，使用燃油发电。岛上蕴藏小量钨矿，1942 年日军侵占时曾开采过。

飞沙大排 (Fēishā Dàpái)

北纬 21°40.3′，东经 112°49.2′。位于江门市台山市，上川岛中部东侧 1.13 千米，高冠湾外，西北距大陆 21.84 千米。原名大排，且位于飞沙洲南端，故名。1984 年登记的《广东省台山县海域海岛地名卡片》、《广东省海域地名志》（1989）、《广东省海岛、礁、沙洲名录表》（1993）均记为飞沙大排。岸线长 51 米，面积 175 平方米。基岩岛，由花岗岩组成。

泻米排 (Xièmǐ Pái)

北纬 21°40.2′，东经 112°43.7′。位于江门市台山市，上川岛北部西侧贯草湾岬角 38 米，西北距大陆 15.5 千米。该岛群中孤独礁石零星落索，密密麻麻，像米粒泻散满地，故名泻米排。1984 年登记的《广东省台山县海域海岛地名卡片》、《广东省海域地名志》（1989）、《广东省海岛、礁、沙洲名录表》（1993）均记为泻米排。岸线长 43 米，面积 122 平方米。基岩岛。

泻米排东岛 (Xièmǐpái Dōngdǎo)

北纬 21°40.1′，东经 112°43.9′。位于江门市台山市，上川岛中部西侧 5 米，大湾海西部岬角，西北距大陆 15.73 千米。位于泻米排东面，第二次全国海域地名普查时命今名。面积约 94 平方米。基岩岛。

泻米排南岛 (Xièmǐpái Nándǎo)

北纬 21°40.1′，东经 112°43.9′。位于江门市台山市，上川岛中部西侧 49 米，大湾海西部岬角，西北距大陆 15.73 千米。位于泻米排南面，第二次全国海域地名普查时命今名。面积约 38 平方米。基岩岛。

双石礁 (Shuāngshí Jiāo)

北纬 21°40.2′，东经 112°28.7′。位于江门市台山市，漭洲之东 1.68 千米，西北距大陆 10.63 千米。该岛为两块巨大双孖石，故称“双石”。因当地惯称大的陡壁岩石为大排，故又名大排。因其位于漭洲之东，渔民俗称“望东排”。1984 年登记的《广东省台山县海域海岛地名卡片》、《广东省海域地名志》（1989）、《广东省海岛、礁、沙洲名录表》（1993）均记为双石礁。岸线长 197 米，面积 994 平方米，高 4.8 米。该岛分为东西两处，呈长形，南北走向。基岩岛。由花岗岩组成，岩石嶙峋，草木不生。

双石礁内岛 (Shuāngshíjiāo Nèidǎo)

北纬 21°40.3′，东经 112°28.5′。位于江门市台山市，漭洲之东 1.38 千米，西北距大陆 10.37 千米。为双石礁附近的两个礁石之一，因该岛离双石礁较近，第二次全国海域地名普查时命今名。岸线长 166 米，面积 535 平方米。基岩岛。

双石礁外岛 (Shuāngshíjiāo Wàidǎo)

北纬 21°40.3′，东经 112°28.5′。位于江门市台山市，漭洲之东 1.37 千米，西北距大陆 10.33 千米。为双石礁附近的两个礁石之一，因该岛离双石礁较远，第二次全国海域地名普查时命今名。岸线长 71 米，面积 319 平方米。基岩岛。

牙石 (Yá Shí)

北纬 21°40.2′，东经 112°44.0′。位于江门市台山市，上川岛中部西侧 70 米，大湾海西部，西北距大陆 15.84 千米。该岛形似牙齿，故名。1984 年登记的《广东省台山县海域海岛地名卡片》、《广东省海域地名志》（1989）、《广东省海岛、礁、沙洲名录表》（1993）均记为牙石。面积 31 平方米，高 2.8 米。基岩岛。

狮山咀礁 (Shīshānzuǐ Jiāo)

北纬 21°40.1′，东经 112°38.0′。位于江门市台山市，下川岛东侧 70 米，独湾西南，西北距大陆 11.12 千米。该岛地处台山市下川岛狮山的东北端，故名。因其呈黑色，又名黑石咀礁。1984 年登记的《广东省台山县海域海岛地名卡片》称其为狮山咀礁，别名黑石咀排。《广东省海域地名志》（1989）、《广东省海岛、礁、沙洲名录表》（1993）、《全国海岛名称与代码》（2008）均记为黑石咀礁。

岸线长 162 米，面积 1 316 平方米，高 1.7 米。基岩岛。

中心洲 (Zhōngxīn Zhōu)

北纬 21°39.9′，东经 112°49.0′。位于江门市台山市，上川岛中部东侧 374 米，高冠湾外，西北距大陆 22.16 千米。该岛北有飞沙洲，南有高冠洲，唯其居中，故名。又名石坎洲，因该岛脱落大石头多，中间有堑壕间断，因势得此名。《中国海洋岛屿简况》（1980）、1984 年登记的《广东省台山县海域海岛地名卡片》、《广东省海域地名志》（1989）、《广东省海岛、礁、沙洲名录表》（1993）、《广东省志・海洋与海岛志》（2000）、《全国海岛名称与代码》（2008）均记为中心洲。岸线长 1.24 千米，面积 0.050 2 平方千米，高 45.4 米。基岩岛。岛上长有草丛和灌木。

长角石 (Chángjiǎo Shí)

北纬 21°39.8′，东经 112°46.5′。位于江门市台山市，上川岛中部西侧大湾岬角 26 米，西北距大陆 19.17 千米。该岛露出海面的礁石长而棱角多，故名。1984 年登记的《广东省台山县海域海岛地名卡片》、《广东省海域地名志》（1989）和《广东省海岛、礁、沙洲名录表》（1993）均记为长角石。岸线长 249 米，面积 995 平方米，高 6.2 米。基岩岛。

长角石一岛 (Chángjiǎoshí Yīdǎo)

北纬 21°39.8′，东经 112°46.5′。位于江门市台山市，上川岛中部西侧大湾岬角 74 米，西北距大陆 19.22 千米。长角石附近有 3 个海岛，按自北向南的顺序该岛排第一，第二次全国海域地名普查时命今名。面积约 5 平方米。基岩岛。

长角石二岛 (Chángjiǎoshí Èrdǎo)

北纬 21°39.7′，东经 112°46.5′。位于江门市台山市，上川岛中部西侧大湾岬角 26 米，西北距大陆 19.31 千米。长角石附近有 3 个海岛，按自北向南的顺序该岛排第二，第二次全国海域地名普查时命今名。岸线长 39 米，面积 100 平方米。基岩岛。

长角石三岛 (Chángjiǎoshí Sāndǎo)

北纬 21°39.8′，东经 112°46.6′。位于江门市台山市，上川岛中部西侧大湾岬角 26 米，西北距大陆 19.27 千米。长角石附近有 3 个海岛，按自北向南的顺序该岛排第三，第二次全国海域地名普查时命今名。面积约 24 平方米。基岩岛。

管泵排 (Guǎnbèng Pái)

北纬 21°39.8′，东经 112°49.1′。位于江门市台山市，上川岛中部东侧 449 米，高冠洲之东，西北距大陆 22.56 千米。岛呈圆形，顶部比较平整，形似草堆，当地惯称草堆为管泵，故名。1984 年登记的《广东省台山县海域海岛地名卡片》、《广东省海域地名志》（1989）、《广东省海岛、礁、沙洲名录表》（1993）均记为管泵排。面积约 36 平方米。基岩岛，由花岗岩组成。

高冠洲 (Gāoguān Zhōu)

北纬 21°39.7′，东经 112°49.1′。位于江门市台山市，上川岛中部东侧 256 米，西北距大陆 22.54 千米。该岛与北面的飞沙洲、中心洲相邻，其位置在南下方，当地惯称下洲。又因该岛地居高冠村，亦称高冠下洲。因称“下洲”者众，故取“高冠洲”为标准名。《中国海洋岛屿简况》（1980）称下洲。1984 年登记的《广东省台山县海域海岛地名卡片》、《广东省海域地名志》（1989）、《广东省海岛、礁、沙洲名录表》（1993）、《广东省志·海洋与海岛志》（2000）、《全国海岛名称与代码》（2008）均记为高冠洲。岸线长 1.37 千米，面积 0.039 9 平方千米，高 50.4 米。岛略呈椭圆形，南北走向。岛岸陡峭，沿岸礁石密布，北岸和西南岸外有明礁、干出礁分布。基岩岛，由花岗岩构成，表层为黄沙土，岛上长有草丛和灌木。1974 年岛上建灯塔 1 座。

高冠洲南岛 (Gāoguānzhōu Nándǎo)

北纬 21°39.6′，东经 112°49.0′。位于江门市台山市，上川岛中部东侧 223 米，高冠湾外，西北距大陆 22.69 千米。位于高冠洲南边，第二次全国海域地名普查时命今名。面积约 46 平方米。基岩岛。

白头礁 (Báitóu Jiāo)

北纬 21°39.6′，东经 112°38.1′。位于江门市台山市，下川岛东 216 米，竹湾内，西北距大陆 11.96 千米。该岛呈白色，故名。1984 年登记的《广东省台山县海域海岛地名卡片》、《广东省海域地名志》（1989）、《广东省海岛、礁、沙洲名录表》（1993）均记为白头礁。岸线长 68 米，面积 220 平方米，高 4.2 米。基岩岛。

白头西岛 (Báitóu Xīdǎo)

北纬 21°39.6′，东经 112°38.0′。位于江门市台山市，下川岛东 63 米，竹湾内，西北距大陆 11.9 千米。《广东省海岛、礁、沙洲名录表》（1993）记为 T21。因其位于白头礁西边，第二次全国海域地名普查时更为今名。岸线长 97 米，面积 320 平方米，高 4 米。基岩岛。

白头北岛 (Báitóu Běidǎo)

北纬 21°39.7′，东经 112°38.0′。位于江门市台山市，下川岛东 73 米，竹湾内，西北距大陆 11.83 千米。位于白头礁北边，第二次全国海域地名普查时命今名。面积约 17 平方米。基岩岛。

排仔咀礁 (Páizǎizuǐ Jiāo)

北纬 21°39.6′，东经 112°49.1′。位于江门市台山市，上川岛中部东侧 250 米，高冠湾岬角，西北距大陆 22.73 千米。当地称直立在海中的小石盘为排仔，该岛较小，且突出在高冠洲的咀端，故名。又名挂仔咀礁。1984 年登记的《广东省台山县海域海岛地名卡片》（1984）、《广东省海域地名志》（1989）称为排仔咀礁，《广东省海岛、礁、沙洲名录表》（1993）称为挂仔咀礁。岸线长 88 米，面积 335 平方米，高 3.6 米。基岩岛，由花岗岩组成。

大王洲 (Dàwáng Zhōu)

北纬 21°39.4′，东经 112°46.3′。位于江门市台山市，上川岛中部西侧 618 米，大湾内，西北距大陆 19.36 千米。因岛地处大湾中央，形如大王宝座前的大印，历称大王印，流传至今称大王洲。因处大王洲一岛、二岛之北，北者为上，又名上洲。1984 年登记的《广东省台山县海域海岛地名卡片》称为大王洲，又名上洲、大王印。《广东省海域地名志》（1989）、《广东省海岛、礁、沙洲名录表》（1993）、《广东省志海洋・与海岛志》（2000）、《全国海岛名称与代码》（2008）均记为大王洲。岸线长 163 米，面积 1 740 平方米，高 6.9 米。基岩岛。

大王洲一岛 (Dàwángzhōu Yīdǎo)

北纬 21°39.4′，东经 112°46.3′。位于江门市台山市，上川岛中部西侧 626 米，大湾内，西北距大陆 19.42 千米。大王洲附近有 2 个海岛，该岛为其中之一，第二次全国海域地名普查时命今名。岸线长 101 米，面积 734 平方米。基岩岛。

大王洲二岛 (Dàwángzhōu Èrdǎo)

北纬 21°39.4′，东经 112°46.3′。位于江门市台山市，上川岛中部西侧 599 米，大湾内，西北距大陆 19.48 千米。大王洲附近有 2 个海岛，该岛为其中之一，第二次全国海域地名普查时命今名。岸线长 191 米，面积 1 255 平方米。基岩岛。

琴冲排 (Qínchōng Pái)

北纬 21°39.4′，东经 112°46.7′。位于江门市台山市，上川岛中部西侧 33 米，大湾内，西北距大陆 19.91 千米。该岛在琴冲村西面的干出滩中，故名。1984 年登记的《广东省台山县海域海岛地名卡片》、《广东省海域地名志》（1989）、《广东省海岛、礁、沙洲名录表》（1993）均记为琴冲排。面积约 7 平方米，高 2.8 米。基岩岛。

大石咀礁 (Dàshízuǐ Jiāo)

北纬 21°39.3′，东经 112°48.8′。位于江门市台山市，上川岛中部东侧 15 米，大石咀端，西北距大陆 22.71 千米。该岛较大，且在风山小山咀的咀端，故名。1984 年登记的《广东省台山县海域海岛地名卡片》记为大石咀，《广东省海岛、礁、沙洲名录表》（1993）称为大石咀礁。面积约 32 平方米，高 2.3 米。基岩岛。

二洲礁 (Èrzhōu Jiāo)

北纬 21°39.2′，东经 112°46.2′。位于江门市台山市，上川岛中部西侧 347 米，大湾内，西北距大陆 19.52 千米。该岛邻近东北方的大王洲，按地理位置顺序排列第二，故称“二洲”。又名二洲排、二洲礁。因其地理位置在大王洲之下，故又名下洲。1984 年登记的《广东省台山县海域海岛地名卡片》记为二洲。《广东省海域地名志》（1989）记为二洲排。《广东省海岛、礁、沙洲名录表》

（1993）、《广东省志·海洋与海岛志》（2000）、《全国海岛名称与代码》（2008）记为二洲礁。岸线长 134 米，面积 1 318 平方米，高 5.8 米。基岩岛。

二洲礁北岛（Èrzhōujiāo Běidǎo）

北纬 21°39.2′，东经 112°46.1′。位于江门市台山市，上川岛中部西侧 406 米，竹湾内，西北距大陆 19.45 千米。因处二洲礁北边，第二次全国海域地名普查时命今名。岸线长 133 米，面积 378 平方米。基岩岛。

柿模岛（Shìmó Dǎo）

北纬 21°39.2′，东经 112°27.2′。位于江门市台山市，漭洲东南 14 米，柿模湾内，西北距大陆 10.48 千米。因处柿模湾内，第二次全国海域地名普查时命今名。岸线长 225 米，面积 3 470 平方米。基岩岛。

下川岛（Xiàchuān Dǎo）

北纬 21°39.2′，东经 112°35.5′。位于江门市台山市海宴镇南 6.37 千米。从广海、海宴等沿海大陆向南眺望，见有 2 个岛屿。该岛在西，西者为下，故名下川岛。北宋前称下川洲，南宋时称穿洲，明时称下川山，清光绪十九年（1893 年）改今名。《中国海洋岛屿简况》（1980）、1984 年登记的《广东省台山县海域海岛地名卡片》、《广东省海域地名志》（1989）、《广东省海岛、礁、沙洲名录表》（1993）、《广东省志·海洋与海岛志》（2000）、《全国海岛名称与代码》（2008）均记为下川岛。

岛呈北东—南西走向，地势北高南稍低，地形复杂，各高地割切强烈，山坡多呈洼状。岸线长 86.37 千米，面积 82.693 4 平方千米，高 542.3 米。基岩岛。该岛北部主要由寒武系变质页岩、砂岩，南部主要由加里东期混合花岗岩构成，尚有燕山四期花岗岩。表层为黄沙黏土，多露岩。山顶和山腰茅草丛生，谷地多灌木丛，偶有乔木分布。岛岸曲折多湾，从南至北依次有南澳港、南船湾、黄花湾、细澳湾、宁澳湾、北风湾、大涵湾等港湾，其中南澳港建有码头和防浪堤。

有居民海岛，隶属于江门市台山市。2011 年有户籍人口 17 782 人，常住人口 16 909 人。早在唐宋时已有人定居，明洪武四年（1371 年）后曾被海禁，居民内徙。松海禁后，下川岛又得以开发。该岛有 18 个行政村，下川村面积最大。农业、渔业和旅游业为主要产业，村民在岛上耕作水田和旱田，旱田主要种植花生。家寮村有华杨食品有限公司，主要加工虾酱。海水养殖主要在独湾南侧海域与下川村东侧海域。1992 年该岛定为广东省旅游开发综合试验区，游览景点有海水浴场、龙女宫、九龙宫、天后宫、金钱龟出洞、七星伴月、海洛女神、金坡石等。独湾有下川唯一的客运码头，东湾、芙湾和独湾各有 1 座灯塔。岛上交通便利，公路以略尾圩为中心连接各港口和主要居民点，下川岛至广海每日有客轮往返。岛上有多座水库，淡水来自雨水。过去靠柴油发电机供电，现已通过海底电缆由大陆供电。岛上已建成 57 座风力发电机，每台风机装机容量为 750 千瓦，投入使用后可供给岛上和大陆用电。

放簾咀礁 (Fàngliánzuǐ Jiāo)

北纬 21°39.2′，东经 112°48.6′。位于江门市台山市，上川岛中部东侧 21 米，风山东南端，西北距大陆 22.57 千米。该岛顶部较为平阔，中华人民共和国成立前渔民常在此晒网，故名放簾咀礁（簾即帘之意）。1984 年登记的《广东省台山县海域海岛地名卡片》称为放簾咀礁。岸线长 77 米，面积 330 平方米。基岩岛。

三丫石 (Sānyā Shí)

北纬 21°39.1′，东经 112°46.3′。位于江门市台山市，上川岛中部西侧 113 米，大湾内，西北距大陆 19.92 千米。该岛由三个孤石组成，形成三个丫，故名三丫石。1984 年登记的《广东省台山县海域海岛地名卡片》、《广东省海域地名志》（1989）、《广东省海岛、礁、沙洲名录表》（1993）均记为三丫石。岸线长 15 米，面积 14 平方米，高 2.6 米。基岩岛。

定家排 (Dìngjiā Pái)

北纬 21°39.1′，东经 112°45.5′。位于江门市台山市，上川岛中部西侧 23 米，大湾海南部，西北距大陆 19.01 千米。原名疍家排，是“疍家”聚居之地，故名。因“疍家”是旧社会对渔民的侮辱性称呼，中华人民共和国成立后渔民都已上岸定居，故改名定家排。1984 年登记的《广东省台山县海域海岛地名卡片》、《广东省海域地名志》（1989）、《广东省海岛、礁、沙洲名录表》（1993）均记为定家排。岸线长30米，面积61平方米。基岩岛。

牛过咀排 (Niúguòzuǐ Pái)

北纬21°39.0′，东经112°46.1′。位于江门市台山市，上川岛中部西侧15米，大湾内，西北距大陆19.84千米。该岛靠近牛过咀，当地群众惯称牛过咀排。岸线长53米，面积178平方米。基岩岛。

木壳洲 (Mùké Zhōu)

北纬21°38.9′，东经112°40.3′。位于江门市台山市，下川岛东1.04千米，沙鼓湾外，西北距大陆14.29千米。该岛形状像一个翻转的木壳，故名。《中国海洋岛屿简况》（1980）、1984年登记的《广东省台山县海域海岛地名卡片》、《广东省海域地名志》（1989）、《广东省海岛、礁、沙洲名录表》（1993）、《广东省志·海洋与海岛志》（2000）、《全国海岛名称与代码》（2008）均记为木壳洲。岸线长1.51千米，面积0.088 6平方千米，高68.2米。岛呈东西走向，地势东高西低。基岩岛，由花岗岩构成，表层为黄沙土，有淡水源。

鸡仔石 (Jīzǎi Shí)

北纬21°38.8′，东经112°38.8′。位于江门市台山市，下川岛东10米，南船湾内，西北距大陆13.78千米。该岛形似三只小鸡，故名鸡仔石。1984年登记的《广东省台山县海域海岛地名卡片》、《广东省海域地名志》（1989）、《广东省海岛、礁、沙洲名录表》（1993）均记为鸡仔石。岸线长19米，面积24平方米，高约3.4米。基岩岛。

黄埕岛 (Huángchéng Dǎo)

北纬21°38.8′，东经112°27.0′。位于江门市台山市漭洲南631米，西北距大陆11.09千米。该岛植被差，风浪剥蚀风化严重，表层呈黄色，形状似瓦埕，故名。《中国海洋岛屿简况》（1980）称为黄埕。1984年登记的《广东省台山县海域海岛地名卡片》、《广东省海域地名志》（1989）、《广东省海岛、礁、沙洲名录表》（1993）、《广东省志海洋与海岛志》（2000）、《全国海岛名称与代码》（2008）均记为黄埕岛。岸线长242米，面积2 143平方米，海拔

23.8 米。基岩岛。岛呈椭圆形，由花岗岩构成，表层为黄沙土，长有杂草和稀疏灌木。

黄埕尾岛 (Huángchéngwěi Dǎo)

北纬 21°38.7′，东经 112°27.0′。位于江门市台山市漭洲南 720 米，西北距大陆 11.17 千米。该岛靠近黄埕岛，在黄埕岛南面，形状细长，第二次全国海域地名普查时命今名。面积约 13 平方米。基岩岛。

叠石排 (Diéshí Pái)

北纬 21°38.7′，东经 112°44.8′。位于江门市台山市，上川岛中部西侧 16 米，石湾岬角咀端，西北距大陆 18.83 千米。该岛由几块岩石叠在一起，故名。1984 年登记的《广东省台山县海域海岛地名卡片》、《广东省海域地名志》（1989）、《广东省海岛、礁、沙洲名录表》（1993）均记为叠石排。岸线长 114 米，面积 704 平方米，高 7.7 米。基岩岛。

大头龟岛 (Dàtóuguī Dǎo)

北纬 21°38.7′，东经 112°44.8′。位于江门市台山市，上川岛中部西侧 20 米，北风口咀端，西北距大陆 18.86 千米。该岛形似一只海龟，昂起大头游向大海，第二次全国海域地名普查时命今名。岸线长 80 米，面积 431 平方米。基岩岛。

北礁 (Běi Jiāo)

北纬 21°38.6′，东经 112°40.4′。位于江门市台山市下川岛东 1.43 千米，观鱼洲西北端，西北距大陆 15.08 千米。因地处观鱼洲西北端，故名。1984 年登记的《广东省台山县海域海岛地名卡片》、《广东省海域地名志》（1989）、《广东省海岛、礁、沙洲名录表》（1993）均记为北礁。岸线长 53 米，面积 60 平方米，高 1.8 米。基岩岛。岛呈长方形，由花岗岩组成。

北风口礁 (Běifēngkǒu Jiāo)

北纬 21°38.5′，东经 112°44.6′。位于江门市台山市，上川岛中部西侧 12 米，石湾与红路湾岬角之间，西北距大陆 18.96 千米。刮北风时此处是个风口，故名。1984 年登记的《广东省台山县海域海岛地名卡片》、《广东省海域地名志》（1989）、《广东省海岛、礁、沙洲名录表》（1993）均记为北风口礁。岸线长 48 米，面积 141 平方米，高约 3.3 米。基岩岛。

观鱼洲 (Guānyú Zhōu)

北纬 21°38.4′，东经 112°40.5′。位于江门市台山市下川岛东 1.41 千米，西北距大陆 15.16 千米。该岛南岸有一条散石铺开的石基，高潮过面、低潮干出，每逢干出时往往有很多鱼被干涸在石洞里，随手可捉，原称干鱼洲。当地方言“干”与“观”同音，后演变为观鱼洲。因岛周盛产白花鱼，又称花洲。因观鱼洲之北是木壳洲，南有狗尾、大风北及马骝公 3 个小岛，比喻为 1 个猪乸（nǎ，方言，雌性）带着一群猪仔去木壳洲吃食，故又别称猪乸行（意为带引着行走）仔。《中国海洋岛屿简况》（1980）、1984 年登记的《广东省台山县海域海岛地名卡片》、《广东省海域地名志》（1989）、《广东省海岛、礁、沙洲名录表》（1993）、《广东省志·海洋与海岛志》（2000）、《全国海岛名称与代码》（2008）均记为观鱼洲。岸线长 2.98 千米，面积 0.266 7 平方千米，高 54.7 米。岛呈长形，南北走向，中部高南北低。基岩岛。由花岗岩构成，表层为黄沙土。杂草丛生，间有灌木。岛周为石质岸，沿岸为岩石滩。

观鱼洲西岛 (Guānyúzhōu Xīdǎo)

北纬 21°38.4′，东经 112°40.4′。位于江门市台山市下川岛东 1.44 千米，观鱼洲西面，西北距大陆 15.44 千米。因位于观鱼洲西面，第二次全国海域地名普查时命今名。岸线长 82 米，面积 357 平方米。基岩岛。

观鱼洲北岛 (Guānyúzhōu Běidǎo)

北纬 21°38.6′，东经 112°40.4′。位于江门市台山市下川岛东 1.45 千米，观鱼洲北面，西北距大陆 15.15 千米。因位于观鱼洲北面，第二次全国海域地名普查时命今名。面积约 35 平方米。基岩岛。

槟榔湾礁 (Bīnglángwān Jiāo)

北纬 21°38.3′，东经 112°33.3′。位于江门市台山市下川岛西 57 米，槟榔湾内，西北距大陆 13.26 千米。因该岛靠近槟榔湾，故名。岸线长 57 米，面积 148 平方米。基岩岛。

红角石 (Hóngjiǎo Shí)

北纬 21°38.0′，东经 112°44.3′。位于江门市台山市上川岛中部西侧 47 米，红路湾内，西北距大陆 19.38 千米。该岛由于浪击剥蚀风化严重，表面呈褐色，故名。1984 年登记的《广东省台山县海域海岛地名卡片》、《广东省海域地名志》（1989）、《广东省海岛、礁、沙洲名录表》（1993）均记为红角石。岸线长 43 米，面积 122 平方米，高 4.8 米。基岩岛。

红角石西岛 (Hóngjiǎoshí Xīdǎo)

北纬 21°38.0′，东经 112°44.3′。位于江门市台山市，上川岛中部西侧 46 米，红路湾岬角，西北距大陆 19.36 千米。因处红角石西边，第二次全国海域地名普查时命今名。岸线长 51 米，面积 83 平方米。基岩岛。

狗尾岛 (Gǒuwěi Dǎo)

北纬 21°38.0′，东经 112°40.5′。位于江门市台山市下川岛东 1.9 千米，观鱼洲南端，西北距大陆 16.11 千米。岛形似狗尾，故名狗尾岛。因当地方言“狗”与“九”同音，而曾误称九尾岛。1984 年登记的《广东省台山县海域海岛地名卡片》、《广东省海域地名志》（1989）、《广东省海岛、礁、沙洲名录表》（1993）、《广东省志·海洋与海岛志》（2000）、《全国海岛名称与代码》（2008）均记为狗尾岛。岸线长 526 米，面积 9 939 平方米，海拔 15.4 米。岛呈南北走向，东部地势较高。由花岗岩构成，岩石裸露，长有草丛和灌木。基岩岛。

马骝公岛 (Mǎliúgōng Dǎo)

北纬 21°37.9′，东经 112°40.3′。位于江门市台山市下川岛东南 1.58 千米，观鱼洲西南，西北距大陆 16.1 千米。该岛北部有块较大石头，形状似猴，粤语称猴为马骝，故名马骝公岛。《中国海洋岛屿简况》（1980）记为马骝公。1984 年登记的《广东省台山县海域海岛地名卡片》、《广东省海域地名志》（1989）、《广东省海岛、礁、沙洲名录表》（1993）、《广东省志·海洋与海岛志》（2000）、《全国海岛名称与代码》（2008）均记为马骝公岛。岸线长 878 米，面积 0.024 5 平方千米，高 19.1 米。岛呈长形，东西走向，地势南高北低。基岩岛。由花岗岩构成，岩石裸露，岛上长有草丛和灌木。

马骝公西岛（Mǎliúgōng Xīdǎo）

北纬 21°37.9′，东经 112°40.3′。位于江门市台山市下川岛东南 1.62 千米，马骝公岛西边，西北距大陆 16.2 千米。《广东省海岛、礁、沙洲名录表》记为 T23。因处马骝公岛西边，第二次全国海域地名普查时更为今名。岸线长 64 米，面积 284 平方米。基岩岛。

马骝公东岛（Mǎliúgōng Dōngdǎo）

北纬 21°37.9′，东经 112°40.4′。位于江门市台山市下川岛东南 1.88 千米，马骝公岛东边，西北距大陆 16.34 千米。因处马骝公岛东边，第二次全国海域地名普查时命今名。面积约 57 平方米。基岩岛。

马骝公南岛（Mǎliúgōng Nándǎo）

北纬 21°37.9′，东经 112°40.4′。位于江门市台山市下川岛东南 1.81 千米，马骝公岛南边，西北距大陆 16.29 千米。《广东省海岛、礁、沙洲名录表》记为 T22。因处马骝公岛南边，第二次全国海域地名普查时更为今名。岸线长 117 米，面积 546 平方米。基岩岛。

大风北岛（Dàfēng Běidǎo）

北纬 21°37.9′，东经 112°40.5′。位于江门市台山市下川岛东南 1.92 千米，观鱼洲南端，西北距大陆 16.24 千米。岛西面为下川岛，东为上川岛，西南风经下川岛吹来，或东南风经上川岛吹来，该岛正处于大风口北面，故名。又称大风北。《中国海洋岛屿简况》（1980）称为大风北。1984 年登记的《广东省台山县海域海岛地名卡片》、《广东省海域地名志》（1989）、《广东省海岛、礁、沙洲名录表》（1993）、《广东省志・海洋与海岛志》（2000）、《全国海岛名称与代码》（2008）均记为大风北岛。岛呈椭圆形，东北—西南走向。岸线长 611 米，面积 7 893 平方米，高 16.1 米。基岩岛，由花岗岩构成，岩石裸露，岛上长有草丛和灌木。

小风北岛（Xiǎofēng Běidǎo）

北纬 21°37.9′，东经 112°40.5′。位于江门市台山市下川岛东南 1.95 千米，观鱼洲南端，西北距大陆 16.36 千米。《广东省海岛、礁、沙洲名录表》（1993）

记为T7。《全国海岛名称与代码》（2008）记为TSS7。因该岛靠近大风北岛，且面积较之小，第二次全国海域地名普查时更为今名。岛呈椭圆形，岸线长222米，面积1 829平方米。基岩岛，由花岗岩组成。

亚公北岛 (Yàgōng Běidǎo)

北纬21°37.4′，东经112°37.4′。位于江门市台山市下川岛南41米，黄竹岭东南面，西北距大陆15.57千米。位于亚公礁东北部，第二次全国海域地名普查时命今名。面积约51平方米。基岩岛。

米湾排 (Mǐwān Pái)

北纬21°37.4′，东经112°44.0′。位于江门市台山市上川岛南部西侧17米，米筒湾岬角，西北距大陆20.04千米。因处米筒湾村水坑口，故名。1984年登记的《广东省台山县海域海岛地名卡片》、《广东省海域地名志》（1989）、《广东省海岛、礁、沙洲名录表》（1993）均记为米湾排。面积约92平方米，高3.6米。基岩岛。

洲仔北岛 (Zhōuzǎi Běidǎo)

北纬21°37.2′，东经112°52.4′。位于江门市台山市上川岛南部东侧7.21千米，乌猪洲北，西北距大陆25.83千米。第二次全国海域地名普查时命今名。面积约20平方米。基岩岛。属台山乌猪洲海洋特别保护区。

洲仔大排 (Zhōuzǎi Dàpái)

北纬21°37.2′，东经112°52.4′。位于江门市台山市上川岛南部东侧7.22千米，乌猪洲北，西北距大陆25.85千米。《广东省海岛、礁、沙洲名录表》（1993）称为T9。该岛为一个大石排，当地惯称洲仔大排。岸线长78米，面积339平方米。基岩岛。属台山乌猪洲海洋特别保护区。

银豆排 (Yíndòu Pái)

北纬21°37.1′，东经112°52.2′。位于江门市台山市上川岛南部东侧6.73千米，乌猪洲北，西北距大陆26.12千米。该岛是一座较为陡峭的岩峰，当地人称陡峭的岩石为排，周围散石密布如豆粒，在阳光映照下，反射出银白色的光芒，故名。《中国海洋岛屿简况》（1980）称为5408。1984年登记的《广东省台山县海域海岛地名卡片》、《广东省海域地名志》（1989）、《广东省海岛、礁、沙洲名录表》（1993）、《广东省志·海洋与海岛志》（2000）、《全国海岛名称与代码》（2008）均记为银豆排。岛呈椭圆形，岸线长 414 米，面积 5 901 平方米，高 10 米。基岩岛，岛岸较陡，由花岗岩组成，岩石裸露，长有草丛。岛上有废弃房屋。岛北面有堤围，所围水域用于养殖，堤坝已破损。属台山乌猪洲海洋特别保护区。

亚婆礁 (Yàpó Jiāo)

北纬 21°37.1′，东经 112°37.1′。位于江门市台山市下川岛南端 93 米，黄竹岭东南面，西北距大陆 16.02 千米。该岛盛产胶菜，过去有夫妻俩住在附近，老妇常在该岛边捡胶菜，故名。1984 年登记的《广东省台山县海域海岛地名卡片》、《广东省海域地名志》（1989）、《广东省海岛、礁、沙洲名录表》（1993）均记为亚婆礁。岸线长 30 米，面积 32 平方米，高 1.8 米。基岩岛。

琵琶洲 (Pípa Zhōu)

北纬 21°37.0′，东经 112°39.8′。位于江门市台山市下川岛东南 1.95 千米，西北距大陆 17.1 千米。岛形似琵琶，故名。《中国海洋岛屿简况》（1980）、1984 年登记的《广东省台山县海域海岛地名卡片》、《广东省海域地名志》（1989）、《广东省海岛、礁、沙洲名录表》（1993）、《广东省志海洋与海岛志》（2000）、《全国海岛名称与代码》（2008）均记为琵琶洲。岸线长 3.56 千米，面积 0.385 4 平方千米，高 94 米。基岩岛。岛呈西北—东南走向，西北部呈椭圆，中部高，东南部为一狭长岬角，形似琵琶。由花岗岩构成，表层为黑沙土，沿岸多陡崖。

台山黑石 (Táishān Hēishí)

北纬 21°37.0′，东经 112°47.4′。位于江门市台山市上川岛南部东侧 54 米，尖咀湾内，西北距大陆 24.09 千米。岛呈黑色而得名黑石，因省内重名，以其位于台山市，第二次全国海域地名普查时更为今名。面积约 49 平方米。基岩岛。

企石 (Qǐ Shí)

北纬 21°37.0′，东经 112°45.2′。位于江门市台山市上川岛南部西侧 54 米，

富冲湾岬角，西北距大陆 21.85 千米。该岛陡壁，当地人形容物体陡壁或直立称为企，故名。1984 年登记的《广东省台山县海域海岛地名卡片》、《广东省海域地名志》（1989）、《广东省海岛、礁、沙洲名录表》（1993）均记为企石。面积约 24 平方米。基岩岛，由花岗岩组成。

榕树排 (Róngshù Pái)

北纬 21°36.9′，东经 112°36.5′。位于江门市台山市下川岛南端 102 米，细湾外，西北距大陆 16.15 千米。从前在该岛附近的岛岸上生长着一些榕树，故名。1984 年登记的《广东省台山县海域海岛地名卡片》、《广东省海域地名志》（1989）、《广东省海岛、礁、沙洲名录表》（1993）均记为榕树排。岸线长 63 米，面积 105 平方米，高 2.8 米。基岩岛，由花岗岩组成。

榕树排内岛 (Róngshùpái Nèidǎo)

北纬 21°36.9′，东经 112°36.6′。位于江门市台山市下川岛南 85 米，细湾外，西北距大陆 16.17 千米。为榕树排附近的 2 个海岛之一，该岛离榕树排较近，第二次全国海域地名普查时命今名。面积约 18 平方米。基岩岛。

榕树排外岛 (Róngshùpái Wàidǎo)

北纬 21°36.9′，东经 112°36.6′。位于江门市台山市下川岛南端 36 米，细湾外，西北距大陆 16.21 千米。为榕树排附近的 2 个海岛之一，该岛离榕树排较远，第二次全国海域地名普查时命今名。面积约 75 平方米。基岩岛。

牛特礁 (Niútè Jiāo)

北纬 21°36.9′，东经 112°34.8′。位于江门市台山市下川岛南 204 米，牛特湾内，西北距大陆 15.94 千米。岛形似牛特（埋设在地里用来绑绳羁押耕牛的木桩），故名。1984 年登记的《广东省台山县海域海岛地名卡片》、《广东省海域地名志》（1989）、《广东省海岛、礁、沙洲名录表》（1993）和《全国海岛名称与代码》（2008）均记为牛特礁。基岩岛。岸线长 139 米，面积 786 平方米，高约 11.8 米。长有草丛和灌木。岛上有测量控制点 1 个。

晒谷排 (Shàigǔ Pái)

北纬 21°36.9′，东经 112°43.6′。位于江门市台山市上川岛南部西侧 20 米，

石塘湾咀，西北距大陆 20.43 千米。岛顶部光滑平坦，形似农家的晒谷场，故名。1984 年登记的《广东省台山县海域海岛地名卡片》、《广东省海域地名志》（1989）、《广东省海岛、礁、沙洲名录表》（1993）均记为晒谷排。岸线长 114 米，面积 809 平方米。基岩岛。

曹白礁 (Cáobái Jiāo)

北纬 21°36.9′，东经 112°39.8′。位于江门市台山市下川岛东南 2.51 千米，琵琶洲南边，西北距大陆 17.69 千米。该岛附近水域盛产曹白鱼，故名。1984 年登记的《广东省台山县海域海岛地名卡片》、《广东省海域地名志》（1989）、《广东省海岛、礁、沙洲名录表》（1993）均记为曹白礁。岸线长 96 米，面积 350 平方米，高约 3 米。基岩岛，由花岗岩组成。

大王印 (Dàwángyìn)

北纬 21°36.8′，东经 112°45.2′。位于江门市台山市上川岛南部西侧 146 米，东湾内，西北距大陆 22.1 千米。该岛上小而圆，下大而宽，形似图章，当地人称为大王印。1984 年登记的《广东省台山县海域海岛地名卡片》、《广东省海域地名志》（1989）、《广东省海岛、礁、沙洲名录表》（1993）均记为大王印。岸线长 60 米，面积 234 平方米，高 3.8 米。基岩岛。

大招头岛 (Dàzhāotóu Dǎo)

北纬 21°36.8′，东经 112°40.2′。位于江门市台山市下川岛东南 2.89 千米，琵琶洲咀端，西北距大陆 17.99 千米。该岛是一块立在险恶区的大石头，故名。1984 年登记的《广东省台山县海域海岛地名卡片》、《广东省海域地名志》（1989）、《广东省海岛、礁、沙洲名录表》（1993）、《广东省志·海洋与海岛志》（2000）、《全国海岛名称与代码》（2008）均记为大招头岛。岛呈长形，南北走向。岸线长 171 米，面积 1 713 平方米，高 16.6 米。基岩岛，由花岗岩构成。

扫杆洲 (Sǎogān Zhōu)

北纬 21°36.7′，东经 112°34.8′。位于江门市台山市下川岛南 2.66 千米，挂榜湾外，西北距大陆 16.01 千米。该岛遍地生长着扫杆草，早年当地人常上岛割杆草用来绑扎扫帚，故名。《中国海洋岛屿简况》（1980）、1984 年登记的《广东省台山县海域海岛地名卡片》、《广东省海域地名志》（1989）、《广东省海岛、礁、沙洲名录表》（1993）、《广东省志·海洋与海岛志》（2000）、《全国海岛名称与代码》（2008）均记为扫杆洲。岸线长 1.08 千米，面积 0.05 平方千米，高约 50.6 米。基岩岛，呈半圆形，由花岗岩组成。表层为黑沙土，长有草丛和灌木。岛上建有测量控制点 1 个。

东湾中岛（Dōngwān Zhōngdǎo）

北纬 21°36.7′，东经 112°32.7′。位于江门市台山市下川岛南 12 米，东湾内，西北距大陆 16.21 千米。该岛与东湾南岛、东湾北岛都在东湾里，其位于中间，第二次全国海域地名普查时命今名。岸线长 64 米，面积 302 平方米。基岩岛。

东湾北岛（Dōngwān Běidǎo）

北纬 21°36.9′，东经 112°33.2′。位于江门市台山市下川岛南 21 米，东湾内，西北距大陆 15.79 千米。该岛与东湾中岛、东湾南岛都在东湾里，该岛位置靠北，第二次全国海域地名普查时命今名。岸线长 65 米，面积 159 平方米。基岩岛。

东湾南岛（Dōngwān Nándǎo）

北纬 21°36.7′，东经 112°32.5′。位于江门市台山市下川岛南 22 米，东湾内，西北距大陆 16.32 千米。该岛与东湾中岛、东湾北岛都在东湾里，该岛位置靠南，第二次全国海域地名普查时命今名。面积约 92 平方米。基岩岛。

大猪脚礁（Dàzhūjiǎo Jiāo）

北纬 21°36.7′，东经 112°43.8′。位于江门市台山市上川岛南部西侧 32 米，石塘湾内，西北距大陆 20.85 千米。该岛形似猪脚，故名。1984 年登记的《广东省台山县海域海岛地名卡片》、《广东省海域地名志》（1989）、《广东省海岛、礁、沙洲名录表》（1993）均记为大猪脚礁。面积约 46 平方米。基岩岛。

露排（Lù Pái）

北纬 21°36.6′，东经 112°43.8′。位于江门市台山市上川岛南部西侧 3 米，石塘湾内，西北距大陆 20.96 千米。该岛是露出于水面的石排，故名。《中国海洋岛屿简况》（1980）称为独排。1984 年登记的《广东省台山县海域海岛地名卡片》、《广东省海域地名志》（1989）、《广东省海岛、礁、沙洲名录表》

（1993）均记为露排。岸线长 43 米，面积 131 平方米。基岩岛。

三角礁 (Sānjiǎo Jiāo)

北纬 21°36.6′，东经 112°36.8′。位于江门市台山市下川岛南长咀头咀端 119 米，西北距大陆 16.87 千米。该岛呈三角形，故名。1984 年登记的《广东省台山县海域海岛地名卡片》、《广东省海域地名志》（1989）、《广东省海岛、礁、沙洲名录表》（1993）均记为三角礁。面积约 56 平方米，高 6.2 米。基岩岛。

三角礁北岛 (Sānjiǎojiāo Běidǎo)

北纬 21°36.6′，东经 112°36.8′。位于江门市台山市下川岛南长咀头咀端 49 米，西北距大陆 16.8 千米。因处三角礁北侧，第二次全国海域地名普查时命今名。岸线长 43 米，面积 109 平方米。基岩岛。

三角礁东岛 (Sānjiǎojiāo Dōngdǎo)

北纬 21°36.6′，东经 112°36.8′。位于江门市台山市下川岛南长咀头咀端 76 米，西北距大陆 16.9 千米。因处三角礁东侧，第二次全国海域地名普查时命今名。岸线长 39 米，面积 111 平方米。基岩岛。

三角礁南岛 (Sānjiǎojiāo Nándǎo)

北纬 21°36.6′，东经 112°36.8′。位于江门市台山市下川岛南长咀头咀端 130 米，西北距大陆 16.9 千米。因处三角礁南侧，第二次全国海域地名普查时命今名。面积约 53 平方米。基岩岛。

大脚石 (Dàjiǎo Shí)

北纬 21°36.5′，东经 112°43.7′。位于江门市台山市上川岛南部西侧 92 米，石塘湾内，西北距大陆 21.13 千米。因该岛像只巨大的脚，当地群众惯称大脚石。又因该岛为一独立大石而得名独排。因其位于沙堤港出口，看到该岛就快到家门了，故当地群众又称之为望门排。1984 年登记的《广东省台山县海域海岛地名卡片》记为大脚石，又名独排、望门排。《广东省海域地名志》（1989）、《广东省海岛、礁、沙洲名录表》（1993）均记为大脚石。岸线长 98 米，面积 191 平方米，高 5.2 米。基岩岛。

乌猪洲（Wūzhū Zhōu）

北纬 21°36.5′，东经 112°52.7′。位于江门市台山市上川岛南部东侧 5.06 千米，西北距大陆 26.12 千米。该岛上空经常黑云盖顶，朦朦胧胧，远望颜色墨绿似乌、形似猪，故名。《中国海洋岛屿简况》（1980）、1984 年登记的《广东省台山县海域海岛地名卡片》、《广东省海域地名志》（1989）、《广东省海岛、礁、沙洲名录表》（1993）、《广东省志 · 海洋与海岛志》（2000）、《全国海岛名称与代码》（2008）均记为乌猪洲。岸线长 17.34 千米，面积 5.461 3 平方千米，高 235.8 米。呈东西走向，地势南高北低。基岩岛。由花岗岩组成，表层黄沙黏土。杂草、灌木茂盛，间有乔木。岛上有军事设施和公路，有淡水，无人居住。属台山乌猪洲海洋特别保护区。

乌猪洲西岛（Wūzhūzhōu Xīdǎo）

北纬 21°36.4′，东经 112°51.5′。位于江门市台山市上川岛南部东侧 5.33 千米，乌猪洲西 25 米，猪坑湾内，西北距大陆 27.51 千米。因处乌猪洲西边，第二次全国海域地名普查时命今名。面积约 65 平方米。基岩岛。属台山乌猪洲海洋特别保护区。

乌猪洲北岛（Wūzhūzhōu Běidǎo）

北纬 21°36.9′，东经 112°52.9′。位于江门市台山市上川岛南部东侧 7.82 千米，乌猪洲北 4 米，西北距大陆 26.31 千米。因处乌猪洲北边，第二次全国海域地名普查时命今名。岸线长 82 米，面积 488 平方米。基岩岛。属台山乌猪洲海洋特别保护区。

墨斗排（Mòdǒu Pái）

北纬 21°36.4′，东经 112°44.2′。位于江门市台山市上川岛南部西侧 255 米，沙堤湾西部，西北距大陆 21.69 千米。该岛近墨斗洲，故名。1984 年登记的《广东省台山县海域海岛地名卡片》、《广东省海域地名志》（1989）、《广东省海岛、礁、沙洲名录表》（1993）均记为墨斗排。岸线长 54 米，面积 187 平方米。基岩岛。

坪洲 (Píng Zhōu)

北纬 21°36.2′，东经 112°39.1′。位于江门市台山市下川岛东南 2.83 千米，西北距大陆 17.87 千米。岛上有大坪岗，故名。《中国海洋岛屿简况》（1980）、1984 年登记的《广东省台山县海域海岛地名卡片》、《广东省海域地名志》（1989）、《广东省海岛、礁、沙洲名录表》（1993）、《广东省志·海洋与海岛志》（2000）、《全国海岛名称与代码》（2008）均记为坪洲。岸线长 8.51 千米，面积 0.855 3 平方千米，高 87.8 米。岛形不规则，南端突出一丘，为全岛最高点；东北部狭长，有陡峭斜坡和狭窄山脊，中间蜂腰部低平。岛岸曲折陡峭，沿岸多岩石滩。基岩岛，由花岗岩组成，表层为黄沙上。岛东岸有天然石质水池，南端最高处有台风信号杆，北部有一废弃房屋，曾为坪洲牧场旧址。农田已荒废。岛最高处有灯塔。

墨门石 (Mòmén Shí)

北纬 21°36.2′，东经 112°44.1′。位于江门市台山市上川岛南部西侧 263 米，沙堤湾西侧墨斗洲 15 米，西北距大陆 21.86 千米。墨斗洲之北有一条小水道称墨斗门，该岛就在门口，故名。1984 年登记的《广东省台山县海域海岛地名卡片》、《广东省海域地名志》（1989）、《广东省海岛、礁、沙洲名录表》（1993）均记为墨门石。岸线长 71 米，面积 270 平方米，高 3.1 米。基岩岛。

墨斗洲 (Mòdǒu Zhōu)

北纬 21°36.2′，东经 112°44.1′。位于江门市台山市上川岛南部西侧 255 米，沙堤湾西部，西北距大陆 21.86 千米。岛形远看很像木匠用的墨斗，故名。《中国海洋岛屿简况》（1980）、1984 年登记的《广东省台山县海域海岛地名卡片》、《广东省海域地名志》（1989）、《广东省海岛、礁、沙洲名录表》（1993）、《广东省志·海洋与海岛志》（2000）、《全国海岛名称与代码》（2008）均记为墨斗洲。岸线长 1.59 千米，面积 0.081 3 平方千米，高 36.8 米。基岩岛。岛上长有草丛和灌木，建有灯塔和占地面积 273 平方米的海蜇加工场。

牛鼻排 (Niúbí Pái)

北纬 21°36.1′，东经 112°38.8′。位于江门市台山市下川岛东南 3.25 千米，坪洲西南 15 米，西北距大陆 18.47 千米。因该岛靠近坪洲岛岸边一块形似牛鼻孔的岩石，故名。1984 年登记的《广东省台山县海域海岛地名卡片》、《广东省海域地名志》（1989）、《广东省海岛、礁、沙洲名录表》（1993）均记为牛鼻排。岸线长 108 米，面积 510 平方米。基岩岛。

东咀石 (Dōngzuǐ Shí)

北纬 21°36.1′，东经 112°35.7′。位于江门市台山市下川岛南端 936 米，王府洲东北端，西北距大陆 17.67 千米。因处王府洲东端的突咀而得名。1984 年登记的《广东省台山县海域海岛地名卡片》、《广东省海域地名志》（1989）、《广东省海岛、礁、沙洲名录表》（1993）均记为东咀石。面积约 4 平方米。基岩岛。

上湾礁 (Shàngwān Jiāo)

北纬 21°36.1′，东经 112°35.2′。位于江门市台山市，下川岛南端 1.26 千米，王府洲北端，西北距大陆 17.55 千米。因处王府洲上湾而得名。1984 年登记的《广东省台山县海域海岛地名卡片》、《广东省海域地名志》（1989）、《广东省海岛、礁、沙洲名录表》（1993）均记为上湾礁。面积约 37 平方米。基岩岛。

磴口排 (Dèngkǒu Pái)

北纬 21°36.1′，东经 112°39.4′。位于江门市台山市下川岛东南 3.71 千米，坪洲东南 100 米，西北距大陆 18.85 千米。因处磴口湾内而得名。1984 年登记的《广东省台山县海域海岛地名卡片》、《广东省海域地名志》（1989）、《广东省海岛、礁、沙洲名录表》（1993）均记为磴口排。岸线长 345 米，面积 2 814 平方米，高 5.8 米。基岩岛，由花岗岩组成，呈长方形。

双排 (Shuāng Pái)

北纬 21°36.0′，东经 112°48.4′。位于江门市台山市上川岛南部东侧 46 米，小石湾岬角咀端，西北距大陆 26.6 千米。岛由两块石排组成，故名。1984 年登记的《广东省台山县海域海岛地名卡片》、《广东省海域地名志》（1989）、《广东省海岛、礁、沙洲名录表》（1993）均记为双排。基岩岛，由花岗岩组成。面积约 25 平方米，高 2.6 米。

晒罟石 (Shàigǔ Shí)

北纬 21°35.9′，东经 112°47.9′。位于江门市台山市上川岛南部东侧 54 米，小石湾内，西北距大陆 26.17 千米。岛顶部平坦光滑，当地群众出海捕鱼常在此晒罟网，故名。又称晒罟排。1984 年登记的《广东省台山县海域海岛地名卡片》、《广东省海域地名志》（1989）记为晒罟石。《广东省海岛、礁、沙洲名录表》（1993）记为晒罟排。面积约 75 平方米。基岩岛，由花岗岩组成。

灯船排 (Dēngchuán Pái)

北纬 21°35.9′，东经 112°48.0′。位于江门市台山市上川岛南部东侧 37 米，小石湾内，西北距大陆 26.32 千米。灯船排为当地群众惯称。岸线长 50 米，面积 146 平方米。基岩岛。

绞水红排 (Jiǎoshuǐ Hóngpái)

北纬 21°35.9′，东经 112°39.2′。位于江门市台山市下川岛东南 4.01 千米，坪洲南端 40 米，西北距大陆 19.09 千米。岛周围水域由于潮汐冲击，绞起海底泥沙呈红色，故名。1984 年登记的《广东省台山县海域海岛地名卡片》、《广东省海域地名志》（1989）和《广东省海岛、礁、沙洲名录表》（1993）均记为绞水红排。面积约 42 平方米，高 2.1 米。基岩岛。

甩洲 (Shuǎi Zhōu)

北纬 21°35.9′，东经 112°52.6′。位于江门市台山市上川岛南部东侧 6.94 千米，乌猪洲南端 4 米，西北距大陆 28.25 千米。该岛像乌猪洲抛甩出来的一部分，故名。1984 年登记的《广东省台山县海域海岛地名卡片》、《广东省海域地名志》（1989）、《广东省海岛、礁、沙洲名录表》（1993）、《广东省志海洋与海岛志》（2000）、《全国海岛名称与代码》（2008）均记为甩洲。岸线长 442 米，面积 9 452 平方米，高 15.8 米。呈东北—西南走向，南岸陡峭。基岩岛，由花岗岩构成，岩石裸露。建有大地控制点 1 个。位于台山乌猪洲海洋特别保护区内。

铁坑石 (Tiěkēng Shí)

北纬 21°35.8′，东经 112°45.1′。位于江门市台山市上川岛南部西侧 26 米，

打铁湾内，西北距大陆 23.54 千米。因处上川岛公湾山铁坑口而得名。1984 年登记的《广东省台山县海域海岛地名卡片》、《广东省海域地名志》（1989）、《广东省海岛、礁、沙洲名录表》（1993）均记为铁坑石。岸线长 83 米，面积 495 平方米。基岩岛，由花岗岩组成。

山猪洲 (Shānzhū Zhōu)

北纬 21°35.8′，东经 112°38.2′。位于江门市台山市下川岛东南 2.61 千米，坪洲西南方向，西北距大陆 18.63 千米。曾名珠洲。其形似山猪，故名山猪洲。清光绪十九年（1893 年）《新宁县志》记为珠洲。《中国海洋岛屿简况》（1980）、1984 年登记的《广东省台山县海域海岛地名卡片》、《广东省海域地名志》（1989）、《广东省海岛、礁、沙洲名录表》（1993）、《广东省志·海洋与海岛志》（2000）、《全国海岛名称与代码》（2008）均记为山猪洲。岛呈东西走向，岸线长 1.47 千米，面积 0.089 7 平方千米，高 62.1 米。基岩岛，由花岗岩构成，表层为黑沙土，岛上长有荆棘、油篙和杂草。

王府洲 (Wángfǔ Zhōu)

北纬 21°35.8′，东经 112°35.2′。位于江门市台山市下川岛南端 918 米，南澳港外，西北距大陆 17.29 千米。原称苦木洲，相传清代张保仔率众抗清，兵败退守苦木洲立寨称王，岛改名王府洲。《中国海洋岛屿简况》（1980）、1984 年登记的《广东省台山县海域海岛地名卡片》、《广东省海域地名志》（1989）、《广东省海岛、礁、沙洲名录表》（1993）、《广东省志·海洋与海岛志》（2000）、《全国海岛名称与代码》（2008）均记为王府洲。岸线长 9.13 千米，面积 1.852 1 平方千米，高 178.5 米。基岩岛。岛呈东西走向，地势起伏，东北高西南低。岛岸曲折多湾，南岸陡峭，北部沿岸多岩石滩。由花岗岩构成，表层为黄沙土，长有草丛和灌木，岛中部有较多树木。岛西南部有一石洞，洞顶有清泉流滴，可饮用。亦有蓄水池。岛西、北侧有泥质锚地，是小型船只良好避风地。岛上建有灯塔。

山猪尾岛 (Shānzhūwěi Dǎo)

北纬 21°35.7′，东经 112°38.1′。位于江门市台山市下川岛东南 2.61 千米，山猪洲西南端，西北距大陆 18.77 千米。处山猪洲西南尾端，故名。《中国海洋岛屿简况》（1980）、1984年登记的《广东省台山县海域海岛地名卡片》、《广东省海域地名志》（1989）、《广东省志·海洋与海岛志》（2000）均记为山猪尾岛。岸线长390米，面积9 188平方米，高38米。岛呈椭圆形，地势南北走向，中间高，南北低。基岩岛，由花岗岩组成，表层为黑沙土，岛上长有草丛和灌木。

南澳头东岛（Nán'àotóu Dōngdǎo）

北纬21°35.7′，东经112°33.4′。位于江门市台山市下川岛西南4米，东湾岬角咀端，西北距大陆18.05千米。该岛靠近南澳头山，且位于其东侧，第二次全国海域地名普查时命今名。岸线长64米，面积190平方米。基岩岛。

南澳头南岛（Nán'àotóu Nándǎo）

北纬21°35.5′，东经112°33.2′。位于江门市台山市下川岛西南7米，东湾岬角咀端，西北距大陆18.36千米。该岛靠近南澳头山，且位于其南侧，第二次全国海域地名普查时命今名。岸线长67米，面积310平方米。基岩岛。

千锦石（Qiānjǐn Shí）

北纬21°35.7′，东经112°35.7′。位于江门市台山市下川岛南端1.67千米，王府洲东南，西北距大陆18.4千米。该岛附近水域鱼类品种繁多，五颜六色，故名。1984年登记的《广东省台山县海域海岛地名卡片》、《广东省海域地名志》（1989）、《广东省海岛、礁、沙洲名录表》（1993）均记为千锦石。岸线长56米，面积89平方米，高3.8米。基岩岛。

格勒岛（Gélè Dǎo）

北纬21°35.6′，东经112°38.5′。位于江门市台山市下川岛东南3.16千米，坪洲西南方向，西北距大陆19.06千米。该岛是一块大岩石，盘连着很多礁石，像框子一样把周围的礁石收勒住，故名。又称格勒礁。1984年登记的《广东省台山县海域海岛地名卡片》记为格勒礁。《中国海洋岛屿简况》（1980）、《广东省海域地名志》（1989）、《广东省海岛、礁、沙洲名录表》（1993）、《广东省志·海洋与海岛志》（2000）、《全国海岛名称与代码》（2008）均记为格勒岛。岸线长787米，面积0.011 4平方千米，高15.9米。岛呈南北走向，南部宽而高，北部窄且低。基岩岛，由花岗岩构成，岩石裸露，石质陡岸，岛上长有草丛。

拦冈畲礁（Lán'gāngshē Jiāo）

北纬 21°35.6′，东经 112°33.0′。位于江门市台山市下川岛西南 20 米，东湾岬角咀端，西北距大陆 18.28 千米。该岛较大，像拦在海边的山脊，是古人在此烧草木灰之地，故名。《中国海洋岛屿简况》（1980）称为交排。《广东省海域地名志》（1989）、《广东省海岛、礁、沙洲名录表》（1993）均记为拦冈畲礁。岸线长 34 米，面积 80 平方米，高 6.5 米。基岩岛。

拦冈畲南岛（Lán'gāngshē Nándǎo）

北纬 21°35.6′，东经 112°33.1′。位于江门市台山市下川岛西南 29 米，东湾岬角咀端，西北距大陆 18.33 千米。因处拦冈畲礁南面，第二次全国海域地名普查时命今名。面积约 32 平方米。基岩岛。

分水石（Fēnshuǐ Shí）

北纬 21°35.5′，东经 112°46.1′。位于江门市台山市上川岛南部西侧 83 米，公湾内，西北距大陆 24.95 千米。因处在公湾坑口正中，将水坑流下的水分开，故名。1984 年登记的《广东省台山县海域海岛地名卡片》、《广东省海域地名志》（1989）、《广东省海岛、礁、沙洲名录表》（1993）均记为分水石。岸线长 76 米，面积 149 平方米，高 3.2 米。基岩岛。

分水石北岛（Fēnshuǐshí Běidǎo）

北纬 21°35.5′，东经 112°46.1′。位于江门市台山市上川岛南部西侧 84 米，公湾内，西北距大陆 24.92 千米。因地处分水石北边，第二次全国海域地名普查时命今名。岛呈扁平状，岸线长 88 米，面积 583 平方米。基岩岛，由花岗岩组成。

白石塘礁（Báishítáng Jiāo）

北纬 21°35.5′，东经 112°31.2′。位于江门市台山市下川岛西南咀端 7 米，西北距大陆 18.83 千米。该岛附近散石多呈白色，故名。1984 年登记的《广东省台山县海域海岛地名卡片》、《广东省海域地名志》（1989）、《广东省海岛、礁、沙洲名录表》（1993）均记为白石塘礁。基岩岛。岸线长 45 米，面积 88 平方米。

笔架洲 (Bǐjià Zhōu)

北纬 21°35.5′，东经 112°34.4′。位于江门市台山市下川岛南 1.58 千米，王府洲西南，西北距大陆 18.37 千米。岛上有 3 个山峰，形成 2 个峰谷，形如笔架，故名。《中国海洋岛屿简况》（1980）、1984 年登记的《广东省台山县海域海岛地名卡片》、《广东省海域地名志》（1989）、《广东省海岛、礁、沙洲名录表》（1993）、《广东省志·海洋与海岛志》（2000）、《全国海岛名称与代码》（2008）均记为笔架洲。岸线长 768 米，面积 0.019 1 平方千米，高 25.1 米。岛呈东西走向，沿岸为砾石滩、岩石滩。基岩岛，由花岗岩构成，表层为黄沙土，杂草丛生。岛上建有灯塔。

围夹咀上岛 (Wéijiázuǐ Shàngdǎo)

北纬 21°35.5′，东经 112°48.6′。位于江门市台山市上川岛南部东侧 19 米，围夹门北端岬角，西北距大陆 27.57 千米。因处围夹咀岬角，且位于其北方，北为上，第二次全国海域地名普查时命今名。面积约 56 平方米。基岩岛。

围夹咀下岛 (Wéijiázuǐ Xiàdǎo)

北纬 21°35.5′，东经 112°48.6′。位于江门市台山市上川岛南部东侧 27 米，围夹门北端，西北距大陆 27.6 千米。因处围夹咀岬角，且位于其南方，南为下，第二次全国海域地名普查时命今名。面积约 39 平方米。基岩岛。

大洲礁 (Dàzhōu Jiāo)

北纬 21°35.5′，东经 112°35.8′。位于江门市台山市下川岛南端 2.03 千米，王府洲东南方向，西北距大陆 18.77 千米。原名三点金。因本岛礁盘较大，且露出水面，故名大洲礁。1984 年登记的《广东省台山县海域海岛地名卡片》、《广东省海域地名志》（1989）、《广东省海岛、礁、沙洲名录表》（1993）均记为大洲礁。岸线长 69 米，面积 194 平方米，高 4 米。基岩岛，由花岗岩组成。

大洲礁南岛 (Dàzhōujiāo Nándǎo)

北纬 21°35.4′，东经 112°35.8′。位于江门市台山市下川岛南端 2.08 千米，王府洲东南方向，西北距大陆 18.82 千米。位于大洲礁南边，第二次全国海域地名普查时命今名。面积约 96 平方米。基岩岛。

大洲礁西岛（Dàzhōujiāo Xīdǎo）

北纬 21°35.5′，东经 112°35.8′。位于江门市台山市下川岛南端 2.09 千米，王府洲东南方向，西北距大陆 18.83 千米。因处大洲礁西边，第二次全国海域地名普查时命今名。面积约 13 平方米。基岩岛。

石侧石（Shícè Shí）

北纬 21°35.4′，东经 112°32.5′。位于江门市台山市下川岛西南端 18 米，黄花湾岬角，西北距大陆 18.61 千米。该岛姿态倾斜，当地俗话称为“侧转”，故名。1984 年登记的《广东省台山县海域海岛地名卡片》、《广东省海域地名志》（1989）记为石侧石。《广东省海岛、礁、沙洲名录表》记为 T28。岸线长 43 米，面积 102 平方米，高约 3.3 米。基岩岛。

东礁岛（Dōngjiāo Dǎo）

北纬 21°34.9′，东经 112°48.8′。位于江门市台山市上川岛南 950 米，围夹岛东北 50 米，围夹咀岬角，西北距大陆 28.6 千米。位于围夹岛之东，故名。1984 年登记的《广东省台山县海域海岛地名卡片》、《广东省海域地名志》（1989）、《广东省海岛、礁、沙洲名录表》（1993）、《广东省志·海洋与海岛志》（2000）、《全国海岛名称与代码》（2008）均记为东礁岛。岸线长 114 米，面积 767 平方米，高约 8.5 米。基岩岛，呈椭圆形，由花岗岩构成，岩石裸露。

东礁东岛（Dōngjiāo Dōngdǎo）

北纬 21°34.9′，东经 112°48.8′。位于江门市台山市上川岛南 974 米，围夹岛东北 109 米，围夹咀岬角，西北距大陆 28.63 千米。因处东礁岛东侧，第二次全国海域地名普查时命今名。岸线长 70 米，面积 292 平方米。基岩岛。岛呈椭圆形，东西走向。

篸口石（Cǎnkǒu Shí）

北纬 21°34.8′，东经 112°45.9′。位于江门市台山市上川岛南端 9 米，公湾内，西北距大陆 25.73 千米。因处在一个小湾凹的凹口，而“凹”字像竹篸，故名。1984 年登记的《广东省台山县海域海岛地名卡片》、《广东省海域地名志》

（1989）、《广东省海岛、礁、沙洲名录表》（1993）均记为篸口石。岸线长 32 米，面积 58 平方米，高 2.2 米。基岩岛。

背石 (Bēi Shí)

北纬 21°34.8′，东经 112°48.2′。位于江门市台山市上川岛南 309 米，围夹岛北 3 米，围夹门内，西北距大陆 28.12 千米。该礁形同人的后背，故名。1984 年登记的《广东省台山县海域海岛地名卡片》、《广东省海域地名志》（1989）、《广东省海岛、礁、沙洲名录表》（1993）均记为背石。岸线长 62 米，面积 215 平方米。基岩岛，由花岗岩组成。

企人石 (Qǐrén Shí)

北纬 21°34.8′，东经 112°47.7′。位于江门市台山市上川岛南 27 米，围夹门内，西北距大陆 27.71 千米。岛似站着的人，当地人俗话“企”为“站立”之意，故名。1984 年登记的《广东省台山县海域海岛地名卡片》、《广东省海域地名志》（1989）、《广东省海岛、礁、沙洲名录表》（1993）均记为企人石。基岩岛。面积约 7 平方米。

泥湾石 (Níwān Shí)

北纬 21°34.7′，东经 112°47.5′。位于江门市台山市上川岛南端 9 米，围夹门内，西北距大陆 27.55 千米。泥湾石为当地群众惯称。岸线长 68 米，面积 291 平方米。基岩岛。

围夹岛 (Wéijiā Dǎo)

北纬 21°34.5′，东经 112°48.0′。位于江门市台山市上川岛南端 311 米，西北距大陆 28.12 千米。岛自东北向西南，似半月形包围夹住上川岛的南端部分，故名。《中国海洋岛屿简况》（1980）、1984 年登记的《广东省台山县海域海岛地名卡片》、《广东省海域地名志》（1989）、《广东省海岛、礁、沙洲名录表》（1993）、《广东省志·海洋与海岛志》（2000）、《全国海岛名称与代码》（2008）均记为围夹岛。岸线长 8.53 千米，面积 1.772 2 平方千米，高 203 米。岛呈东北—西南走向，东北高西南低。主峰围夹山处于东北部，坡度较陡。围夹尾（山）居西南部，坡度较缓，山脊较宽阔平坦。基岩岛，由花岗岩构成，表层为黄沙土。

岛为石质岸，沿岸为岩石滩。岛上有中华人民共和国领海基点方位碑及测量控制点。建有灯塔和小码头，有水泥路从码头到灯塔。

排角岛 (Páijiǎo Dǎo)

北纬 21°34.5′，东经 112°45.4′。位于江门市台山市上川岛南端 98 米，公湾岬角咀端，西北距大陆 25.83 千米。台山人称直立的石盘为排，又因它突出在羊岩的咀角，故名。《中国海洋岛屿简况》（1980）称为 5411。1984 年登记的《广东省台山县海域海岛地名卡片》、《广东省海域地名志》（1989）、《广东省海岛、礁、沙洲名录表》（1993）、《广东省志·海洋与海岛志》（2000）、《全国海岛名称与代码》（2008）均记为排角岛。岸线长 336 米，面积 3 217 平方米，高 8 米。基岩岛。

排角南岛 (Páijiǎo Nándǎo)

北纬 21°34.4′，东经 112°45.4′。位于江门市台山市上川岛南端 168 米，公湾岬角咀端，西北距大陆 25.9 千米。因地处排角岛南边，第二次全国海域地名普查时命今名。岛呈东北—西南走向。岸线长 187 米，面积 1 266 平方米。基岩岛，由花岗岩组成。

标莲石 (Biāolián Shí)

北纬 21°34.3′，东经 112°46.7′。位于江门市台山市上川岛南 20 米，围夹门南，西北距大陆 27.29 千米。该岛顶端似朵莲花的花蕾，故名。1984 年登记的《广东省台山县海域海岛地名卡片》、《广东省海域地名志》（1989）、《广东省海岛、礁、沙洲名录表》（1993）均记为标莲石。岸线长 51 米，面积 137 平方米。基岩岛，由花岗岩组成。

獭石 (Tǎ Shí)

北纬 21°34.3′，东经 112°48.5′。位于江门市台山市上川岛南 1.34 千米，围夹岛东南 13 米，西北距大陆 29.15 千米。该岛常有水獭出没，故名。1984 年登记的《广东省台山县海域海岛地名卡片》、《广东省海域地名志》（1989）、《广东省海岛、礁、沙洲名录表》（1993）均记为獭石。岸线长 190 米，面积 1 061 平方米，高 7.4 米。基岩岛，由花岗岩组成。

婆排（Pó Pái）

北纬21°34.3′，东经112°46.7′。位于江门市台山市上川岛南6米，围夹门南，西北距大陆27.28千米。婆排为当地群众惯称。岸线长80米，面积290平方米。基岩岛。

上川角岛（Shàngchuānjiǎo Dǎo）

北纬21°34.1′，东经112°46.2′。位于江门市台山市上川岛最南端5米处，西北距大陆27.16千米。位于上川岛最南端，靠近上川角，第二次全国海域地名普查时命今名。岸线长122米，面积542平方米。基岩岛。

大帆石（Dàfān Shí）

北纬21°27.8′，东经112°21.5′。位于江门市台山市北陡镇南27.2千米处。该岛形似船帆，表岩裸露，面积大于西北侧的帆仔，故名。又名大帆、东帆、东大帆石。《中国海洋岛屿简况》（1980）称为东大帆石。1984年登记的《广东省台山县海域海岛地名卡片》、《广东省海域地名志》（1989）、《广东省海岛、礁、沙洲名录表》（1993）、《广东省志·海洋与海岛志》（2000）、《全国海岛名称与代码》（2008）均记为大帆石。岸线长496米，面积8 618平方米，高44.4米。岛呈半月形，南北走向，岛顶有一天然石盆，长年有水。基岩岛，由花岗岩构成。该岛是中华人民共和国公布的中国领海基点，岛上建有领海基点碑。

帆仔（Fānzǎi）

北纬21°28.1′，东经112°21.3′。位于江门市台山市北陡镇南26.46千米。该岛形似船帆，面积小于东南侧的大帆石，故名。又名小帆石。《中国海洋岛屿简况》（1980）、1984年登记的《广东省台山县海域海岛地名卡片》、《广东省海域地名志》（1989）、《广东省海岛、礁、沙洲名录表》（1993）、《广东省志·海洋与海岛志》（2000）、《全国海岛名称与代码》（2008）均记为帆仔。岸线长227米，面积2 232平方米，高13米。基岩岛，由花岗岩构成，表岩裸露。岛上有控制点1个。

帆仔北岛 (Fānzǎi Běidǎo)

北纬 21°28.2′，东经 112°21.3′。位于江门市台山市北陡镇南 26.44 千米。因处帆仔北边，第二次全国海域地名普查时命今名。面积约 52 平方米。基岩岛。

崎龙石 (Qílóng Shí)

北纬 22°02.7′，东经 112°23.7′。位于江门市恩平市横陂镇东 60 米。《中国海洋岛屿简况》（1980）记为 5445。《广东省海岛、礁、沙洲名录表》（1993）记为 T10。因岛形似龙，当地居民俗称崎龙石。岸线长 647 米，面积 0.02 平方千米，高约 15 米。基岩岛，由花岗岩组成。近岸有两条堤与岛相连，形成一崎龙围。岛上建有破旧住房，无人居住。有当地人在岛上种植、养殖。

牛口笠岛 (Niúkǒulì Dǎo)

北纬 22°00.2′，东经 112°22.1′。位于江门市恩平市横陂镇东 60 米处。《广东省海岛、礁、沙洲名录表》（1993）记为 E1。《全国海岛名称与代码》（2008）记为 ENP1。因该岛在牛口笠渡口附近，第二次全国海域地名普查时更为今名。岸线长 142 米，面积 1 405 平方米，高 3.5 米。基岩岛。岛上长有草丛和灌木。

附录一

《中国海域海岛地名志·广东卷》未入志海域名录[1]

一、海湾

标准名称	汉语拼音	行政区	地理位置	
			北纬	东经
蛇口湾	Shékǒu Wān	广东省深圳市南山区	22°28.4′	113°54.7′
赤湾	Chì Wān	广东省深圳市南山区	22°27.8′	113°53.0′
东湾	Dōng Wān	广东省深圳市南山区	22°25.3′	113°48.1′
北湾	Běi Wān	广东省深圳市南山区	22°25.3′	113°47.5′
南湾	Nán Wān	广东省深圳市南山区	22°24.7′	113°47.5′
蕉坑湾	Jiāokēng Wān	广东省深圳市南山区	22°24.7′	113°48.9′
白芒湾	Báimáng Wān	广东省深圳市龙岗区	22°39.4′	114°35.3′
沙湾	Shā Wān	广东省深圳市龙岗区	22°38.3′	114°35.0′
薯苗塘	Shǔmiáo táng	广东省深圳市龙岗区	22°37.8′	114°34.7′
土洋湾	Tǔyáng Wān	广东省深圳市龙岗区	22°36.7′	114°23.9′
东厄湾	Dōng'è Wān	广东省深圳市龙岗区	22°36.6′	114°24.7′
溪涌湾	Xīchōng Wān	广东省深圳市龙岗区	22°36.5′	114°21.6′
乌泥湾	Wūní Wān	广东省深圳市龙岗区	22°36.1′	114°25.5′
涌浪湾	Chōnglàng Wān	广东省深圳市龙岗区	22°36.0′	114°20.8′
叠福湾	Diéfú Wān	广东省深圳市龙岗区	22°35.2′	114°26.1′
螺仔湾	LuóZǎi Wān	广东省深圳市龙岗区	22°34.4′	114°26.2′
盆仔湾	Pén Zǎi Wān	广东省深圳市龙岗区	22°32.8′	114°28.5′
南澳湾	Nán'ào Wān	广东省深圳市龙岗区	22°32.1′	114°29.1′
大水坑湾	Dàshuǐkēng Wān	广东省深圳市龙岗区	22°32.0′	114°36.4′
畲下湾	Shēxià Wān	广东省深圳市龙岗区	22°31.5′	114°29.1′
横仔塘	Héngzǎitáng	广东省深圳市龙岗区	22°31.0′	114°28.8′
公湾	Gōng Wān	广东省深圳市龙岗区	22°30.2′	114°28.6′

① 根据2018年6月8日民政部、国家海洋局发布的《中国部分海域海岛标准名称》整理。

标准名称	汉语拼音	行政区	地理位置	
			北纬	东经
鹅公湾	Égōng Wān	广东省深圳市龙岗区	22°29.4′	114°29.0′
西涌湾	Xīchōng Wān	广东省深圳市龙岗区	22°28.5′	114°32.4′
大鹿湾	Dàlù Wān	广东省深圳市龙岗区	22°27.8′	114°29.5′
小梅沙湾	Xiǎoméishā Wān	广东省深圳市盐田区	22°36.0′	114°19.7′
大梅沙湾	Dàméishā Wān	广东省深圳市盐田区	22°35.4′	114°18.5′
盐田湾	Yántián Wān	广东省深圳市盐田区	22°34.7′	114°16.9′
西山下湾	Xīshānxià Wān	广东省深圳市盐田区	22°34.2′	114°15.9′
二斜湾	Èrxié Wān	广东省珠海市香洲区	22°26.3′	113°38.6′
大澳湾	Dà'ào Wān	广东省珠海市香洲区	22°26.1′	113°39.3′
大围湾	DàWéi Wān	广东省珠海市香洲区	22°25.8′	113°37.6′
牛婆湾	Niúpó Wān	广东省珠海市香洲区	22°25.6′	113°39.5′
后沙湾	Hòushā Wān	广东省珠海市香洲区	22°25.2′	113°39.6′
石井湾	Shíjǐng Wān	广东省珠海市香洲区	22°24.9′	113°36.7′
小沙澳	Xiǎoshā Ào	广东省珠海市香洲区	22°24.9′	113°39.2′
关帝湾	Guāndì Wān	广东省珠海市香洲区	22°24.5′	113°38.9′
金星湾	Jīnxīng Wān	广东省珠海市香洲区	22°24.0′	113°36.7′
牛仔湾	Niúzǎi Wān	广东省珠海市香洲区	22°24.0′	113°38.7′
南芒湾	Nánmáng Wān	广东省珠海市香洲区	22°23.6′	113°38.0′
后湾	Hòu Wān	广东省珠海市香洲区	22°22.6′	113°36.7′
大坞湾	DàWù Wān	广东省珠海市香洲区	22°21.8′	113°37.2′
九洲港	Jiǔzhōu Gǎng	广东省珠海市香洲区	22°14.4′	113°35.1′
深湾	Shēn Wān	广东省珠海市香洲区	22°10.4′	113°48.3′
崎沙湾	Qíshā Wān	广东省珠海市香洲区	22°10.1′	113°48.1′
银苞湾	Yínbāo Wān	广东省珠海市香洲区	22°09.9′	113°48.6′
石冲湾	Shíchōng Wān	广东省珠海市香洲区	22°09.5′	113°49.3′
北边湾	Běibiān Wān	广东省珠海市香洲区	22°08.7′	113°42.8′
三角湾	Sānjiǎo Wān	广东省珠海市香洲区	22°08.6′	113°42.3′
一湾	Yī Wān	广东省珠海市香洲区	22°08.2′	113°49.1′

标准名称	汉语拼音	行政区	地理位置	
			北纬	东经
二湾	Èr Wān	广东省珠海市香洲区	22°07.9′	113°48.9′
蜘洲湾	Zhīzhōu Wān	广东省珠海市香洲区	22°07.1′	113°53.1′
细洲湾	Xìzhōu Wān	广东省珠海市香洲区	22°07.0′	113°52.2′
铜锣湾	Tóngluó Wān	广东省珠海市香洲区	22°06.7′	114°02.3′
大东湾	Dàdōng Wān	广东省珠海市香洲区	22°06.4′	114°02.7′
石涌湾	Shíchōng Wān	广东省珠海市香洲区	22°06.4′	114°01.8′
横琴湾	Héngqín Wān	广东省珠海市香洲区	22°06.2′	113°32.8′
伶仃湾	Língdīng Wān	广东省珠海市香洲区	22°06.2′	114°01.5′
东屯湾	Dōngtún Wān	广东省珠海市香洲区	22°06.0′	113°42.3′
小东湾	Xiǎodōng Wān	广东省珠海市香洲区	22°05.9′	114°03.0′
塔湾	Tǎ Wān	广东省珠海市香洲区	22°05.6′	114°02.3′
深井湾	Shēnjǐng Wān	广东省珠海市香洲区	22°05.6′	113°28.6′
二横琴湾	Èrhéngqín Wān	广东省珠海市香洲区	22°05.6′	113°32.6′
大角塘湾	Dàjiǎotáng Wān	广东省珠海市香洲区	22°05.5′	114°02.6′
泥凼湾	Nídàng Wān	广东省珠海市香洲区	22°05.2′	113°33.2′
长栏湾	Chánglán Wān	广东省珠海市香洲区	22°04.8′	113°31.0′
路兜湾	Lùdōu Wān	广东省珠海市香洲区	22°04.5′	113°24.6′
黑洲湾	Hēizhōu Wān	广东省珠海市香洲区	22°03.7′	113°58.8′
担杆头湾	Dàngǎntóu Wān	广东省珠海市香洲区	22°03.5′	114°18.2′
马背坑湾	Mǎbèikēng Wān	广东省珠海市香洲区	22°03.5′	114°18.8′
仙人凼湾	Xiānréndàng Wān	广东省珠海市香洲区	22°03.2′	114°17.9′
石涌口湾	Shíchōngkǒu Wān	广东省珠海市香洲区	22°03.1′	114°17.1′
火船湾	Huǒchuán Wān	广东省珠海市香洲区	22°03.0′	114°18.4′
东湾	Dōng Wān	广东省珠海市香洲区	22°02.9′	113°53.5′
旺角湾	Wàngjiǎo Wān	广东省珠海市香洲区	22°02.8′	114°18.3′
铺头湾	Pūtóu Wān	广东省珠海市香洲区	22°02.7′	113°55.1′
三门湾	Sānmén Wān	广东省珠海市香洲区	22°02.7′	113°59.6′
沙湾	Shā Wān	广东省珠海市香洲区	22°02.7′	114°00.9′

标准名称	汉语拼音	行政区	地理位置	
			北纬	东经
担杆中湾	Dàngǎnzhōng Wān	广东省珠海市香洲区	22°02.6′	114°15.8′
西湾	Xī Wān	广东省珠海市香洲区	22°02.6′	114°00.9′
白石湾	Báishí Wān	广东省珠海市香洲区	22°02.4′	114°14.9′
黄茅东湾	Huángmáo Dōng Wān	广东省珠海市香洲区	22°02.3′	113°40.2′
南湾	Nán Wān	广东省珠海市香洲区	22°02.3′	113°55.6′
石斑湾	Shíbān Wān	广东省珠海市香洲区	22°02.0′	114°13.9′
前湾	Qián Wān	广东省珠海市香洲区	22°02.0′	113°39.8′
一门湾	Yīmén Wān	广东省珠海市香洲区	22°01.7′	114°13.3′
东澳湾	Dōng'ào Wān	广东省珠海市香洲区	22°01.5′	113°43.0′
南洋湾	Nányáng Wān	广东省珠海市香洲区	22°01.4′	114°14.1′
缸瓦湾	Gāng Wǎ Wān	广东省珠海市香洲区	22°01.4′	114°13.2′
南沙湾	Nánshā Wān	广东省珠海市香洲区	22°01.1′	113°41.9′
油柑湾	Yóugān Wān	广东省珠海市香洲区	22°00.4′	114°10.7′
北湾	Běi Wān	广东省珠海市香洲区	22°00.3′	113°48.6′
竹洲湾	Zhúzhōu Wān	广东省珠海市香洲区	22°00.2′	113°49.8′
横洲湾	Héngzhōu Wān	广东省珠海市香洲区	22°00.1′	113°48.4′
北槽湾	Běicáo Wān	广东省珠海市香洲区	22°00.1′	114°13.2′
二门湾	Èrmén Wān	广东省珠海市香洲区	21°60.0′	114°10.7′
马鞍湾	Mǎ'ān Wān	广东省珠海市香洲区	21°60.0′	114°09.4′
白沥湾	Báilì Wān	广东省珠海市香洲区	21°59.8′	113°45.6′
狮澳湾	Shī'ào Wān	广东省珠海市香洲区	21°59.7′	113°44.9′
拉湾	Lā Wān	广东省珠海市香洲区	21°59.7′	113°44.5′
直湾	Zhí Wān	广东省珠海市香洲区	21°59.7′	114°08.9′
冷风湾	Lěngfēng Wān	广东省珠海市香洲区	21°59.4′	114°09.8′
大沙塘湾	Dàshātáng Wān	广东省珠海市香洲区	21°59.4′	114°08.3′
大担尾湾	Dàdàn Wěi Wān	广东省珠海市香洲区	21°59.2′	114°07.5′
布袋湾	Bùdài Wān	广东省珠海市香洲区	21°59.2′	113°46.4′
塘背湾	TángBèi Wān	广东省珠海市香洲区	21°59.1′	114°08.3′

标准名称	汉语拼音	行政区	地理位置	
			北纬	东经
石排湾	Shípái Wān	广东省珠海市香洲区	21°59.1′	113°44.7′
擎罾背湾	Qíngzēng Bèi Wān	广东省珠海市香洲区	21°59.0′	114°09.4′
擎罾湾	Qíngzēng Wān	广东省珠海市香洲区	21°59.0′	114°08.8′
风云湾	Fēngyún Wān	广东省珠海市香洲区	21°58.4′	113°45.2′
清水池湾	Qīngshuǐchí Wān	广东省珠海市香洲区	21°58.4′	113°45.9′
铲湾	Chǎn Wān	广东省珠海市香洲区	21°57.3′	113°42.2′
小后湾	Xiǎohòu Wān	广东省珠海市香洲区	21°57.3′	113°43.0′
门颈湾	Ménjǐng Wān	广东省珠海市香洲区	21°57.0′	113°42.2′
沉船湾	Chénchuán Wān	广东省珠海市香洲区	21°56.9′	113°40.7′
推船湾	Tuīchuán Wān	广东省珠海市香洲区	21°56.9′	113°44.6′
过塘湾	Guòtáng Wān	广东省珠海市香洲区	21°56.8′	113°42.8′
锅底湾	Guōdǐ Wān	广东省珠海市香洲区	21°56.7′	113°41.3′
万山港	Wànshān Gǎng	广东省珠海市香洲区	21°56.1′	113°43.1′
望洋湾	Wàngyáng Wān	广东省珠海市香洲区	21°55.8′	113°43.0′
浮石湾	Fúshí Wān	广东省珠海市香洲区	21°55.7′	113°43.7′
海鳅湾	Hǎiqiū Wān	广东省珠海市香洲区	21°54.3′	114°03.8′
蟹旁湾	Xièpáng Wān	广东省珠海市香洲区	21°54.2′	114°03.1′
二凼湾	Èrdàng Wān	广东省珠海市香洲区	21°53.1′	114°02.4′
下风湾	Xiàfēng Wān	广东省珠海市香洲区	21°52.3′	114°01.0′
水坑湾	Shuǐkēng Wān	广东省珠海市香洲区	21°51.6′	114°00.4′
钳虫尾湾	Qiánchóng Wěi Wān	广东省珠海市香洲区	21°51.0′	114°00.4′
草堂湾	Cǎotáng Wān	广东省珠海市金湾区	22°02.9′	113°24.2′
大箕湾	Dàjī Wān	广东省珠海市金湾区	22°01.7′	113°15.1′
莲塘湾	Liántáng Wān	广东省珠海市金湾区	22°01.5′	113°23.9′
大浪湾	Dàlàng Wān	广东省珠海市金湾区	22°00.5′	113°08.8′
壁青湾	Bìqīng Wān	广东省珠海市金湾区	22°00.3′	113°19.4′
冲口沙湾	Chōngkǒushā Wān	广东省珠海市金湾区	22°00.2′	113°20.5′
长沙湾	Chángshā Wān	广东省珠海市金湾区	22°00.1′	113°23.2′

标准名称	汉语拼音	行政区	地理位置	
			北纬	东经
旻湾	Mín Wān	广东省珠海市金湾区	22°00.1′	113°13.9′
黑沙湾	Hēishā Wān	广东省珠海市金湾区	21°59.7′	113°21.3′
滩口湾	Tānkǒu Wān	广东省珠海市金湾区	21°57.7′	113°15.2′
大飞沙湾	Dàfēishā Wān	广东省珠海市金湾区	21°56.3′	113°16.6′
东涌湾	Dōngchōng Wān	广东省珠海市金湾区	21°56.0′	113°08.9′
西沙湾	Xīshā Wān	广东省珠海市金湾区	21°55.7′	113°17.2′
挂榜湾	Guàbǎng Wān	广东省珠海市金湾区	21°55.3′	113°08.0′
飞沙湾	Fēishā Wān	广东省珠海市金湾区	21°55.0′	113°17.1′
三浪湾	Sānlàng Wān	广东省珠海市金湾区	21°54.5′	113°16.9′
南径湾	Nánjìng Wān	广东省珠海市金湾区	21°54.1′	113°13.9′
西枕湾	Xīzhěn Wān	广东省珠海市金湾区	21°53.7′	113°16.5′
铁炉湾	Tiělú Wān	广东省珠海市金湾区	21°53.0′	113°15.1′
荷包湾	Hébāo Wān	广东省珠海市金湾区	21°52.4′	113°09.5′
笼桶湾	Lǒngtǒng Wān	广东省珠海市金湾区	21°52.2′	113°10.5′
东挖湾	Dōng Wā Wān	广东省珠海市金湾区	21°51.4′	113°11.0′
大南湾	DàNán Wān	广东省珠海市金湾区	21°51.0′	113°09.5′
田口湾	Tiánkǒu Wān	广东省汕头市濠江区	23°13.4′	116°47.9′
东屿湾	Dōngyǔ Wān	广东省汕头市澄海区	23°25.8′	116°51.7′
深澳湾	Shēn'ào Wān	广东省汕头市南澳县	23°28.2′	117°05.4′
白沙湾	Báishā Wān	广东省汕头市南澳县	23°27.8′	117°04.9′
竹栖肚湾	Zhúqīdù Wān	广东省汕头市南澳县	23°27.8′	117°07.7′
青澳湾	Qīng'ào Wān	广东省汕头市南澳县	23°26.4′	117°08.1′
长山湾	Chángshān Wān	广东省汕头市南澳县	23°26.3′	116°56.5′
九溪澳湾	Jiǔxī'ào Wān	广东省汕头市南澳县	23°25.5′	117°08.0′
前江湾	Qiánjiāng Wān	广东省汕头市南澳县	23°24.9′	117°01.3′
云澳港	Yún'ào Gǎng	广东省汕头市南澳县	23°24.2′	117°06.1′
烟墩湾	Yāndūn Wān	广东省汕头市南澳县	23°23.9′	117°06.6′
赤溪湾	Chìxī Wān	广东省江门市台山市	22°00.4′	113°00.7′

标准名称	汉语拼音	行政区	地理位置	
			北纬	东经
牛牯湾	Niúgǔ Wān	广东省江门市台山市	21°58.2′	113°01.2′
长沙湾	Chángshā Wān	广东省江门市台山市	21°55.7′	112°52.0′
大马湾	Dàmǎ Wān	广东省江门市台山市	21°55.2′	112°52.4′
大郎湾	Dàláng Wān	广东省江门市台山市	21°54.8′	112°44.8′
甫草湾	Fǔcǎo Wān	广东省江门市台山市	21°53.2′	112°42.5′
钦头湾	Qīntóu Wān	广东省江门市台山市	21°53.0′	112°58.0′
北湾	Běi Wān	广东省江门市台山市	21°53.0′	113°02.1′
鱼塘湾	Yútáng Wān	广东省江门市台山市	21°52.9′	112°52.9′
长角湾	Chángjiǎo Wān	广东省江门市台山市	21°52.7′	113°00.9′
狮头湾	Shītóu Wān	广东省江门市台山市	21°52.1′	113°00.4′
大海湾	Dàhǎi Wān	广东省江门市台山市	21°52.0′	112°41.6′
铜鼓湾	Tónggǔ Wān	广东省江门市台山市	21°51.9′	112°56.0′
南湾	Nán Wān	广东省江门市台山市	21°51.3′	113°01.5′
大石龙湾	Dàshílóng Wān	广东省江门市台山市	21°51.2′	113°00.9′
山咀湾	Shānzuǐ Wān	广东省江门市台山市	21°51.0′	112°40.6′
深水湾	Shēnshuǐ Wān	广东省江门市台山市	21°50.0′	112°39.5′
塘角湾	Tángjiǎo Wān	广东省江门市台山市	21°49.4′	112°39.2′
北沙湾	Běishā Wān	广东省江门市台山市	21°49.0′	112°24.5′
风湾	Fēng Wān	广东省江门市台山市	21°48.3′	112°24.4′
水沙湾	Shuǐshā Wān	广东省江门市台山市	21°47.8′	112°38.8′
冲口湾	Chōngkǒu Wān	广东省江门市台山市	21°47.1′	112°24.8′
扑手湾	Pūshǒu Wān	广东省江门市台山市	21°47.0′	112°37.8′
东风湾	Dōngfēng Wān	广东省江门市台山市	21°46.4′	112°50.7′
神头上湾	Shéntóu Shàng Wān	广东省江门市台山市	21°46.3′	112°36.9′
沙螺湾	Shāluó Wān	广东省江门市台山市	21°46.3′	112°51.5′
石壁湾	Shíbì Wān	广东省江门市台山市	21°46.1′	112°52.2′
大刚头湾	Dàgāngtóu Wān	广东省江门市台山市	21°46.1′	112°24.7′
大浪湾	Dàlàng Wān	广东省江门市台山市	21°45.9′	112°47.4′

标准名称	汉语拼音	行政区	地理位置	
			北纬	东经
木大湾	Mùdà Wān	广东省江门市台山市	21°45.4′	112°46.5′
中间湾	Zhōngjiān Wān	广东省江门市台山市	21°45.4′	112°24.5′
蚺蛇湾	Ránshé Wān	广东省江门市台山市	21°45.2′	112°52.0′
龟仔湾	Guīzǎi Wān	广东省江门市台山市	21°44.9′	112°24.4′
盐灶湾	Yánzào Wān	广东省江门市台山市	21°44.6′	112°51.0′
大洲湾	Dàzhōu Wān	广东省江门市台山市	21°44.5′	112°46.6′
寿湾	Shòu Wān	广东省江门市台山市	21°44.5′	112°49.6′
三洲湾	Sānzhōu Wān	广东省江门市台山市	21°44.1′	112°42.0′
茶湾	Chá Wān	广东省江门市台山市	21°43.9′	112°49.6′
黑沙湾	Hēishā Wān	广东省江门市台山市	21°43.8′	112°23.1′
德湾	Dé Wān	广东省江门市台山市	21°43.7′	112°44.7′
那腰湾	Nàyāo Wān	广东省江门市台山市	21°43.4′	112°21.7′
下塘湾	Xiàtáng Wān	广东省江门市台山市	21°43.0′	112°19.7′
草塘湾	Cǎotáng Wān	广东省江门市台山市	21°43.0′	112°20.4′
野柑湾	Yěgān Wān	广东省江门市台山市	21°42.8′	112°43.2′
北风湾	Běifēng Wān	广东省江门市台山市	21°42.8′	112°39.1′
下东风湾	Xiàdōngfēng Wān	广东省江门市台山市	21°42.7′	112°41.0′
西湾	Xī Wān	广东省江门市台山市	21°42.6′	112°40.6′
琴蛇湾	Qínshé Wān	广东省江门市台山市	21°42.6′	112°19.1′
黄花湾	Huánghuā Wān	广东省江门市台山市	21°42.3′	112°18.2′
荔枝湾	Lìzhī Wān	广东省江门市台山市	21°42.3′	112°37.4′
大澳	Dà Ào	广东省江门市台山市	21°41.9′	112°42.7′
飞沙滩	Fēishā Tān	广东省江门市台山市	21°41.7′	112°48.4′
小澳	Xiǎo Ào	广东省江门市台山市	21°41.6′	112°42.8′
那仔湾	Nàzǎi Wān	广东省江门市台山市	21°41.4′	112°27.4′
橘子湾	Júzi Wān	广东省江门市台山市	21°41.1′	112°45.6′
世独湾	Shìdú Wān	广东省江门市台山市	21°41.1′	112°39.2′
漭头湾	Mǎngtóu Wān	广东省江门市台山市	21°41.1′	112°27.0′

标准名称	汉语拼音	行政区	地理位置	
			北纬	东经
漭螺湾	Mǎngluó Wān	广东省江门市台山市	21°41.0′	112°27.5′
浐湾	Chǎn Wān	广东省江门市台山市	21°40.9′	112°35.1′
缸瓦湾	Gāng Wǎ Wān	广东省江门市台山市	21°40.8′	112°42.5′
贯草湾	Guàncǎo Wān	广东省江门市台山市	21°40.6′	112°43.2′
深湾	Shēn Wān	广东省江门市台山市	21°40.5′	112°26.6′
大伯湾	Dàbó Wān	广东省江门市台山市	21°40.5′	112°27.6′
独湾	Dú Wān	广东省江门市台山市	21°40.5′	112°38.3′
门颈湾	Ménjǐng Wān	广东省江门市台山市	21°40.2′	112°33.8′
高冠湾	Gāoguàn Wān	广东省江门市台山市	21°40.2′	112°48.5′
散石湾	Sànshí Wān	广东省江门市台山市	21°40.1′	112°26.2′
三伯湾	Sānbó Wān	广东省江门市台山市	21°39.9′	112°27.4′
山猪湾	Shānzhū Wān	广东省江门市台山市	21°39.8′	112°26.0′
沙泵湾	Shābèng Wān	广东省江门市台山市	21°39.4′	112°26.2′
竹湾	Zhú Wān	广东省江门市台山市	21°39.4′	112°38.0′
柿模挖湾	Shìmó Wā Wān	广东省江门市台山市	21°39.3′	112°27.2′
上大湾	Shàng Dà Wān	广东省江门市台山市	21°39.2′	112°46.5′
干坑湾	Gānkēng Wān	广东省江门市台山市	21°39.2′	112°26.8′
南船湾	Nánchuán Wān	广东省江门市台山市	21°38.9′	112°38.6′
叠石湾	Diéshí Wān	广东省江门市台山市	21°38.8′	112°44.8′
沙鼓湾	Shāgǔ Wān	广东省江门市台山市	21°38.7′	112°39.1′
家寮湾	Jiāliáo Wān	广东省江门市台山市	21°38.2′	112°32.6′
红路湾	Hónglù Wān	广东省江门市台山市	21°38.1′	112°44.5′
大湾	Dà Wān	广东省江门市台山市	21°38.0′	112°37.9′
竹旗湾	Zhúqí Wān	广东省江门市台山市	21°37.8′	112°47.6′
米筒湾	Mǐtǒng Wān	广东省江门市台山市	21°37.6′	112°44.1′
大岗湾	Dàgǎng Wān	广东省江门市台山市	21°37.3′	112°47.4′
南澳湾	Nán'ào Wān	广东省江门市台山市	21°37.3′	112°34.1′
招头湾	Zhāotóu Wān	广东省江门市台山市	21°37.0′	112°40.0′

标准名称	汉语拼音	行政区	地理位置	
			北纬	东经
挂榜湾	Guàbǎng Wān	广东省江门市台山市	21°37.0′	112°35.3′
细湾	Xì Wān	广东省江门市台山市	21°36.8′	112°36.3′
宁澳湾	Níng'ào Wān	广东省江门市台山市	21°36.8′	112°31.7′
东湾	Dōng Wān	广东省江门市台山市	21°36.3′	112°32.9′
猪坑湾	Zhūkēng Wān	广东省江门市台山市	21°36.3′	112°51.7′
沙堤湾	Shādī Wān	广东省江门市台山市	21°36.3′	112°44.8′
磴口湾	Dèngkǒu Wān	广东省江门市台山市	21°36.3′	112°39.5′
下磴湾	Xiàdèng Wān	广东省江门市台山市	21°36.2′	112°53.6′
细澳湾	Xì'ào Wān	广东省江门市台山市	21°36.1′	112°31.6′
踏沙湾	Tàshā Wān	广东省江门市台山市	21°36.0′	112°52.4′
打铁湾	Dátiě Wān	广东省江门市台山市	21°35.9′	112°45.1′
椰子湾	Yēzi Wān	广东省江门市台山市	21°35.7′	112°48.5′
下黄花湾	Xiàhuánghuā Wān	广东省江门市台山市	21°35.5′	112°32.1′
公湾	Gōng Wān	广东省江门市台山市	21°35.2′	112°45.7′
螃蟹湾	Pángxiè Wān	广东省江门市台山市	21°34.2′	112°48.2′
赤坎港	Chìkǎn Gǎng	广东省湛江市赤坎区	21°16.0′	110°23.8′
柴埠江	Cháibùjiāng	广东省湛江市坡头区	21°18.0′	110°29.5′
龙王湾	Lóng Wáng Wān	广东省湛江市坡头区	21°17.5′	110°27.8′
龟头港	Guītóu Gǎng	广东省湛江市麻章区	20°59.7′	110°25.6′
北港	Běi Gǎng	广东省湛江市麻章区	20°56.2′	110°35.2′
那洞湾	Nàdòng Wān	广东省湛江市麻章区	20°54.4′	110°37.6′
南港	Nán Gǎng	广东省湛江市麻章区	20°53.0′	110°33.6′
亮港	Liàng Gǎng	广东省湛江市麻章区	20°52.9′	110°36.6′
存亮白坪	Cúnliàngbáipíng	广东省湛江市麻章区	20°52.1′	110°35.9′
英明坪	Yīngmíngpíng	广东省湛江市麻章区	20°52.1′	110°34.8′
乐民港	Lèmín Gǎng	广东省湛江市遂溪县	21°11.0′	109°44.5′
江洪港	Jiānghóng Gǎng	广东省湛江市遂溪县	21°01.1′	109°41.8′
后海下港	Hòuhǎi Xiàgǎng	广东省湛江市徐闻县	20°39.5′	110°26.9′

标准名称	汉语拼音	行政区	地理位置	
			北纬	东经
金鸡港	Jīnjī Gǎng	广东省湛江市徐闻县	20°38.8′	110°22.2′
中间港	Zhōngjiān Gǎng	广东省湛江市徐闻县	20°35.2′	110°28.0′
北门港	Běimén Gǎng	广东省湛江市徐闻县	20°35.1′	110°24.7′
大村港	Dàcūn Gǎng	广东省湛江市徐闻县	20°34.1′	110°26.4′
下洋港	Xiàyáng Gǎng	广东省湛江市徐闻县	20°33.8′	110°27.0′
陈公港	Chéngōng Gǎng	广东省湛江市徐闻县	20°31.9′	110°30.1′
庵下港	Ānxià Gǎng	广东省湛江市徐闻县	20°31.0′	110°30.8′
下港	Xià Gǎng	广东省湛江市徐闻县	20°30.1′	110°31.1′
后海湾	Hòuhǎi Wān	广东省湛江市徐闻县	20°27.2′	110°31.5′
山狗吼湾	Shāngǒuhǒu Wān	广东省湛江市徐闻县	20°25.3′	110°30.5′
北栋湾	Běidòng Wān	广东省湛江市徐闻县	20°24.8′	109°53.2′
丰隆湾	Fēnglóng Wān	广东省湛江市徐闻县	20°24.6′	109°56.9′
南上湾	Nánshàng Wān	广东省湛江市徐闻县	20°23.6′	110°28.8′
许家港	Xǔjiā Gǎng	广东省湛江市徐闻县	20°23.6′	109°52.4′
滚井湾	Gǔnjǐng Wān	广东省湛江市徐闻县	20°23.5′	109°58.2′
迈陈港	Màichén Gǎng	广东省湛江市徐闻县	20°23.2′	109°58.3′
柯家湾	Kējiā Wān	广东省湛江市徐闻县	20°22.9′	110°28.3′
割园湾	Gēyuán Wān	广东省湛江市徐闻县	20°22.5′	109°59.0′
盐井港	Yánjǐng Gǎng	广东省湛江市徐闻县	20°21.6′	110°27.6′
肖家港	Xiāojiā Gǎng	广东省湛江市徐闻县	20°21.4′	109°54.0′
东场港	Dōngchǎng Gǎng	广东省湛江市徐闻县	20°20.7′	109°55.0′
北腊港	Běilà Gǎng	广东省湛江市徐闻县	20°20.5′	110°26.6′
赤草湾	Chìcǎo Wān	广东省湛江市徐闻县	20°18.9′	110°25.0′
大麻湾	Dàmá Wān	广东省湛江市徐闻县	20°18.5′	109°56.0′
红坎湾	Hóngkǎn Wān	广东省湛江市徐闻县	20°18.3′	110°22.9′
博赊港	Bóshē Gǎng	广东省湛江市徐闻县	20°17.7′	110°21.5′
白宫港	Báigōng Gǎng	广东省湛江市徐闻县	20°17.4′	109°56.0′
华丰港	Huáfēng Gǎng	广东省湛江市徐闻县	20°16.9′	110°03.3′

标准名称	汉语拼音	行政区	地理位置	
			北纬	东经
北海湾	Běihǎi Wān	广东省湛江市徐闻县	20°16.7′	109°59.3′
新地港	Xīndì Gǎng	广东省湛江市徐闻县	20°16.7′	110°01.0′
三座港	Sānzuò Gǎng	广东省湛江市徐闻县	20°16.4′	110°14.8′
海珠港	Hǎizhū Gǎng	广东省湛江市徐闻县	20°16.2′	110°04.3′
杏磊港	Xìnglěi Gǎng	广东省湛江市徐闻县	20°16.2′	110°12.4′
鲤鱼港	Lǐyú Gǎng	广东省湛江市徐闻县	20°16.2′	110°05.1′
苞西港	Bāoxī Gǎng	广东省湛江市徐闻县	20°16.1′	109°55.6′
白沙港	Báishā Gǎng	广东省湛江市徐闻县	20°15.6′	110°16.1′
海安湾	Hǎi'ān Wān	广东省湛江市徐闻县	20°15.4′	110°13.8′
南岭港	Nánlǐng Gǎng	广东省湛江市徐闻县	20°15.3′	109°57.0′
放坡港	Fàngpō Gǎng	广东省湛江市徐闻县	20°15.2′	109°55.1′
二塘港	Èrtáng Gǎng	广东省湛江市徐闻县	20°15.1′	110°11.3′
三塘港	Sāntáng Gǎng	广东省湛江市徐闻县	20°14.4′	110°10.3′
四塘港	Sìtáng Gǎng	广东省湛江市徐闻县	20°14.4′	110°08.6′
青安湾	Qīng'ān Wān	广东省湛江市徐闻县	20°14.4′	110°17.4′
苞萝湾	Bāoluó Wān	广东省湛江市徐闻县	20°14.4′	109°56.3′
公园湾	Gōngyuán Wān	广东省湛江市徐闻县	20°14.3′	110°07.9′
三墩港	Sāndūn Gǎng	广东省湛江市徐闻县	20°14.2′	110°06.7′
蛋场港	Dànchǎng Gǎng	广东省湛江市雷州市	20°57.4′	109°40.7′
豪郎港	Háoláng Gǎng	广东省湛江市雷州市	20°53.5′	109°40.2′
赤目塘港	Chìmùtáng Gǎng	广东省湛江市雷州市	20°50.8′	110°12.1′
黑土港	Hēitǔ Gǎng	广东省湛江市雷州市	20°48.1′	109°43.8′
企水港	Qǐshuǐ Gǎng	广东省湛江市雷州市	20°45.3′	109°45.2′
山尾港	Shān Wěi Gǎng	广东省湛江市雷州市	20°44.6′	110°18.5′
海康港	Hǎikāng Gǎng	广东省湛江市雷州市	20°42.1′	109°46.2′
港仔	Gǎng zǎi	广东省湛江市雷州市	20°41.0′	109°45.4′
龙斗湾	Lóngdǒu Wān	广东省湛江市雷州市	20°38.0′	109°46.6′
那胆港	Nàdǎn Gǎng	广东省湛江市雷州市	20°37.7′	109°47.7′

标准名称	汉语拼音	行政区	地理位置	
			北纬	东经
乌石港	Wūshí Gǎng	广东省湛江市雷州市	20°33.2′	109°49.9′
那澳湾	Nà'ào Wān	广东省湛江市雷州市	20°29.9′	109°51.8′
沙田港	Shātián Gǎng	广东省湛江市吴川市	21°23.3′	110°50.8′
水东湾	Shuǐdōng Wān	广东省茂名市	21°29.8′	111°02.7′
童子湾	Tóngzǐ Wān	广东省茂名市茂港区	21°25.3′	110°58.6′
吉达湾	Jídá Wān	广东省茂名市电白县	21°32.2′	111°22.8′
小径湾	Xiǎojìng Wān	广东省惠州市	22°47.3′	114°41.7′
霞涌港	Xiáchōng Gǎng	广东省惠州市惠阳区	22°46.1′	114°38.8′
猴仔湾	Hóuzǎi Wān	广东省惠州市惠阳区	22°42.7′	114°32.1′
澳头港	Àotóu Gǎng	广东省惠州市惠阳区	22°42.2′	114°32.5′
小桂湾	Xiǎoguì Wān	广东省惠州市惠阳区	22°40.9′	114°31.0′
南湾	Nán Wān	广东省惠州市惠阳区	22°34.6′	114°48.6′
北扣港	Běikòu Gǎng	广东省惠州市惠阳区	22°28.0′	114°38.3′
妈湾	Mā Wān	广东省惠州市惠阳区	22°27.9′	114°37.1′
翠文港	Cuì Wén Gǎng	广东省惠州市惠东县	22°49.7′	114°47.3′
上湾	Shàng Wān	广东省惠州市惠东县	22°47.5′	114°43.0′
考洲洋	Kǎozhōu Yáng	广东省惠州市惠东县	22°44.3′	114°54.6′
大湾	Dà Wān	广东省惠州市惠东县	22°44.2′	114°44.5′
盐洲港	Yánzhōu Gǎng	广东省惠州市惠东县	22°41.7′	114°57.8′
巽寮港	Xùnliáo Gǎng	广东省惠州市惠东县	22°41.4′	114°44.6′
长沙湾	Chángshā Wān	广东省惠州市惠东县	22°38.9′	114°44.3′
小湖	Xiǎohú	广东省惠州市惠东县	22°38.3′	114°44.7′
白沙湖	Báishāhú	广东省惠州市惠东县	22°37.0′	114°44.7′
葵坑港	Kuíkēng Gǎng	广东省惠州市惠东县	22°36.0′	114°49.6′
咸台港	Xiántái Gǎng	广东省惠州市惠东县	22°35.9′	114°47.8′
港口港	Gǎngkǒu Gǎng	广东省惠州市惠东县	22°35.9′	114°53.0′
烟囱湾	Yāncōng Wān	广东省惠州市惠东县	22°35.8′	114°44.8′
大澳塘	Dà'àotáng	广东省惠州市惠东县	22°33.7′	114°53.2′

标准名称	汉语拼音	行政区	地理位置	
			北纬	东经
海龟湾	Hǎiguī Wān	广东省惠州市惠东县	22°33.1′	114°53.5′
马宫港	Mǎgōng Gǎng	广东省汕尾市城区	22°47.6′	115°14.0′
品清湖	Pǐnqīnghú	广东省汕尾市城区	22°46.0′	115°23.7′
遮浪港	Zhēlàng Gǎng	广东省汕尾市城区	22°40.0′	115°33.0′
小漠港	Xiǎomò Gǎng	广东省汕尾市海丰县	22°47.4′	115°02.5′
乌坎港	Wūkǎn Gǎng	广东省汕尾市陆丰市	22°53.2′	115°40.3′
湖东港	Húdōng Gǎng	广东省汕尾市陆丰市	22°49.4′	115°57.6′
碣石港	Jiéshí Gǎng	广东省汕尾市陆丰市	22°49.1′	115°48.3′
乌泥港	Wūní Gǎng	广东省汕尾市陆丰市	22°48.8′	115°47.6′
浅澳港	Qiǎn'ào Gǎng	广东省汕尾市陆丰市	22°46.1′	115°47.9′
大湾	Dà Wān	广东省阳江市江城区	21°39.3′	111°53.0′
赤坎环	Chìkǎn Huán	广东省阳江市江城区	21°37.6′	111°50.9′
渡头环	Dùtóu Huán	广东省阳江市江城区	21°36.2′	111°50.6′
闸坡港	Zhápō Gǎng	广东省阳江市江城区	21°34.8′	111°49.3′
大角环	Dàjiǎo Huán	广东省阳江市江城区	21°34.0′	111°50.5′
北洛环	Běiluò Huán	广东省阳江市江城区	21°33.7′	111°49.2′
溪头港	Xītóu Gǎng	广东省阳江市阳西县	21°38.2′	111°46.3′
后海港	Hòuhǎi Gǎng	广东省阳江市阳西县	21°32.3′	111°37.4′
福湖港	Fúhú Gǎng	广东省阳江市阳西县	21°31.4′	111°32.7′
沙咀环	Shāzuǐ Huán	广东省阳江市阳东县	21°44.5′	112°12.4′
大港环	Dàgǎng Huán	广东省阳江市阳东县	21°43.9′	112°13.9′
小湾	Xiǎo Wān	广东省阳江市阳东县	21°42.3′	112°17.0′
南鹏湾	Nánpéng Wān	广东省阳江市阳东县	21°33.3′	112°11.4′
新湾	Xīn Wān	广东省东莞市	22°48.1′	113°39.5′
英港	Yīng Gǎng	广东省潮州市饶平县	23°33.9′	117°07.7′
长溪湾	Chángxī Wān	广东省潮州市饶平县	23°31.9′	116°59.9′
神泉港	Shénquán Gǎng	广东省揭阳市惠来县	22°58.1′	116°16.6′
资深港	Zīshēn Gǎng	广东省揭阳市惠来县	22°57.8′	116°30.7′

标准名称	汉语拼音	行政区	地理位置	
			北纬	东经
溪东港	Xīdōng Gǎng	广东省揭阳市惠来县	22°56.7′	116°20.3′
港寮湾	Gǎngliáo Wān	广东省揭阳市惠来县	22°56.6′	116°27.8′

二、水道

标准名称	汉语拼音	行政区	地理位置	
			北纬	东经
伶仃水道	Língdīng Shuǐdào	广东省	22°36.7′	113°42.3′
崖门水道	Yámén Shuǐdào	广东省	22°01.9′	113°05.1′
公沙水道	Gōngshā Shuǐdào	广东省深圳市宝安区	22°37.7′	113°47.2′
金星港	Jīnxīng Gǎng	广东省珠海市香洲区	22°23.0′	113°37.0′
内港	Nèi Gǎng	广东省珠海市香洲区	22°11.9′	113°32.2′
马骝洲水道	Mǎliúzhōu Shuǐdào	广东省珠海市香洲区	22°09.2′	113°28.8′
牛头门	Niútóu Mén	广东省珠海市香洲区	22°09.0′	113°48.0′
三角门	Sānjiǎo Mén	广东省珠海市香洲区	22°08.1′	113°42.4′
下门颈	Xiàménjǐng	广东省珠海市香洲区	22°08.0′	113°49.0′
细碌门	Xìlù Mén	广东省珠海市香洲区	22°07.7′	113°42.2′
蜘洲水道	Zhīzhōu Shuǐdào	广东省珠海市香洲区	22°06.9′	113°52.8′
隘洲门	Àizhōu Mén	广东省珠海市香洲区	22°02.4′	113°54.9′
一门水道	Yīmén Shuǐdào	广东省珠海市香洲区	22°01.1′	114°12.9′
二门水道	Èrmén Shuǐdào	广东省珠海市香洲区	22°00.1′	114°10.3′
南屏门	Nánpíng Mén	广东省珠海市香洲区	21°56.9′	113°42.5′
南水沥	Nánshuǐ Lì	广东省珠海市金湾区	22°02.6′	113°14.8′
三角山门	Sānjiǎoshān Mén	广东省珠海市金湾区	21°57.4′	113°10.4′
德洲水道	Dézhōu Shuǐdào	广东省汕头市濠江区	23°19.6′	116°45.1′
濠江水道	Háojiāng Shuǐdào	广东省汕头市濠江区	23°19.0′	116°38.7′
镇海港	Zhènhǎi Gǎng	广东省江门市台山市	21°52.9′	112°24.7′
黄麖门	Huángjīng Mén	广东省江门市台山市	21°42.1′	112°40.1′
围夹门	Wéijiá Mén	广东省江门市台山市	21°34.9′	112°48.2′

标准名称	汉语拼音	行政区	地理位置	
			北纬	东经
麻斜海	Máxié Hǎi	广东省湛江市	21°16.5′	110°24.9′
湛江水道	Zhànjiāng Shuǐdào	广东省湛江市	21°05.5′	110°26.9′
北莉口	Běil Kǒu	广东省湛江市	20°43.2′	110°24.8′
特呈海	Tèchéng Hǎi	广东省湛江市	21°09.0′	110°26.0′
利剑门	Lìjiàn Mén	广东省湛江市坡头区	21°13.8′	110°38.6′
南三水道	Nánsān Shuǐdào	广东省湛江市坡头区	21°12.4′	110°28.8′
硇洲水道	Náozhōu Shuǐdào	广东省湛江市麻章区	20°54.2′	110°32.7′
后昌泽	Hòuchāngjiàng	广东省湛江市徐闻县	20°40.9′	110°27.1′
牛过水道	Niúguò Shuǐdào	广东省惠州市惠阳区	22°42.0′	114°33.8′
三洲水道	Sānzhōu Shuǐdào	广东省惠州市惠东县	22°43.2′	114°57.0′
盐洲水道	Yánzhōu Shuǐdào	广东省惠州市惠东县	22°42.5′	114°56.6′
表烂	Biǎolàn	广东省汕尾市城区	22°39.0′	115°34.0′
乌坎港	Wūkǎn Gǎng	广东省汕尾市陆丰市	22°52.7′	115°38.7′
北水道	Běi Shuǐdào	广东省汕尾市陆丰市	20°44.3′	116°43.8′
南水道	Nán Shuǐdào	广东省汕尾市陆丰市	20°40.0′	116°43.2′
海陵水道	Hǎilíng Shuǐdào	广东省阳江市	21°40.4′	111°49.1′
溪头港	Xītóu Gǎng	广东省阳江市阳西县	21°38.7′	111°45.9′
大门口	Dàmén Kǒu	广东省阳江市阳西县	21°30.8′	111°38.3′
灯笼水道	Dēnglóng Shuǐdào	广东省中山市	22°34.0′	113°37.5′
小金门水道	Xiǎojīnmén Shuǐdào	广东省潮州市饶平县	23°33.8′	117°01.4′
小门水道	Xiǎomén Shuǐdào	广东省潮州市饶平县	23°33.6′	117°04.6′
笠港水道	Lìgǎng Shuǐdào	广东省潮州市饶平县	23°32.5′	116°57.6′

三、滩

标准名称	汉语拼音	行政区	地理位置	
			北纬	东经
青湾大滩	Qīng Wān Dàtān	广东省珠海市金湾区	22°03.2′	113°18.6′
木乃滩	Mùnǎi Tān	广东省珠海市金湾区	22°02.2′	113°17.0′

标准名称	汉语拼音	行政区	地理位置	
			北纬	东经
龙头沙	Lóngtóu Shā	广东省汕头市潮阳区	23°11.1′	116°39.5′
红堀沙	Hóngkū Shā	广东省汕头市潮阳区	23°10.9′	116°36.7′
澳内沙	Àonèi Shā	广东省汕头市潮阳区	23°10.8′	116°37.9′
南角沙咀	Nánjiǎo Shāzuǐ	广东省湛江市	20°52.7′	110°33.4′
低散滩	Dī Sàntān	广东省湛江市坡头区	21°12.7′	110°32.6′
圈龙沙	Quānlóng Shā	广东省湛江市遂溪县	21°11.3′	109°43.6′
下寮沙	Xiàliáo Shā	广东省湛江市遂溪县	21°10.7′	109°43.2′
调神沙	Diàoshén Shā	广东省湛江市遂溪县	21°07.3′	109°40.4′
新地沙	Xīndì Shā	广东省湛江市徐闻县	20°15.9′	110°00.4′
南拳	Nánquán	广东省湛江市雷州市	20°32.7′	109°49.1′
高沙涌	Gāo Shāchōng	广东省湛江市吴川市	21°18.3′	110°37.8′
顶心沙	Dǐngxīn Shā	广东省茂名市电白县	21°31.8′	111°28.0′
博贺滩	Bóhè Tān	广东省茂名市电白县	21°28.5′	111°13.8′
正滩	Zhèng Tān	广东省惠州市惠阳区	22°43.7′	114°34.0′
忙荡散	Mángdàng Sàn	广东省惠州市惠阳区	22°41.7′	114°32.3′
小桂滩	Xiǎoguì Tān	广东省惠州市惠阳区	22°41.0′	114°30.6′
盐屿排	Yányǔpái	广东省汕尾市城区	22°48.8′	115°14.8′
沙排角	Shāpáijiǎo	广东省汕尾市城区	22°48.3′	115°14.1′
东海仔	Dōnghǎizǎi	广东省汕尾市城区	22°47.9′	115°33.1′
港仔咀	Gǎngzǎizuǐ	广东省汕尾市城区	22°47.6′	115°18.2′
高芦蔸	Gāolúdōu	广东省汕尾市城区	22°47.5′	115°18.9′
茶亭	Chátíng	广东省汕尾市城区	22°47.4′	115°19.5′
广安滩	Guǎng'ān Tān	广东省汕尾市城区	22°47.3′	115°23.9′
妈坞滩	Mā Wù Tān	广东省汕尾市城区	22°47.3′	115°24.3′
下洋沙坝	Xiàyáng Shābà	广东省汕尾市城区	22°46.9′	115°20.4′
四清围滩	Sìqīng Wéi Tān	广东省汕尾市城区	22°46.9′	115°24.9′
后海沙	Hòuhǎi Shā	广东省汕尾市城区	22°46.8′	115°32.4′
石角滩	Shíjiǎo Tān	广东省汕尾市城区	22°46.7′	115°25.1′

标准名称	汉语拼音	行政区	地理位置	
			北纬	东经
妈町围滩	Mādīng Wéi Tān	广东省汕尾市城区	22°45.8′	115°25.4′
后湖澳	Hòuhú'ào	广东省汕尾市城区	22°45.8′	115°31.9′
钓鱼洲	Diàoyúzhōu	广东省汕尾市城区	22°45.6′	115°25.0′
小鬼石澳	Xiǎoguǐshí'ào	广东省汕尾市城区	22°45.2′	115°31.3′
新港前	Xīngǎngqián	广东省汕尾市城区	22°45.2′	115°20.8′
红娘线	Hóngniángxiàn	广东省汕尾市城区	22°45.2′	115°22.6′
五漏沙坝	Wǔlòu Shābà	广东省汕尾市城区	22°45.1′	115°23.5′
后澳仔	Hòu'àozǎi	广东省汕尾市城区	22°45.1′	115°24.3′
沙海前	Shāhǎiqián	广东省汕尾市城区	22°45.1′	115°23.1′
蟹脚地围	Xièjiǎodì Wéi	广东省汕尾市城区	22°45.0′	115°23.3′
后澳洲	Hòu'àozhōu	广东省汕尾市城区	22°45.0′	115°24.1′
银牌澳	Yínpái'ào	广东省汕尾市城区	22°44.4′	115°20.8′
田仔澳	Tiánzǎi'ào	广东省汕尾市城区	22°43.4′	115°20.7′
石鼓门	Shígǔmén	广东省汕尾市城区	22°43.1′	115°32.4′
石鼓澳	Shígǔ'ào	广东省汕尾市城区	22°42.9′	115°32.9′
上坑澳	Shàngkēng'ào	广东省汕尾市城区	22°42.7′	115°21.5′
天毛围	Tiānmáo Wéi	广东省汕尾市城区	22°42.6′	115°33.5′
澳仔	Àozǎi	广东省汕尾市城区	22°41.2′	115°30.4′
大网澳	Dà Wǎng'ào	广东省汕尾市城区	22°41.2′	115°30.6′
盾沙澳	Dùnshā'ào	广东省汕尾市城区	22°41.2′	115°29.1′
桥仔头澳	Qiáozǎitóu'ào	广东省汕尾市城区	22°41.2′	115°30.8′
龙虾澳	Lóngxiā'ào	广东省汕尾市城区	22°41.2′	115°30.3′
新置村澳	Xīnzhìcūn'ào	广东省汕尾市海丰县	22°50.6′	115°35.1′
石牌寮澳	Shípáiliáo'ào	广东省汕尾市海丰县	22°50.1′	115°34.5′
虎头排	Hǔtóupái	广东省汕尾市海丰县	22°49.6′	115°15.7′
濂海张滩	Liánhǎizhāng Tān	广东省汕尾市陆丰市	22°52.6′	115°36.3′
鸽沙滩	Gē Shātān	广东省汕尾市陆丰市	22°51.3′	116°04.8′
海坣沙	Hǎitáng Shā	广东省汕尾市陆丰市	22°51.0′	115°43.9′

标准名称	汉语拼音	行政区	地理位置	
			北纬	东经
下龙礁沙	Xiàlóngjiāo Shā	广东省汕尾市陆丰市	22°50.7′	116°08.6′
茫田澳沙	Mángtián'ào Shā	广东省汕尾市陆丰市	22°50.5′	116°04.9′
白沙湾沙	Báishā Wān Shā	广东省汕尾市陆丰市	22°50.1′	116°07.0′
长湾沙	Cháng Wān Shā	广东省汕尾市陆丰市	22°49.5′	116°06.2′
狮仔澳沙	Shīzǎi'ào Shā	广东省汕尾市陆丰市	22°49.3′	116°05.6′
前海沙	Qiánhǎi Shā	广东省汕尾市陆丰市	22°48.4′	115°55.6′
大澳沙	Dà'ào Shā	广东省汕尾市陆丰市	22°47.4′	115°48.1′
后海沙	Hòuhǎi Shā	广东省汕尾市陆丰市	22°46.8′	115°51.3′
洲西沙	Zhōuxī Shā	广东省汕尾市陆丰市	22°44.9′	115°48.6′
大角海	Dàjiǎohǎi	广东省阳江市阳西县	21°38.7′	111°47.1′
大沙头	Dà Shātóu	广东省阳江市阳西县	21°31.5′	111°37.8′
园山仔沙	Yuánshānzǎi Shā	广东省阳江市阳东县	21°47.0′	112°03.4′
沙尾	Shā Wěi	广东省潮州市饶平县	23°34.8′	117°01.0′
涌尾	Chōng Wěi	广东省潮州市饶平县	23°34.5′	117°03.6′

四、岬角

标准名称	汉语拼音	行政区	地理位置	
			北纬	东经
龙舟角	Lóngzhōu Jiǎo	广东省深圳市南山区	22°30.8′	113°51.9′
了哥角	Liǎogē Jiǎo	广东省深圳市龙岗区	22°39.6′	114°34.5′
东边角	Dōngbiān Jiǎo	广东省深圳市龙岗区	22°39.5′	114°35.0′
深涌角	Shēnchōng Jiǎo	广东省深圳市龙岗区	22°39.4′	114°34.4′
红排角	Hóngpái Jiǎo	广东省深圳市龙岗区	22°39.3′	114°35.5′
横山角	Héngshān Jiǎo	广东省深圳市龙岗区	22°39.3′	114°31.5′
铜锣角	Tóngluó Jiǎo	广东省深圳市龙岗区	22°36.9′	114°23.4′
土洋角	Tǔyáng Jiǎo	广东省深圳市龙岗区	22°36.7′	114°24.2′
泥壁角	Níbì Jiǎo	广东省深圳市龙岗区	22°36.5′	114°21.9′
官湖角	Guānhú Jiǎo	广东省深圳市龙岗区	22°36.4′	114°24.9′

标准名称	汉语拼音	行政区	地理位置	
			北纬	东经
圆礁角	Yuánjiāo Jiǎo	广东省深圳市龙岗区	22°35.8′	114°25.7′
秤头角	Chèngtóu Jiǎo	广东省深圳市龙岗区	22°34.3′	114°26.3′
罗汉角	Luóhàn Jiǎo	广东省深圳市龙岗区	22°34.2′	114°32.6′
水头角	Shuǐtóu Jiǎo	广东省深圳市龙岗区	22°33.1′	114°28.2′
高崖角	Gāoyá Jiǎo	广东省深圳市龙岗区	22°32.6′	114°36.3′
清水角	Qīngshuǐ Jiǎo	广东省深圳市龙岗区	22°32.5′	114°28.7′
望鱼角	Wàngyú Jiǎo	广东省深圳市龙岗区	22°31.3′	114°29.0′
海柴角	Hǎichái Jiǎo	广东省深圳市龙岗区	22°30.8′	114°37.3′
崩角	Bēng Jiǎo	广东省深圳市龙岗区	22°30.8′	114°28.6′
长角	Cháng Jiǎo	广东省深圳市龙岗区	22°29.9′	114°36.6′
残螺角	Cánluó Jiǎo	广东省深圳市龙岗区	22°29.7′	114°28.8′
岩仔角	Yánzǎi Jiǎo	广东省深圳市龙岗区	22°29.6′	114°35.1′
涌口岭	Chōngkǒulǐng	广东省深圳市龙岗区	22°29.2′	114°34.9′
贵仔角	Guìzǎi Jiǎo	广东省深圳市龙岗区	22°29.0′	114°34.1′
穿鼻岩	Chuānbíyán	广东省深圳市龙岗区	22°28.7′	114°33.5′
西长角	Xīcháng Jiǎo	广东省深圳市龙岗区	22°28.3′	114°29.0′
涌口头	Chōngkǒu Tóu	广东省深圳市龙岗区	22°28.0′	114°31.7′
黑岩角	Hēiyán Jiǎo	广东省深圳市龙岗区	22°27.1′	114°29.9′
上角	Shàng Jiǎo	广东省深圳市盐田区	22°35.9′	114°19.1′
背仔角	Bèizǎi Jiǎo	广东省深圳市盐田区	22°35.7′	114°20.2′
下角	Xià Jiǎo	广东省深圳市盐田区	22°35.1′	114°18.1′
正角咀	Zhèngjiǎo Zuǐ	广东省深圳市盐田区	22°34.5′	114°17.9′
吊石角	Diàoshí Jiǎo	广东省珠海市香洲区	22°26.3′	113°39.0′
青角头	Qīngjiǎo Tóu	广东省珠海市香洲区	22°24.0′	113°36.7′
南芒角	Nánmáng Jiǎo	广东省珠海市香洲区	22°23.4′	113°37.6′
留诗山角	Liúshīshān Jiǎo	广东省珠海市香洲区	22°23.1′	113°34.2′
银坑角	Yínkēng Jiǎo	广东省珠海市香洲区	22°19.2′	113°36.4′
菱角咀	Língjiao Zuǐ	广东省珠海市香洲区	22°15.9′	113°35.3′

标准名称	汉语拼音	行政区	地理位置	
			北纬	东经
龙须角	Lóngxū Jiǎo	广东省珠海市香洲区	22°10.6′	113°48.2′
石龙角	Shílóng Jiǎo	广东省珠海市香洲区	22°10.2′	113°47.8′
牛头角	Niútóu Jiǎo	广东省珠海市香洲区	22°09.7′	113°48.7′
深水角	Shēnshuǐ Jiǎo	广东省珠海市香洲区	22°09.5′	113°49.4′
北山咀	Běishān Zuǐ	广东省珠海市香洲区	22°09.5′	113°31.8′
西尾角	Xī Wěi Jiǎo	广东省珠海市香洲区	22°09.3′	113°49.0′
蛇头咀	Shétóu Zuǐ	广东省珠海市香洲区	22°08.9′	113°30.1′
挡扒咀	Dǎngbā Zuǐ	广东省珠海市香洲区	22°08.7′	113°49.7′
北边角	Běibiān Jiǎo	广东省珠海市香洲区	22°08.7′	113°42.7′
三角头	Sānjiǎo Tóu	广东省珠海市香洲区	22°08.6′	113°43.0′
三角尾	Sānjiǎo Wěi	广东省珠海市香洲区	22°08.3′	113°42.3′
三盘浪角	Sānpánlàng Jiǎo	广东省珠海市香洲区	22°07.9′	113°48.8′
蟹尾角	XièWěi Jiǎo	广东省珠海市香洲区	22°07.8′	113°27.9′
粗沙上角	Cūshā Shàngjiǎo	广东省珠海市香洲区	22°07.6′	113°32.2′
银角咀	Yínjiǎo Zuǐ	广东省珠海市香洲区	22°07.6′	113°53.5′
石流角	Shíliú Jiǎo	广东省珠海市香洲区	22°07.5′	113°49.1′
地龙角	Dìlóng Jiǎo	广东省珠海市香洲区	22°07.3′	113°49.5′
赤滩头	Chìtān Tóu	广东省珠海市香洲区	22°07.3′	113°45.7′
孖石咀	Māshí Zuǐ	广东省珠海市香洲区	22°07.2′	113°54.0′
北咀	Běi Zuǐ	广东省珠海市香洲区	22°07.1′	113°52.4′
赤滩尾	Chìtān Wěi	广东省珠海市香洲区	22°07.0′	113°45.6′
西咀	Xī Zuǐ	广东省珠海市香洲区	22°06.9′	113°52.1′
铜锣角	Tóngluó Jiǎo	广东省珠海市香洲区	22°06.7′	114°02.5′
石尾咀	ShíWěi Zuǐ	广东省珠海市香洲区	22°06.3′	114°01.5′
落钱角	Luòqián Jiǎo	广东省珠海市香洲区	22°05.9′	113°32.5′
南角	Nán Jiǎo	广东省珠海市香洲区	22°05.7′	113°42.4′
搭石角	Dāshí Jiǎo	广东省珠海市香洲区	22°05.6′	113°28.7′
塔湾角	TǎWān Jiǎo	广东省珠海市香洲区	22°05.6′	114°02.5′

标准名称	汉语拼音	行政区	地理位置	
			北纬	东经
大角	Dà Jiǎo	广东省珠海市香洲区	22°05.4′	114°02.8′
陡石咀	Dǒushí Zuǐ	广东省珠海市香洲区	22°04.9′	113°32.1′
墩仔咀	Dūnzǎi Zuǐ	广东省珠海市香洲区	22°04.9′	113°31.4′
望眉角	Wàngméi Jiǎo	广东省珠海市香洲区	22°04.8′	113°29.0′
黑角	Hēi Jiǎo	广东省珠海市香洲区	22°04.7′	113°32.7′
婆尾	Pó Wěi	广东省珠海市香洲区	22°04.6′	113°33.1′
赤沙下角	Chìshā Xiàjiǎo	广东省珠海市香洲区	22°04.4′	113°29.9′
三牙角	Sāny Jiǎo	广东省珠海市香洲区	22°03.9′	114°19.1′
北角	Běi Jiǎo	广东省珠海市香洲区	22°03.8′	113°58.5′
头东角	Tóudōng Jiǎo	广东省珠海市香洲区	22°03.6′	114°19.1′
东咀	Dōng Zuǐ	广东省珠海市香洲区	22°03.5′	113°58.9′
石鼓角	Shígǔ Jiǎo	广东省珠海市香洲区	22°03.3′	113°58.7′
北角咀	Běijiǎo Zuǐ	广东省珠海市香洲区	22°03.0′	113°55.2′
大烈头	Dàliè Tóu	广东省珠海市香洲区	22°02.8′	113°41.8′
东湾咀	Dōng Wān Zuǐ	广东省珠海市香洲区	22°02.8′	113°55.8′
樟木角	Zhāngmù Jiǎo	广东省珠海市香洲区	22°02.7′	114°16.0′
旺角咀	WàngJiǎo Zuǐ	广东省珠海市香洲区	22°02.7′	114°18.2′
竹湾咀	Zhú Wān Zuǐ	广东省珠海市香洲区	22°02.7′	114°01.3′
西湾头	Xī Wān Tóu	广东省珠海市香洲区	22°02.6′	113°41.5′
白石角	Báishí Jiǎo	广东省珠海市香洲区	22°02.5′	114°15.3′
细咀	Xì Zuǐ	广东省珠海市香洲区	22°02.5′	113°54.8′
西湾角	Xī Wān Jiǎo	广东省珠海市香洲区	22°02.3′	113°39.8′
望洋咀	Wàngyáng Zuǐ	广东省珠海市香洲区	22°02.2′	114°16.4′
石角咀	Shíjiǎo Zuǐ	广东省珠海市香洲区	22°02.1′	113°54.4′
后湾咀	Hòu Wān Zuǐ	广东省珠海市香洲区	22°02.0′	113°40.3′
东澳头	Dōng’ào Tóu	广东省珠海市香洲区	22°01.9′	113°43.0′
竹湾头	Zhú Wān Tóu	广东省珠海市香洲区	22°01.8′	113°41.9′
横岗尾	Hénggǎng Wěi	广东省珠海市香洲区	22°01.8′	114°00.3′

标准名称	汉语拼音	行政区	地理位置	
			北纬	东经
一门角	Yīmén Jiǎo	广东省珠海市香洲区	22°01.8′	114°13.5′
四坑角	Sìkēng Jiǎo	广东省珠海市香洲区	22°01.7′	114°14.7′
南洋咀	Nányáng Zuǐ	广东省珠海市香洲区	22°01.3′	114°13.6′
东澳角	Dōng'ào Jiǎo	广东省珠海市香洲区	22°01.2′	113°43.4′
东澳尾	Dōng'ào Wěi	广东省珠海市香洲区	22°00.9′	113°42.1′
长角咀	Chángjiǎo Zuǐ	广东省珠海市香洲区	22°00.7′	113°42.1′
东角头	Dōngjiǎo Tóu	广东省珠海市香洲区	22°00.4′	114°13.0′
横洲头	Héngzhōu Tóu	广东省珠海市香洲区	22°00.4′	113°48.3′
竹洲头	Zhúzhōu Tóu	广东省珠海市香洲区	22°00.3′	113°49.4′
横洲尾	Héngzhōu Wěi	广东省珠海市香洲区	22°00.2′	113°48.8′
竹洲尾	Zhúzhōu Wěi	广东省珠海市香洲区	22°00.1′	113°50.3′
直湾角	Zhí Wān Jiǎo	广东省珠海市香洲区	21°60.0′	114°09.0′
犁头咀	Lítóu Zuǐ	广东省珠海市香洲区	21°59.9′	114°13.3′
中心咀	Zhōngxīn Zuǐ	广东省珠海市香洲区	21°59.8′	113°44.7′
二门角	Èrmén Jiǎo	广东省珠海市香洲区	21°59.6′	114°11.1′
拉角	Lā Jiǎo	广东省珠海市香洲区	21°59.6′	113°44.4′
大担尾	Dàdàn Wěi	广东省珠海市香洲区	21°59.1′	114°07.3′
船湾咀	Chuán Wān Zuǐ	广东省珠海市香洲区	21°59.0′	113°46.4′
擎罾头	Qíngzēng Tóu	广东省珠海市香洲区	21°58.9′	114°09.0′
石脚咀	Shíjiǎo Zuǐ	广东省珠海市香洲区	21°58.8′	113°47.3′
龙虾井角	Lóngxiājǐng Jiǎo	广东省珠海市香洲区	21°58.6′	113°44.9′
细担头	Xìdàn Tóu	广东省珠海市香洲区	21°58.3′	114°08.4′
细担尾	Xìdàn Wěi	广东省珠海市香洲区	21°57.9′	114°07.5′
车流角	Chēliú Jiǎo	广东省珠海市香洲区	21°57.8′	113°41.5′
锁匙咀	Suǒshi Zuǐ	广东省珠海市香洲区	21°57.2′	113°40.8′
长咀角	Chángzuǐ Jiǎo	广东省珠海市香洲区	21°57.0′	113°44.5′
万山头	Wànshān Tóu	广东省珠海市香洲区	21°56.8′	113°44.8′
山尾角	Shān Wěi Jiǎo	广东省珠海市香洲区	21°56.6′	113°40.7′

标准名称	汉语拼音	行政区	地理位置	
			北纬	东经
万山尾	Wànshān Wěi	广东省珠海市香洲区	21°56.3′	113°42.9′
马咀角	Măzuĭ Jiăo	广东省珠海市香洲区	21°55.6′	113°43.1′
企人角	Qĭrén Jiăo	广东省珠海市香洲区	21°54.7′	114°03.6′
海鳅角	Hăiqiū Jiăo	广东省珠海市香洲区	21°54.2′	114°04.3′
大沙角	Dàshā Jiăo	广东省珠海市香洲区	21°53.1′	114°02.7′
滃崖头	Wěngyá Tóu	广东省珠海市香洲区	21°52.5′	114°01.5′
泥凼角	Nídàng Jiăo	广东省珠海市金湾区	22°05.0′	113°33.3′
大角咀	Dàjiăo Zuĭ	广东省珠海市金湾区	22°04.6′	113°24.5′
剃刀咀	Tìdāo Zuĭ	广东省珠海市金湾区	22°04.1′	113°24.9′
正角	Zhèng Jiăo	广东省珠海市金湾区	22°02.4′	113°23.9′
打银咀	Dăyín Zuĭ	广东省珠海市金湾区	22°02.4′	113°15.2′
滑石咀	Huáshí Zuĭ	广东省珠海市金湾区	22°02.0′	113°15.2′
利咀沙	Lìzuĭshā	广东省珠海市金湾区	22°00.8′	113°17.7′
拔冲角	Báchōng Jiăo	广东省珠海市金湾区	22°00.8′	113°24.2′
大角头	Dàjiăo Tóu	广东省珠海市金湾区	22°00.5′	113°24.3′
阳光咀	Yángguāng Zuĭ	广东省珠海市金湾区	22°00.2′	113°18.5′
壁青角	Bìqīng Jiăo	广东省珠海市金湾区	22°00.2′	113°20.0′
西边咀	Xībiān Zuĭ	广东省珠海市金湾区	22°00.2′	113°21.1′
大岩口咀	Dàyánkŏu Zuĭ	广东省珠海市金湾区	21°59.8′	113°13.4′
马咀	Mă Zuĭ	广东省珠海市金湾区	21°59.1′	113°21.4′
十八螺咀	Shíbāluó Zuĭ	广东省珠海市金湾区	21°57.8′	113°10.6′
石门咀	Shímén Zuĭ	广东省珠海市金湾区	21°57.5′	113°11.3′
马骝头	Măliú Tóu	广东省珠海市金湾区	21°57.4′	113°11.7′
赤鱼头	Chìyú Tóu	广东省珠海市金湾区	21°56.9′	113°15.6′
第一角	Dìyī Jiăo	广东省珠海市金湾区	21°56.9′	113°14.5′
羊尾咀	Yáng Wěi Zuĭ	广东省珠海市金湾区	21°56.7′	113°10.0′
鸭咀	Yā Zuĭ	广东省珠海市金湾区	21°56.4′	113°08.7′
大咀	Dà Zuĭ	广东省珠海市金湾区	21°56.3′	113°08.4′

标准名称	汉语拼音	行政区	地理位置	
			北纬	东经
鸡公角	Jīgōng Jiǎo	广东省珠海市金湾区	21°56.1′	113°16.8′
石咀	Shí Zuǐ	广东省珠海市金湾区	21°55.9′	113°08.0′
黑石角	Hēishí Jiǎo	广东省珠海市金湾区	21°55.1′	113°17.5′
篾船咀	Mièchuán Zuǐ	广东省珠海市金湾区	21°55.0′	113°13.2′
猪头咀	Zhūtóu Zuǐ	广东省珠海市金湾区	21°54.6′	113°07.8′
长咀	Cháng Zuǐ	广东省珠海市金湾区	21°54.0′	113°17.1′
牛龙咀	Niúlóng Zuǐ	广东省珠海市金湾区	21°53.1′	113°15.8′
细裂角	Xìliè Jiǎo	广东省珠海市金湾区	21°52.5′	113°09.9′
浪挖咀	Làng Wā Zuǐ	广东省珠海市金湾区	21°52.3′	113°11.8′
锁匙头	Suǒshi Tóu	广东省珠海市金湾区	21°52.3′	113°11.3′
凤尾咀	Fèng Wěi Zuǐ	广东省珠海市金湾区	21°50.3′	113°08.3′
风安角	Fēng'ān Jiǎo	广东省汕头市濠江区	23°16.9′	116°46.4′
尖石角	Jiānshí Jiǎo	广东省汕头市濠江区	23°13.8′	116°48.0′
澳角	Ào Jiǎo	广东省汕头市濠江区	23°13.0′	116°46.7′
南牙角	Nányá Jiǎo	广东省汕头市濠江区	23°13.0′	116°47.8′
龙头角	Lóngtóu Jiǎo	广东省汕头市潮阳区	23°11.4′	116°39.8′
北角	Běi Jiǎo	广东省汕头市南澳县	23°29.1′	117°07.3′
猴鼻头角	Hóubítóu Jiǎo	广东省汕头市南澳县	23°27.8′	116°58.8′
东角	Dōng Jiǎo	广东省汕头市南澳县	23°26.8′	117°08.9′
长山角	Chángshān Jiǎo	广东省汕头市南澳县	23°25.6′	116°56.6′
南角	Nán Jiǎo	广东省汕头市南澳县	23°23.8′	117°05.9′
东墩角	Dōngdūn Jiǎo	广东省汕头市南澳县	23°23.6′	117°07.3′
屈头山角	Qūtóushān Jiǎo	广东省江门市台山市	22°01.8′	113°00.7′
堡垒咀	Bǎolěi Zuǐ	广东省江门市台山市	21°57.9′	113°01.6′
大洲咀	Dàzhōu Zuǐ	广东省江门市台山市	21°56.4′	113°01.0′
国山咀	Guóshān Zuǐ	广东省江门市台山市	21°55.2′	112°45.1′
腰鼓咀	Yāogǔ Zuǐ	广东省江门市台山市	21°54.3′	112°59.2′
公婆山咀	Gōngpóshān Zuǐ	广东省江门市台山市	21°53.6′	112°58.9′

标准名称	汉语拼音	行政区	地理位置	
			北纬	东经
上鸡罩山角	Shàngjīzhàoshān Jiǎo	广东省江门市台山市	21°53.4′	112°44.3′
襟东咀	Jīndōng Zuǐ	广东省江门市台山市	21°52.9′	113°02.3′
狮子头	Shīzi Tóu	广东省江门市台山市	21°52.2′	113°00.2′
蕉湾咀	Jiāo Wān Zuǐ	广东省江门市台山市	21°51.4′	112°53.9′
烧鹅咀	Shāo'é Zuǐ	广东省江门市台山市	21°51.4′	112°55.4′
桌石咀	Zhuōshí Zuǐ	广东省江门市台山市	21°51.1′	112°54.7′
鸡尾咀	Jī Wěi Zuǐ	广东省江门市台山市	21°50.8′	113°01.0′
塘角正咀	Tángjiǎozhèng Zuǐ	广东省江门市台山市	21°49.7′	112°39.5′
水挖咀	Shuǐ Wā Zuǐ	广东省江门市台山市	21°48.6′	112°24.4′
大雪尾角	Dàxuě Wě Jiǎo	广东省江门市台山市	21°48.0′	112°38.8′
仙人咀	Xiānrén Zuǐ	广东省江门市台山市	21°47.6′	112°24.8′
英管顶角	Yīngguǎndǐng Jiǎo	广东省江门市台山市	21°47.2′	112°38.6′
斗米咀	Dǒumǐ Zuǐ	广东省江门市台山市	21°46.6′	112°24.9′
深水角	Shēnshuǐ Jiǎo	广东省江门市台山市	21°46.4′	112°37.5′
黄茅头	Huángmáo Tóu	广东省江门市台山市	21°46.2′	112°46.8′
羊崩咀	Yángbēng Zuǐ	广东省江门市台山市	21°46.1′	112°48.1′
神头角	Shéntóu Jiǎo	广东省江门市台山市	21°46.0′	112°36.6′
浪鸡角	Làngjī Jiǎo	广东省江门市台山市	21°45.7′	112°35.6′
龙鼻咀	Lóngbí Zuǐ	广东省江门市台山市	21°45.6′	112°24.5′
阿婆髻角	Āpójì Jiǎo	广东省江门市台山市	21°45.2′	112°52.2′
石基咀	Shíjī Zuǐ	广东省江门市台山市	21°44.7′	112°24.4′
拗缯咀	Niùzēng Zuǐ	广东省江门市台山市	21°44.2′	112°46.4′
芒光咀	Mángguāng Zuǐ	广东省江门市台山市	21°43.9′	112°45.2′
圆山仔角	Yuánshān Zǎijiǎo	广东省江门市台山市	21°43.7′	112°22.7′
打鼓山角	Dǎgǔshān Jiǎo	广东省江门市台山市	21°43.1′	112°20.1′
石塘径角	Shítángjìng Jiǎo	广东省江门市台山市	21°42.9′	112°48.8′
琴蛇头	Qínshé Tóu	广东省江门市台山市	21°42.7′	112°19.5′
下角咀	Xiàjiǎo Zuǐ	广东省江门市台山市	21°42.3′	112°37.1′

标准名称	汉语拼音	行政区	地理位置	
			北纬	东经
黄花环角	Huánghuāhuán Jiǎo	广东省江门市台山市	21°42.3′	112°18.6′
过河石角	Guòhéshí Jiǎo	广东省江门市台山市	21°42.0′	112°42.3′
鹭鸶咀	Lùsī Zuǐ	广东省江门市台山市	21°41.5′	112°35.1′
手臂咀	Shǒubì Zuǐ	广东省江门市台山市	21°41.4′	112°27.6′
大步咀	Dàbù Zuǐ	广东省江门市台山市	21°41.3′	112°39.6′
大浪角	Dàlàng Jiǎo	广东省江门市台山市	21°41.1′	112°42.1′
茂岭咀	Màolǐng Zuǐ	广东省江门市台山市	21°41.0′	112°38.9′
红花树咀	Hónghuāshù Zuǐ	广东省江门市台山市	21°40.6′	112°42.7′
大角头咀	Dàjiǎotóu Zuǐ	广东省江门市台山市	21°40.4′	112°34.1′
角咀	Jiǎo Zuǐ	广东省江门市台山市	21°40.1′	112°33.4′
马鞍仔角	Mǎ'ān Zǎijiǎo	广东省江门市台山市	21°39.8′	112°46.6′
横石角	Héngshí Jiǎo	广东省江门市台山市	21°39.8′	112°33.4′
高冠咀	Gāoguàn Zuǐ	广东省江门市台山市	21°39.5′	112°48.9′
毛骑咀	Máoqí Zuǐ	广东省江门市台山市	21°39.2′	112°46.7′
倒庄咀	Dǎozhuāng Zuǐ	广东省江门市台山市	21°39.1′	112°45.7′
崖包咀	Yábāo Zuǐ	广东省江门市台山市	21°39.1′	112°45.1′
牛过咀	Niúguò Zuǐ	广东省江门市台山市	21°39.0′	112°46.3′
镰咀	Lián Zuǐ	广东省江门市台山市	21°38.8′	112°39.0′
鹅头咀	Étóu Zuǐ	广东省江门市台山市	21°38.6′	112°39.6′
担杆咀	Dāngǎn Zuǐ	广东省江门市台山市	21°38.4′	112°32.4′
西挖角	Xī Wā Jiǎo	广东省江门市台山市	21°38.2′	112°38.4′
鸦洲咀	Yāzhōu Zuǐ	广东省江门市台山市	21°38.1′	112°33.0′
大咀	Dà Zuǐ	广东省江门市台山市	21°37.8′	112°32.0′
冲口咀	Chōngkǒu Zuǐ	广东省江门市台山市	21°37.6′	112°37.6′
大排咀	Dàpái Zuǐ	广东省江门市台山市	21°37.5′	112°47.6′
婆髻角	Pójì Jiǎo	广东省江门市台山市	21°37.2′	112°40.0′
牙鹰角	Yáyīng Jiǎo	广东省江门市台山市	21°37.0′	112°31.6′
白石咀	Báishí Zuǐ	广东省江门市台山市	21°37.0′	112°37.0′

标准名称	汉语拼音	行政区	地理位置	
			北纬	东经
狮腰角	Shīyāo Jiǎo	广东省江门市台山市	21°36.7′	112°47.6′
长咀头	Chángzuǐ Tóu	广东省江门市台山市	21°36.6′	112°36.9′
含口角	Hánkǒu Jiǎo	广东省江门市台山市	21°36.5′	112°39.0′
村龙头	Cūnlóng Tóu	广东省江门市台山市	21°36.4′	112°54.0′
鹤咀角	Hèzuǐ Jiǎo	广东省江门市台山市	21°36.4′	112°51.4′
狮口角	Shīkǒu Jiǎo	广东省江门市台山市	21°36.4′	112°31.5′
石咀	Shí Zuǐ	广东省江门市台山市	21°36.4′	112°39.9′
沙堤角	Shādī Jiǎo	广东省江门市台山市	21°36.4′	112°43.8′
椏洲咀	Yāzhōu Zuǐ	广东省江门市台山市	21°36.1′	112°34.6′
东咀	Dōng Zuǐ	广东省江门市台山市	21°36.0′	112°35.9′
公前咀	Gōngqián Zuǐ	广东省江门市台山市	21°36.0′	112°48.4′
南蛇皮咀	Nánshépí Zuǐ	广东省江门市台山市	21°35.7′	112°31.2′
南澳头	Nán'ào Tóu	广东省江门市台山市	21°35.7′	112°33.4′
椰子咀	Yēzi Zuǐ	广东省江门市台山市	21°35.5′	112°48.6′
犁头咀	Lítóu Zuǐ	广东省江门市台山市	21°35.5′	112°31.3′
石侧角	Shícè Jiǎo	广东省江门市台山市	21°35.4′	112°32.6′
川龙咀	Chuānlóng Zuǐ	广东省江门市台山市	21°35.4′	112°34.9′
正咀	Zhèng Zuǐ	广东省江门市台山市	21°35.3′	112°31.6′
公湾咀	Gōng Wān Zuǐ	广东省江门市台山市	21°35.3′	112°45.0′
上川角	Shàngchuān Jiǎo	广东省江门市台山市	21°34.2′	112°46.0′
车旗咀	Chēqí Zuǐ	广东省江门市台山市	21°51.1′	112°54.4′
崩塘角	Bēngtáng Jiǎo	广东省湛江市麻章区	21°03.5′	110°33.1′
烟楼角	Yānlóu Jiǎo	广东省湛江市麻章区	20°56.4′	110°37.8′
龟头	Guī Tóu	广东省湛江市麻章区	20°55.0′	110°38.1′
那晏角	Nàyàn Jiǎo	广东省湛江市麻章区	20°53.5′	110°37.2′
亮角	Liàng Jiǎo	广东省湛江市麻章区	20°53.3′	110°36.9′
山狗吼角	Shāngǒuhǒu Jiǎo	广东省湛江市徐闻县	20°25.6′	110°31.1′
大井角	Dàjǐng Jiǎo	广东省湛江市徐闻县	20°25.1′	109°55.9′

标准名称	汉语拼音	行政区	地理位置	
			北纬	东经
盐井角	Yánjǐng Jiǎo	广东省湛江市徐闻县	20°21.9′	110°28.1′
朋寮角	Péngliáo Jiǎo	广东省湛江市徐闻县	20°15.7′	110°18.1′
排尾角	Pái Wěi Jiǎo	广东省湛江市徐闻县	20°14.6′	110°17.0′
三塘角	Sāntáng Jiǎo	广东省湛江市徐闻县	20°14.4′	110°10.7′
曾家角	Zēngjiā Jiǎo	广东省湛江市雷州市	20°41.8′	109°47.2′
英楼角	Yīnglóu Jiǎo	广东省湛江市雷州市	20°41.2′	109°47.7′
井仔角	Jǐngzǎi Jiǎo	广东省湛江市雷州市	20°40.7′	110°19.5′
四尾角	Sì Wěi Jiǎo	广东省湛江市雷州市	20°30.3′	109°49.8′
沙鱼角	Shāyú Jiǎo	广东省湛江市吴川市	21°15.2′	110°39.0′
沙头	Shā Tóu	广东省茂名市电白县	21°31.2′	111°24.8′
曾棚角	Zēngpéng Jiǎo	广东省惠州市惠阳区	22°46.6′	114°40.9′
罗里角	Luólǐ Jiǎo	广东省惠州市惠阳区	22°45.7′	114°37.9′
罗网角	Luó Wǎng Jiǎo	广东省惠州市惠阳区	22°43.1′	114°34.1′
小鹰咀	Xiǎoyīng Zuǐ	广东省惠州市惠阳区	22°41.6′	114°32.5′
二鹰鼻	Èryīng Bí	广东省惠州市惠阳区	22°33.8′	114°39.2′
鹤咀	Hè Zuǐ	广东省惠州市惠东县	22°47.4′	114°42.6′
亚婆角	Yàpó Jiǎo	广东省惠州市惠东县	22°47.2′	114°43.3′
虎尾角	Hǔ Wěi Jiǎo	广东省惠州市惠东县	22°46.8′	114°44.7′
高澳角	Gāo’ào Jiǎo	广东省惠州市惠东县	22°46.5′	114°47.6′
老鼠牙	Lǎoshǔyá	广东省惠州市惠东县	22°45.3′	114°45.3′
水牛角	Shuǐniú Jiǎo	广东省惠州市惠东县	22°44.5′	114°44.7′
响浪角	Xiǎnglàng Jiǎo	广东省惠州市惠东县	22°43.2′	114°44.5′
牛鼻山	Niúbí Shān	广东省惠州市惠东县	22°42.9′	114°44.3′
大地岭角	Dàdìlǐng Jiǎo	广东省惠州市惠东县	22°42.1′	114°57.0′
土地角	Tǔdì Jiǎo	广东省惠州市惠东县	22°41.6′	114°57.9′
芒婆角	Mángp Jiǎo	广东省惠州市惠东县	22°40.8′	114°58.2′
云头角	Yúntóu Jiǎo	广东省惠州市惠东县	22°40.3′	114°44.4′
长咀角	Chángzuǐ Jiǎo	广东省惠州市惠东县	22°39.4′	114°44.0′

标准名称	汉语拼音	行政区	地理位置	
			北纬	东经
湖头角	Hútóu Jiǎo	广东省惠州市惠东县	22°36.4′	114°44.7′
老虎头	Lǎohǔ Tóu	广东省惠州市惠东县	22°35.8′	114°49.3′
浪石角	Làngshí Jiǎo	广东省惠州市惠东县	22°35.6′	114°48.7′
坪坦角	Píngtǎn Jiǎo	广东省惠州市惠东县	22°34.5′	114°54.5′
牛鼻孔	Niúbíkǒng	广东省惠州市惠东县	22°33.7′	114°55.0′
四狮角	Sìshī Jiǎo	广东省惠州市惠东县	22°33.2′	114°52.9′
畚箕角	Běnjī Jiǎo	广东省惠州市惠东县	22°32.9′	114°53.0′
门第石	Méndìshí	广东省惠州市惠东县	22°32.7′	114°53.0′
高排角	Gāopái Jiǎo	广东省惠州市惠东县	22°26.2′	114°39.0′
崩坎角	Bēngkǎn Jiǎo	广东省汕尾市城区	22°45.6′	115°21.2′
白沙角	Báishā Jiǎo	广东省汕尾市城区	22°45.2′	115°35.9′
龟头山	Guītóu Shān	广东省汕尾市城区	22°44.2′	115°20.5′
牵牛上石	Qiānniúshàngshí	广东省汕尾市城区	22°43.1′	115°20.8′
老鼠咀	Lǎoshǔ Zuǐ	广东省汕尾市城区	22°42.0′	115°26.6′
鹧鸪咀	Zhègū Zuǐ	广东省汕尾市城区	22°41.5′	115°22.9′
遮浪角	Zhēlàng Jiǎo	广东省汕尾市城区	22°39.4′	115°34.2′
东澳角	Dōng'ào Jiǎo	广东省汕尾市海丰县	22°49.3′	115°10.6′
百安角	Bǎi'ān Jiǎo	广东省汕尾市海丰县	22°47.1′	115°11.3′
小斩	Xiǎozhǎn	广东省汕尾市海丰县	22°46.8′	115°11.0′
港咀山	Gǎngzuǐshān	广东省汕尾市海丰县	22°46.4′	115°02.8′
龙虾头	Lóngxiā Tóu	广东省汕尾市海丰县	22°46.0′	115°02.6′
担头	Dàn Tóu	广东省汕尾市海丰县	22°45.6′	115°02.6′
长角头	Chángjiǎo Tóu	广东省汕尾市海丰县	22°45.2′	115°02.6′
海刺长	Hǎicìcháng	广东省汕尾市海丰县	22°45.0′	115°02.2′
金狮子	Jīnshīzi	广东省汕尾市海丰县	22°44.9′	115°02.0′
了哥咀	Liǎogē Zuǐ	广东省汕尾市海丰县	22°43.0′	115°01.9′
大角咀	Dàjiǎo Zuǐ	广东省阳江市江城区	21°33.9′	111°51.3′
扒埠咀	Bābù Zuǐ	广东省阳江市阳西县	21°40.5′	111°47.6′

标准名称	汉语拼音	行政区	地理位置	
			北纬	东经
福湖咀	Fúhú Zuǐ	广东省阳江市阳西县	21°30.5′	111°32.7′
长角咀	Chángjiǎo Zuǐ	广东省阳江市阳西县	21°30.4′	111°28.5′
大镬南咀	Dàhuò Nánzuǐ	广东省阳江市阳东县	21°38.4′	112°06.9′
鹅山角	Éshān Jiǎo	广东省东莞市	22°46.3′	113°39.3′
屿仔角	Yǔzǎi Jiǎo	广东省潮州市饶平县	23°35.8′	116°58.6′
海角石	Hǎijiǎoshí	广东省潮州市饶平县	23°34.1′	117°00.7′
鸡笼角	Jīlóng Jiǎo	广东省潮州市饶平县	23°34.0′	117°07.4′
北山角	Běishān Jiǎo	广东省潮州市饶平县	23°33.3′	117°01.0′
大旗角	Dàqí Jiǎo	广东省潮州市饶平县	23°32.8′	117°04.9′
崎礁头	Qíjiāo Tóu	广东省潮州市饶平县	23°30.7′	116°59.6′
白屿角	Báiyǔ Jiǎo	广东省揭阳市惠来县	23°06.1′	116°32.8′
贝告角	Bèigào Jiǎo	广东省揭阳市惠来县	23°05.2′	116°33.4′

五、河口

标准名称	汉语拼音	行政区	地理位置	
			北纬	东经
鉴江口	Jiànjiāng Kǒu	广东省湛江市	21°14.6′	110°38.4′
内湖港咀	Nèihú Gǎngzuǐ	广东省汕尾市	22°46.8′	115°32.0′
吉厂港咀	Jíchǎng Gǎngzuǐ	广东省汕尾市城区	22°45.8′	115°31.4′
田墘港咀	Tiánqián Gǎngzuǐ	广东省汕尾市城区	22°44.4′	115°31.3′
东港口	Dōnggǎng Kǒu	广东省阳江市	21°46.8′	112°03.8′
三丫河口	Sānyāhé Kǒu	广东省阳江市阳东县	21°47.4′	112°11.8′
黄冈河口	Huánggānghé Kǒu	广东省潮州市饶平县	23°37.3′	117°02.0′
新河口	Xīn Hékǒu	广东省揭阳市惠来县	22°56.2′	116°14.5′

附录二

《中国海域海岛地名志·广东卷第一册》索引

C

D

E

F

G

H

J

K

L

M

N

P

Q

R

S

T

W

X

Y

Z